竹林扩张与碳氮循环

张 令 著

科学出版社

北京

内 容 简 介

本书基于"碳达峰、碳中和"目标，围绕林业固碳和森林生态系统温室气体减排增汇，以竹林扩张为切入点，阐述了森林生态系统碳氮循环特征及其影响因素，系统论述了竹林扩张不同阶段和不同林分类型、竹林扩张区域地上和地下凋落物分解、扩张管控等因素影响下生态系统碳氮循环响应及机制。同时基于当前研究，针对未来竹林扩张研究方向和研究重点进行了展望。

本书适合生态学、土壤学、林学、环境科学和全球变化生物学等领域的科技工作者、教育工作者、林业管理人员、研究生、大学生等参考。

图书在版编目（CIP）数据

竹林扩张与碳氮循环/张令著. —北京：科学出版社，2023.12
ISBN 978-7-03-076563-5

Ⅰ.①竹… Ⅱ.①张… Ⅲ.①竹林–森林生态系统–碳循环–研究 ②竹林–森林生态系统–氮循环–研究 Ⅳ.①S795

中国国家版本馆 CIP 数据核字（2023）第 190469 号

责任编辑：张会格 孙 青 / 责任校对：郑金红
责任印制：吴兆东 / 封面设计：刘新新

科 学 出 版 社 出版
北京东黄城根北街 16 号
邮政编码：100717
http://www.sciencep.com
天津市新科印刷有限公司印刷
科学出版社发行 各地新华书店经销

＊

2023 年 12 月第 一 版 开本：720×1000 1/16
2024 年 9 月第二次印刷 印张：12
字数：240 000
定价：158.00 元
（如有印装质量问题，我社负责调换）

前　言

竹林是极为重要的森林资源，其扩张作为一种关键生态过程，对森林生态系统碳氮循环具有显著影响。最新统计数据显示，全球竹林面积在过去30年间增加约50%，主要由竹林扩张导致。因而，竹林扩张在影响森林生态系统功能和森林物质循环过程中发挥着不可忽视的作用。

竹类物种在生理生态学特性方面与其扩张林分中的植物存在显著差异，竹林扩张将直接导致扩张生态系统的生物多样性、凋落物输入和分解、细根输入和分解、土壤微生物群落结构等指标发生显著变化。这些相关变化将直接导致生态系统碳氮循环过程发生相应变化，包括凋落物分解、碳氮转化和土壤温室气体排放等过程。在国家"碳达峰、碳中和"目标背景下，竹林扩张引发的碳氮循环变化将直接影响森林生态系统碳氮减排和增汇潜力，与"双碳"目标实施密切相关。

本研究基于国家"双碳"目标，以竹林扩张为切入点，系统论述了竹林扩张对森林生态系统碳氮循环过程的影响及其响应模式和机制。重点涵盖了温室气体排放和响应模式、地上和地下凋落物输入和分解、功能微生物群落变化以及生态系统生物多样性等方面，为提高森林生态系统碳氮减排和增汇潜力提供了数据支撑和理论依据。

本书内容主要基于课题组前期研究工作，同时充分参考了国内外同行对竹林扩张所开展的多年深入研究，相关研究为本书的完成提供了宝贵资料，在此向相关研究人员和团队表示由衷的感谢。本书的完成得到了课题组部分博士、硕士研究生及本科生的大力协助，在此不一一列出，衷心感谢各位同学的辛勤付出！

本书的出版得到江西省"双千计划"科技创新高端人才项目（项目编号：jxsq2019201078，jxsq2018102056）以及江西省"十四五"林学高峰特色一流学科建设经费支持，在此一并致谢。

作者深知自身水平有限，难免存在不足之处，欢迎各位专家同行批评指正。

张　令

2022 年 12 月 30 日

目 录

第1章 竹林及其扩张

1.1 竹林分布及其构成

1.1.1 世界竹林分布

竹林是重要的森林资源之一。全球范围内已知的竹类植物有 1600 多种，主要分布在热带和亚热带，部分分布在温带。据联合国粮食及农业组织（Food and Agriculture Organization of the United Nations，FAO）全球森林资源评估（Global Forest Resources Assessment）最新数据，全球竹林面积目前已超 3500 万 hm^2，而且认为被严重低估（FAO，2021）。观测数据显示，1990~2020 年，全球竹林面积增长约 50%，主要与中国和印度等地区的竹林扩张有关。

竹子为常绿浅根系植物，对水热条件非常敏感，水热分布决定竹子分布的地理位置。亚太、美洲和非洲是世界竹子地理分布的三大竹区（FAO，2021）。

亚太竹区是世界最大的竹区，分布有 50 多属 900 多种。该区域东起太平洋诸岛，西至印度洋西南部，南起新西兰，北至萨哈林岛（库页岛）的中部。其中，南亚和东南亚的印度、缅甸、泰国、孟加拉国、柬埔寨、越南、马来西亚等，东亚的中国、日本、韩国等为主要产竹国。

美洲竹区南起阿根廷南部，北至美国东部。在拉丁美洲，南北回归线之间的墨西哥、危地马拉、哥斯达黎加、尼加拉瓜、洪都拉斯、哥伦比亚、委内瑞拉和巴西是竹子分布的中心，竹种丰富。在南北美洲，竹子分布主要集中在东部。

非洲竹区南起莫桑比克南部，北至苏丹东部。从非洲西海岸的塞内加尔南部，几内亚等国家开始，直到马达加斯加岛，形成横跨非洲热带雨林和常绿落叶混交林的斜长地带，属于非洲竹子分布中心。在非洲尼罗河上游河谷地带和埃塞俄比亚也有成片的竹林分布。

世界竹子分布，主要在亚洲、非洲、拉丁美洲的一些国家。欧洲没有天然分布的竹种，北美洲原产的竹子也只有几种。近百年来，英国、法国、德国等欧洲国家和美国、加拿大等从产竹国引种了大量的竹种。例如，美国从中国引种的刚竹属竹种就有 35 种（Jiang，2007）。

中国是产竹的大国，竹林面积、竹材产量均居于世界首位。自 20 世纪 90 年代以来，我国竹产业得到了飞速发展，已经成为中国林业发展的新增长点，从食品加工到建材选择，从纤维加工到现代艺术品，到处都有竹林的贡献，在人类文化和经济活动中扮演着重要角色，在山村经济发展和林农致富中发挥着重要的作用（杨开良，2012；夏湘婉等，2014）。

中国竹林的地理分布范围很广，东起台湾岛，西至西藏，南自海南岛，北至黄河流域，天然的分布范围为 18°N～35°N，85°E～120°E，主要分布在热带和亚热带地区，甚至是暖温带，由南向北推进。长江流域以南地区气候温暖而湿润，年平均温度在 15℃以上，最冷月气温也在零度以上，年平均降水量可达 1000～2000mm，干湿季分明。竹林在海拔 100～1000m 的山地丘陵以及河谷地带分布较广，生长旺盛。我国从 1973 年开始第一次全国森林资源清查，直至 2018 年，进行了 9 次清查。结果显示，40 余年内，竹林面积逐年增加，年均增加 8.13 万 hm^2（图 1-1）。我国竹林面积排在前五位的省份是福建、江西、浙江、湖南和四川。

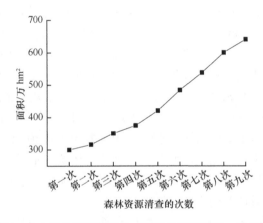

图 1-1　中国竹林面积变化（李玉敏和冯鹏飞，2019）

1.1.2　竹林构成

竹类植物为常绿植物，群体性成片或一个竹丛是一个整体，生长迅速，3～5 年即可成林。竹子以营养繁殖为主，属于单子叶植物禾本科，大多数为大型乔木，茎秆通直，秆高可达 30 余米。有的为中型竹种，高 10～15m，而箬竹属和赤竹属的竹种为灌木，一般高为 1m 左右。在中国植被划分中，竹林隶属于阔叶林植被型组。根据竹林的生境和水热条件，又可分为寒温性竹林、暖温性竹林和热性竹林 3 个植被亚型。

1.2　竹林扩张现状

我国第九次全国森林资源清查结果显示，我国林地面积为 32 368.55 万 hm^2，森林面积为 21 822.05 万 hm²，其中竹林面积可达 641.16 万 hm²，占林地面积的 1.98%，占森林面积的 2.94%。而毛竹 (*Phyllostachys edulis*) 是竹类植物中分布和用途最广泛的竹种，毛竹林面积可达 467.78 万 hm²，占总竹林面积的 72.96%，其他竹林面积为 173.38 万 hm²，占总竹林面积的 27.04%（李玉敏和冯鹏飞，2019）。我国天然竹林面积为 390.38 万 hm²，人工竹林面积为 250.78 万 hm²。我国毛竹总株数约 141.25 亿株，其中毛竹林中有毛竹 113.60 亿株，占总株数的 80.42%；零散毛竹 27.65 亿株，占总株数的 19.58%。我国竹林平均生物量为 65.81t·hm⁻²，其中毛竹林的平均生物量为 70.53t·hm⁻²，其他竹林的生物量为 53.10t·hm⁻²。我国竹林平均郁闭度为 0.69，其中，毛竹林的平均郁闭度为 0.70，其他竹林的平均郁闭度为 0.67。毛竹林平均株高为 10.1m，平均胸径为 9.3cm，每公顷株数为 2429 株。我国竹林生物量为 4.22 亿 t，占森林植被总生物量（183.64 亿 t）的 2.30%，其中毛竹林生物量为 3.30 亿 t（李玉敏和冯鹏飞，2019）。

我国竹林分布在 17 个省份，其中竹林面积在 30 万 hm² 以上的有福建、江西、浙江、湖南、四川、广东、安徽、广西（图 1-2），8 个省（自治区）面积合计为 570.70 万 hm²，占全国竹林面积的 89.01%。而在所有的竹种中，毛竹林面积最大。毛竹林分布在 13 个省（自治区、直辖市）（图 1-2），其中毛竹林面积在 70 万 hm² 以上的有福建、江西、湖南、浙江，4 个省毛竹林面积合计 370.62 万 hm²，占全国毛竹林面积的 79.23%。

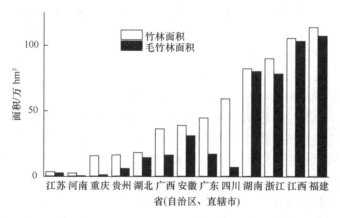

图 1-2 中国各省竹林和毛竹林面积（李玉敏和冯鹏飞，2019）

1.3 竹林扩张生态效应

1.3.1 生态系统碳氮库

毛竹林是我国热带和亚热带一种很有价值的森林资源，且具有良好的固碳潜力（漆良华等，2009；Li et al.，2015）。研究发现，毛竹林年平均固碳量为热带雨林、马尾松林及杉木林的 2～4 倍（周国模等，2006a；Guan et al.，2017）。竹林具有自身的生长优势，因此竹产业市场对能为社会创造更大经济价值的发展前景很乐观，而竹产业碳库对减缓碳排放具有重要贡献。由于毛竹具有强大的根茎系统，在生长过程中不断向周边森林蔓延，具有重要的生态价值，在防止水土流失、水土保持、涵养水源和固碳释氧等方面具有重要作用（孟海月等，2014）。因此，毛竹对应对全球气候变化有十分重要的作用。

森林生态系统在全球碳氮循环过程中发挥极其重要的作用。森林土壤碳库约占全球土壤有机碳总量的 73%（Sedjo，1993），森林的土壤氮库储量超过森林氮库总量的 85%（Cole and Rapp，1981）。土壤碳氮库的动态变化过程是森林生态系统碳氮循环的重要环节，因此，森林土壤碳氮循环对于充分认识森林生态系统与土壤碳氮变化的关系具有极其重要的意义（罗献宝等，2014）。

土壤有机碳的储量对陆地有机碳库起决定性作用（Davidson et al.，2000），土地利用的方式、森林群落的演变和土壤碳库的经营和管理均会对土壤碳元素的吸收、储存、利用和释放等过程有一定的影响。土壤可溶性有机碳（DOC）、微生物量碳（MBC）、易氧化态碳（EOC）与土壤有机碳相比，更容易发生氧化和矿化反应（崔东等，2017），能迅速反映外界环境因子对土壤有机质的影响（沈宏等，1999），对如何提高土壤养分循环，保持土壤碳库的稳定具有一定的意义（王清奎等，2005）。关于毛竹林碳汇的研究主要集中于生理生态的变化、毛竹土壤（郑郁善等，1997；黄张婷，2014；李翀，2015）和凋落物等（郑郁善等，1997；周国模等，2006a；肖复明，2007）。相比于其他植物，毛竹会经过竹鞭不断扩展，毛竹地下组织直接控制竹林的生长繁殖和发展。

土壤碳库管理指数是表示土壤碳元素稳定性的重要指标，其数值大小反映碳活性的高低，以及稳定性的强弱（于法展等，2016）。徐道炜等（2019a）研究发现，毛竹林土壤有机碳较杉木林更稳定，更有利于土壤碳积累，这主要是由于毛竹凋落物和根系归还量较大，增加土壤有机质的输入，提高土壤对碳素的固定作用，使得部分土壤活性有机碳转为非活性碳，进而影响毛竹林碳汇（龚伟等，2008）。毛竹向杉木林扩张过程中，碳库管理指数逐渐增大，则毛竹在扩张过程中有助于土壤性质的改善，这可能是由于毛竹在扩张过程中会加快土壤活性有机碳的更新，并加快其流速，而且显著增强土壤通气性（郭宝华等，2014a），因而对群落植被生长和土壤质量有一定的改善作用（张雪莹等，2017）。

氮不仅是植物吸收量最多的元素，而且是植物生长繁殖过程中需求量最大的营养元素之一（陈志豪，2018）。土壤中的氮素主要包括有机氮和无机氮，其中有机氮占很大比例，对维持森林生态系统的氮素稳定和平衡具有重要作用，土壤中有机氮通常在微生物作用下经过矿化作用转化为植物可直接吸收利用的无机氮

（铵态氮和硝态氮），因此，土壤有机氮矿化作用对生态系统的生产力具有决定性作用（Yahdjian et al.，2011）。植被类型的转变会导致土壤氮矿化作用的变化，进而影响土壤的氮库。

1.3.2　土壤碳氮转化

毛竹具有较宽的生态位，其生态位重叠度较大，快速生长的特点，使之具有较强的竞争优势，如果不加以控制的话，可以不断向周边森林进行扩张。毛竹向原生群落进行扩张时，原生群落植物会受到威胁，毛竹会依靠吸收营养物质、释放化学物质等手段，威胁原生植物的生长（杨清培等，2012）。毛竹在扩张过程中会导致土壤理化性质的变化，毛竹在生长时，根系会产生化感物质（白尚斌等，2013b），对土壤特定的养分具有较强的吸收能力（宋庆妮等，2013），因此会引起土壤碳氮转化发生改变。土壤活性有机碳常用的指标有土壤可溶性有机碳（DOC）、水溶性有机碳（WSOC）、微生物量碳（MBC）、可矿化碳（PMC）、轻组有机碳（LFC）和易氧化有机碳（LOC）（白满等，2018）。土壤水溶性有机碳是森林生态系统物质循环的关键环节。不同森林类型有着不同生物学特性，植被类型在转变的过程中，其凋落物组成、群落结构改变，导致土壤活性有机碳存在一定的差异（郑宪志等，2018）。

土壤活性有机碳是土壤有机碳的主要组成部分（Michalzik et al.，2001），虽然其在土壤有机碳库中的比例很低，但是它很容易被分解、矿化和被吸收利用，改变土壤碳转化过程（池鑫晨 2020）。Li 等（2017a）研究发现毛竹扩张显著增加土壤有机碳和可溶性有机碳。李超（2019）通过毛竹向日本柳杉扩张研究发现，毛竹在扩张过程中可显著降低土壤可溶性有机碳，完全扩张后增加土壤可溶性有机碳。

土壤中氮含量的变化也会影响土壤碳氮循环的过程，对土壤的碳氮库具有重要作用（郭亮，2018）。土壤氮素是植物生长过程中必不可少的元素，包括无机氮和有机氮，其中有机氮占总氮的95%以上，土壤水溶性有机氮是可溶性总氮的主要组成部分（赵满兴等，2019），其含量是 NH_4^+-N 和 NO_3^--N 的 100 多倍（Michalzik et al.，2001），可直接被植物吸收利用，是判定土壤肥力的主要指标（Torgny et al.，1988），容易分解，流动性强，可随水分流失和淋溶影响周围的土壤（Perakis and Hedin，2002）。土壤 NH_4^+-N 和 NO_3^--N 在氮转化过程中扮演着极其重要的角色。氮循环主要包括生物固氮作用、硝化作用、反硝化作用和氨化作用。生物固氮作用是在细菌的参与下将氮气分子生成氨的过程（Postgate，1970）。硝化反应是通过各种酶的作用，在好氧条件下将 NH_4^+-N 转化为 NO_3^--N 的过程（贺纪正和张丽梅，2013）。反硝化作用通过各种还原酶的作用，在低氧条件下将 NO_3^--N 转化为各种气体释放在大气中。氨化作用是在同化和呼吸作用下将硝酸和亚硝酸盐还原成氨的过程（刘峰，2017）。

池鑫晨（2020）通过常绿阔叶林毛竹扩张研究发现，毛竹扩张后土壤活性有机碳和氮含量显著降低，这可能由于常绿阔叶林毛竹扩张能够转变凋落物碳氮分配（刘希珍等，2015），因此影响活性碳氮的比例。毛竹林表层细根生物量显著高于阔叶林，则毛竹林对根际土壤碳氮吸收显著快于阔叶林。Fukushima 等（2015）研究发现毛竹林比阔叶林含氮量较高，毛竹扩张降低土壤氮素的矿化速率（宋庆妮等，2013）。毛竹由于自身的生长优势，在生长过程中能够快速吸收土壤中的氮素，降低毛竹林土壤有机氮。陆建忠等（2005）通过对加拿大一枝黄花入侵研究发现，入侵显著增加矿化速率和土壤全氮含量，同时土壤 NH_4^+-N 和全氮充足的条件，对加拿大一枝黄花入侵具有显著的促进作用。Piper 等（2015）研究发现，无芒雀麦入侵原生草原后，土壤生产力和凋落物质量显著增加，土壤全氮含量和总矿化速率升高。宋庆妮（2013）研究发现，阔叶林毛竹扩张显著增加土壤 NH_4^+-N 和全氮含量，降低土壤 NO_3^--N 含量，显著增强土壤氨化作用，降低土壤硝化和总矿化作用。李超等（2019）对日本柳杉林毛竹扩张研究发现，毛竹完全扩张显著增加土壤 NH_4^+-N 含量，降低土壤全氮和 NO_3^--N 含量。Li 等（2017b）研究发现，毛竹扩张显著增加土壤 NH_4^+-N 含量，降低土壤全氮和 NO_3^--N 含量、净硝化速率和矿化速率。森林生态系统的碳氮库也是生态领域的研究热点，在全球气候变化的大背景下，毛竹扩张对森林生态系统碳氮库的影响受到广泛的关注。

1.3.3 土壤微生物构成

土壤微生物是森林生态系统的重要组成部分，在土壤生态系统的养分循环和能量流动中起主导作用，对维持生态系统的稳定性和森林资源可持续发展具有重要意义（Richardson et al.，1998）。当外界环境条件发生变化时，土壤微生物量、群落结构功能等都会发生相应的改变。而土壤微生物又会影响植物的生长发育、植物群落的组成和生态系统功能的变化（Batten et al.，2008；Merilä et al.，2010）。森林类型的转变是影响土壤微生物的主要因素之一。毛竹扩张导致森林群落类型的变化，可能也是影响土壤微生物群落结构的主要因素之一（Li et al.，2019）。

在毛竹扩张研究中，由于毛竹扩张的对象不同，对土壤微生物的影响也不同。Yang 等（2018）在浙江省安吉县次生阔叶林毛竹扩张对土壤有机碳和细菌群落的研究发现，与次生阔叶林相比，毛竹林更有利于有机碳的积累，可提高有机质的稳定性，土壤有机质含量和 pH 是影响土壤细菌多样性的重要指标。李永春等（2016）在天目山原始阔叶林毛竹扩张对土壤真菌群落的影响研究中发现，NO_3^--N

和 pH 是影响真菌群落结构和数量差异的主要因素，且毛竹扩张显著影响阔叶林原有的生化过程。Chang 和 Chiu（2015）研究日本柳杉林毛竹扩张土壤真菌出现同样的结果。王奇赞等（2009）研究表明，毛竹扩张后天目山常绿阔叶林土壤细菌群落结构没有变化。Xu 等（2015）研究发现常绿阔叶林毛竹扩张后植物多样性显著降低，土壤微生物群落多样性显著增加，土壤微生物功能没有显著变化。Liu 等（2019）研究发现毛竹扩张对土壤细菌、革兰氏阳性菌、放线菌磷脂脂肪酸（PLFA）含量具有促进作用，而毛竹在不同地区扩张以及向不同林分扩张具有不同影响。日本柳杉林毛竹扩张显著增加土壤细菌多样性，改变土壤微生物群落（Lin et al.，2014）。周燕等（2018）对浙江天目山、江西庐山和福建武夷山三个自然保护区原始林、混交林和毛竹纯林土壤微生物群落结构和丰度研究发现，毛竹扩张引起土壤 pH 升高，氨氧化古菌和固氮菌的丰度显著降低，氨氧化古菌在每个地区入侵带的变化不一。Li 等（2017a）在浙江省天目山自然保护区开展原生常绿阔叶林毛竹扩张研究表明，毛竹扩张显著降低土壤碳组分和土壤硝化速率，进而改变土壤真菌群落丰富度。同时，毛竹向阔叶林扩张后土壤细菌和真菌磷脂脂肪酸含量升高，土壤细菌、革兰氏阳性菌和阴性菌、放线菌磷脂脂肪酸含量显著提高（Wang et al.，2017）。刘喜帅（2018）通过对江西省庐山、武功山和阳际峰三个地区毛竹扩张研究发现，毛竹扩张显著增加了武功山和阳际峰地区环丙烷脂肪酸与前体脂肪酸之比（cy∶pre）。cy∶pre 一般在某些细菌的延长生长期以及低碳环境中较高，毛竹扩张降低了两地的土壤有机碳含量，说明毛竹扩张改变了土壤微生物的生存环境，迫使微生物群落结构发生变化，而细菌作为微生物中数量最多、分布最广的一类，其生物量的变化影响并指示土壤微生物群落多样性的构成。此外，毛竹林扩张显著降低了阳际峰和庐山地区土壤微生物异构 PLFA∶反异构 PLFA（$i∶a$）、饱和脂肪酸与单不饱和脂肪酸之比（sat∶mono）两个环境胁迫指数（刘喜帅，2018）。植物与土壤的相互作用中，土壤微生物驱动起着关键作用（Lambers et al.，2009；Miki and Doi，2016）。土壤微生物可通过群落结构的变化来改善植物生长的土壤环境。而毛竹扩张可通过改变环境和植被类型影响土壤微生物的群落结构和多样性变化。

1.3.4　森林水文过程

20 世纪 80 年代研究提出，应将森林与水相结合，水也是森林不可缺少的一个因子。森林水文在宏观上讲是森林和水文特征的相互作用，微观上讲是森林水文特征以及水文机制，进而探索森林水文的运动规律（张卓文等，2004）。森林水文学的研究内容包括林冠截留、流域径流量、林地土壤水分运动、林地蒸散发、水质等。林冠截留是指在降雨过程中雨水被森林林冠截留，截留量主要取决于林分郁闭度以及林冠干燥度。对流域径流量进行研究的方法主要有3种：径流小区法、集水区以及天然坡面径流场。林地土壤水分运动是指流域内水分在土壤中的传输和运移。土壤持水能力与下渗能力是林地土壤水分运动的关键因子，其能力受土壤的物理性质、土壤含水量以及降雨强度大小影响。林地蒸散发是指森林内土壤和植被表面的水分蒸散以及植被的蒸腾作用。由蒸散与蒸腾数据计算林地蒸散发速率，其速率大小主要取决于下垫面和气象条件（张新生和卢杰，2021）。

凋落物是森林生态系统垂直结构上重要的成分之一，且具有良好的透水性和持水能力（宋庆妮等，2015），不仅可以使降雨对土壤的直接冲击作用减弱，吸持降雨（Sedjo，1993；常玉等，2014），而且还可以增加地表的粗糙度，阻滞地表径流，增加土壤水分的入渗量（申卫军等，2001；宋维峰等，2008），因此，凋落物在森林的水土保持、调节径流和水源涵养方面发挥着极其重要的作用（Sedjo，1993；王佑民，2000）。凋落物水文功能的强弱主要由凋落物的储量和持水能力决定（贺淑霞等，2011），不仅取决于植被类型、凋落物性质和分解速度，而且还与降雨强度和坡度等外界环境条件干扰有关（朱金兆等，2002；宋维峰等，2008）。研究发现，森林演替过程中凋落物的水文功能有不同变化（雷云飞等，2007；刘效东等，2013）。

凋落物储量是评价水文效应的基础，主要由林木的生物学特性和林内环境决定（王佑民，2000；卢洪健等，2011），而植被类型的转变会导致凋落物的储量发生变化（Brantley and Young，2008；Zhang et al.，2013a）。宋庆妮等（2015）采用空间替代法，开展模拟降雨和浸泡试验发现，毛竹凋落物的储量显著高于常绿阔叶林，可能是由于毛竹凋落物较低的氮磷含量（杨清培等，2015）以及较高的硅含量（Lin et al.，2005），导致毛竹凋落物分解较慢，也可能由于毛竹扩张显著增加林分郁闭度（刘烁，2010），光照不足造成凋落物分解较慢有关，导致地面凋落物累积（杨清培等，2015）。凋落物具有吸收水分和增加地面粗糙度的功能，能够延缓地表径流形成（申卫军等，2001），从而保持水土，调节径流。宋庆妮等（2015）研究发现，毛竹林凋落物形成径流的时间迟于常绿阔叶林，主要是毛竹林凋落物吸水速度高于常绿阔叶林，且毛竹林凋落物层相比阔叶林等更紧实（祁承经等，2005）。因此，毛竹扩张后凋落物可以延缓短时间暴雨等产生的径流形成。

群落演替会造成物种组成、林分结构和群落环境的变化，因此会引起凋落物性质以及分解速度变化，进而影响凋落物截持降雨的功能。宋庆妮等（2015）通过模拟降雨研究发现，常绿阔叶林毛竹扩张凋落物最大截留量和最大持水量都增加，截持降雨能力增强，主要由于毛竹林扩张后凋落物储量增加，原始阔叶林被毛竹林取代，毛竹凋落物平整紧实，可以保存较多的水分，从而增加持水率。

植被类型的转变对林冠蒸腾具有重要作用，林冠的蒸腾作用对森林水循环具有重要的作用。林冠的蒸腾作用是森林水循环的主要组成部分，影响整个陆地水循环（Kume et al.，2010）。林冠蒸腾作用是通过气孔进行水分调节，与碳循环有关（Running and Coughlan，1988；Collatz et al.，1991）。Kume 等（2010）和 Dierick 等（2010）基于 Granier 方法开发了一种测量毛竹茎秆汁液通量的方法，利用个体汁液通量的时空变化来估算林分尺度林冠蒸腾作用。Komatsu 等（2010）和 Ichihashi 等（2015）研究发现，毛竹林的年林冠蒸腾作用高于日本柳杉林，这表明毛竹在扩张过程中对水和碳循环产生很大影响，且林冠蒸腾作用的变化主要在温度比较高的几个月份。Laplace 等（2017）对日本柳杉林毛竹扩张研究发现，每年的林冠蒸腾作用的差异主要是在 6～9 月期间造成的，这主要由特定的叶物候引起，同时，毛竹林的累积林冠蒸腾与日本柳杉的累积林冠蒸腾呈线性相关。毛竹林的气孔导度与日本柳杉的基本相同，但叶面积指数差距较大，毛竹林的林冠蒸腾显著高于日本柳杉，因而导致碳循环发生较大变化。Laplace 等（2017）通过研究毛竹扩张前后凋落物的水文特征发现，毛竹扩张后凋落物的吸水速度加快，阻滞径流效应增强、截持降雨量加大、林冠的蒸腾作用升高。

1.3.5　生物多样性

1943 年，Fisher 和 Williams 提出生物多样性概念。生物多样性是地球的生命基础，包括地球上所有的生物体，及其与陆地、海洋和其他水生生态系统所构成的生态综合体，包括物种内、物种间和生态系统间的多样性。生物多样性一般包括遗传多样性、物种多样性、生态系统多样性和景观多样性（王铮屹，2019）。物种组成、空间结构和生物多样性作为群落的基本特征，共同决定森林生态系统的功能。而在自然条件下，森林群落结构的演变，植物入侵或种群扩张等很容易引起生物多样性的变化，因此，毛竹扩张逐渐影响生态系统功能的变化（Wolfe and Klironomos，2005）。

在我国天目山、大岗山、庐山、武功山、井冈山等自然保护区，毛竹快速向周边森林蔓延（林倩倩等，2014），形成大量的混交林，甚至毛竹纯林（高三平等，2007），严重威胁生物多样性。郑成洋等（2004）通过常绿阔叶林毛竹扩张研究发现，大量的乔木树种多样性降低，灌木树种的多样性有所增加，而草本树种的多样性出现大幅度增加。林倩倩等（2014）通过天目山毛竹扩张研究发现，毛竹扩张显著降低乔木层的生物多样性，对灌木层和草本层的生物多样性影响较小。朱锦愁等（1996）通过对福建顺昌毛竹林和竹阔混交林的生物多样性研究发现，竹阔混交林的物种多样性显著高于毛竹林、乔木林和灌木林，但草本物种多样性则恰恰相反。赵明水等（2009）在天目山国家自然保护区采用样带网格调查法研究发现，毛竹林向针阔混交林扩张，对乔木层植物多样性指数影响最大，该指数呈显著下降的趋势，灌木层植物多样性有增加的趋势，而草本层植物的多样性在过

渡区相对较高。群落的 Pielou 指数随着毛竹的扩张而逐渐降低。杨怀等（2010）
在鸡公山自然保护区，通过开展毛竹扩张对植物物种组成和生物多样性的研究发
现，随着毛竹的不断扩张，生物多样性和均匀度显著下降。因而，毛竹林扩张过
程中，物种丰富度下降，层次结构逐渐单一化。

毛竹扩张不仅对植物群落生物多样性造成影响，还会影响林地表层土壤理化
性质（吴家森等，2008）。杨淑贞等（2008）通过天目山常绿阔叶林和毛竹林对比
研究鸟类多样性变化，结果发现本地的鸟类多样性显著降低。詹敏等（2010）通
过对天目山自然保护区不同森林酸雨采集，结果发现毛竹林树冠对酸雨的缓冲能
力减弱。王兵等（2011）通过对江西大岗山常绿阔叶林和毛竹林森林植被碳储量
及分配格局研究发现，毛竹林森林植被的生物量、森林土壤碳含量降低。欧阳明
等（2016）在井冈山对常绿阔叶林毛竹扩张研究发现，毛竹扩张降低乔木层的
Shannon-Wiener 指数。白尚斌等（2013a）通过对天目山毛竹扩张研究发现，随着
时间变化乔木层和灌木层物种丰富度、辛普森指数和 Pielou 指数显著降低，毛竹
扩张优势度增加，竞争性增强，造成物种丰度和多样性下降。毛竹扩张引起林分
类型的变化直接反应在植物群落的多样性变化上，植物群落的改变对森林凋落物
组成的变化影响凋落物的分解过程，进而影响土壤养分输入。凋落物质量和数量
的变化，对其分解速率和土壤养分输入起决定性作用（Eppinga et al.，2011；Wu
et al.，2013）。

1.3.6　凋落物输入与分解

森林凋落物是植被在生长和繁殖过程中新陈代谢的产物,凋落物归还到地面,
主要作为分解者的物质和能量来源（费鹏飞，2009）。森林凋落物是森林生态系统
的重要组成部分，凋落物的输入对能量的流动和养分循环具有重要意义（宋蒙亚
等，2014）。能量流动和养分循环的快慢主要由凋落物的数量、质量和分解速率决
定（葛晓改等，2014）。凋落物的数量和质量在一定程度反映森林的初级生产力（葛
晓改等，2014）。森林类型影响凋落物的产量，林分类型的转变决定凋落物组成的
变化。凋落物的变化影响土壤养分循环和土壤微生物群落组成的变化。凋落物对
土壤养分供给和循环具有决定性作用。凋落物养分的归还速度与凋落物的数量、
质量、分解速率、土壤的立地条件状况和养分含量有很大的关系（葛晓改等，2014）。
凋落物是地上与地下的中间枢纽，也是森林生态系统物质循环和能量流动的中间
纽带，其有机成分影响森林碳循环，凋落物丰富的氮磷含量导致土壤理化性质的
变化，为植物生长发育创造有利条件（左巍等，2016）。

植物入侵会影响养分释放、森林生态系统的凋落物分解和碳氮循环（Liao et al.，
2008）。凋落物分解导致更多的碳可进入土壤，供微生物活动（Ehrenfeld et al.，

2001)。入侵植物凋落物分解速率显著快于原产地凋落物分解速率。植物入侵将入侵植物与原产地植物的凋落物混合，入侵植物凋落物的氮含量较高，与原产地植物混合将影响混合凋落物分解速率（王雪芹，2011）。毛竹扩张能力极强，在扩张的过程中对凋落物分解产生较大影响。宋庆妮等（2013）研究发现，毛竹林凋落物储量显著高于常绿阔叶林。廖旭祥（2010）对阔叶林毛竹扩张研究发现，毛竹自身凋落物减少，但竹阔混交林的凋落物量显著高于毛竹或阔叶林纯林。马元丹等（2009）研究发现，相比于阔叶林和针叶林凋落物，毛竹林凋落物具有较高的分解系数。游巍斌等（2010）研究发现，毛竹林分的凋落物有机碳损失量远大于马尾松林和阔叶林。刘喜帅（2018）研究发现，相比于针叶林，毛竹纯林和竹针混交林的生物量显著增高。针叶林毛竹扩张显著降低凋落物有机碳、磷和碳氮比，增加凋落物全氮和氮磷比（刘喜帅，2018）。毛竹扩张会促进凋落物氮素释放，有利于微生物繁衍，加快氮素的矿化速率，促进土壤养分累积。

毛竹扩张引起森林内环境和凋落物组成的改变。凋落物是联结地上和地下的纽带，会引起生态系统物质平衡和碳氮循环的变化，也是影响温室气体排放的重要途径之一，对全球气候变化具有重要的作用。因而，研究凋落物输入和分解的变化对毛竹扩张的响应具有重要意义。

第 2 章 生态系统碳氮循环

2.1 碳氮循环概念与作用

碳氮循环是一种生物地质化学循环，指碳（C）和氮（N）元素在地球自然界生物圈、岩石圈、土壤圈、水圈以及大气圈交换，并随着各种反应（物理、化学、生物等）循环的现象。"碳达峰、碳中和"是我国未来几十年的重点工作之一，要实现碳中和，必须更好地了解碳氮循环的原理，以碳氮循环作为切入点。

2.1.1 碳达峰与碳中和

碳达峰（peak carbon dioxide emissions）是指二氧化碳（CO_2）的排放量达到峰值，碳中和（carbon neutrality）是指 CO_2 的净零排放，是碳达峰后碳排放逐渐下降的结果，具体来说就是 CO_2 的排放量与 CO_2 的去除量相抵消。尽管使用的是"碳中和"一词，碳中和也包括其他温室气体，根据它们的二氧化碳当量来衡量，这个词越来越多地用于描述一个更广泛的、更全面的承诺。碳中和通常是一个以科学为基础的减排目标，而不是单纯依赖抵消。平衡 CO_2 排放与碳补偿是减少或避免温室气体排放或从大气中去除二氧化碳以弥补其他排放的过程，如果排放的温室气体总量与避免或消除的总量相等，那么这两种效应就会相互抵消，碳排放量就是"中和"的。

2.1.2 碳循环及其意义

碳是生物化合物的主要成分，也是石灰石等许多矿物的主要成分。碳循环中碳的主要来源有 4 个，分别是大气、陆地生物圈（包括淡水系统及无生命的有机化合物）、海洋及沉积物（图 2-1）。

1. 大气碳循环

大气碳循环是地球大气、海洋和陆地生物圈之间气态碳化合物（主要是 CO_2）交换的原因。它是地球整体碳循环中速度最快的组成部分之一，每年大气交换的碳超过 2000 亿 t（Falkowski，2000）。甲烷（CH_4）、一氧化碳（CO）和其他含碳化合物以较低浓度存在，它们也是大气碳循环的一部分，只有当这几种流动之间存在平衡时，大气中的二氧化碳浓度才能在更长时间内保持稳定。

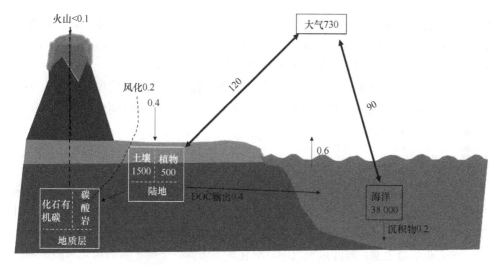

图 2-1　全球碳循环（Pg C·a^{-1}）示意图（Prentice et al.，2001）

尽管占大气所有气体的摩尔分数不到 0.05%，大气碳循环通过温室效应影响地球的能量平衡，并影响地球表面水和土壤的酸碱度（Tans and Keeling，2021），最近碳浓度的上升导致了全球大幅升温和海洋酸化（NOAA，2021）。从长期来看，碳循环似乎保持了一种平衡，这种平衡有助于保持地球温度相对稳定。

几个世纪以来，人类通过改变土地利用方式，以及工业大规模从地质圈开采化石碳（煤炭、石油和天然气开采以及水泥生产），扰乱了生物碳循环。2020 年，大气 CO_2 含量比工业化前水平增加了近 52%，迫使太阳对大气和地球表面产生更强的热效应（Hofmann et al.，2017）。人类文明发展和城市工业化进程加快对碳循环产生严重的影响，假设排放量增长趋势继续下去，到 21 世纪下半叶，CO_2 浓度将至少翻一番。在《巴黎协定》和可持续发展目标中，恢复这一自然系统的平衡是一项国际优先任务。

2. 陆地生物圈碳循环

碳循环是地球生命的重要组成部分，大多数生物的干重中约有一半是碳，碳在所有活细胞结构、生物化学和营养中起着重要的作用（Bar-On et al.，2018）。活着的生物质含有大约 5500 亿 t 的碳，其中大部分存储于陆地植物（木材）中，而大约 1200 亿 t 的碳以凋落生物量的形式储存在陆地生物圈中（Falkowski，2000）。

树木和其他绿色植物等自养生物，在初级生产过程中利用光合作用转化二氧化碳，并在此过程中释放氧气。由于碳是在自养生长过程中消耗的，而冬季和夜间大多数植物不再进行光合作用，所以春夏两季白天消耗的碳量要多于冬季和夜间。生物圈内的碳储存受到不同时间尺度上的若干过程的影响，虽然通过自养呼吸吸收碳遵循日循环和季节循环,但碳可在陆地生物圈内(木材或土壤)储存长达几个世纪(Prentice et al., 2001)。自养生物以二氧化碳的形式从空气中提取碳,将其转化为有机碳,而异养生物则通过消耗其他生物来吸收碳。

碳以几种方式在不同的时间尺度离开陆地生物圈。有机碳的燃烧或呼吸作用将其迅速释放到大气中,也可以通过河流输出到海洋中,或以惰性碳的形式留在土壤中(Li et al., 2017c)。

3. 海洋碳循环

海洋碳循环是由海洋中不同的碳池之间以及大气、地球内部和海底之间的碳交换过程组成的,它既包含无机碳(与生物无关的碳,如二氧化碳),也包含有机碳(与生物结合的碳)。海洋碳循环的一部分是在非生物和生物物质之间转换碳。

在工业革命之前,海洋是大气中二氧化碳的来源,平衡了岩石风化和陆地颗粒有机碳的影响(Raven, 2005),而现在成为大气中多余的二氧化碳的蓄水池(Raven and Falkowski, 1999)。平均而言,海洋每年净吸收二氧化碳的量为 2.2Pg C,由于 CO_2 溶解度随温度升高而降低,所以海洋表面温度不同会导致海洋吸收 CO_2 的能力不同(Revelle and Suess, 1957),北大西洋和北欧海洋的单位面积碳吸收量是世界上最高的(Takahashi et al., 2009)。

CO_2 在海洋和大气之间的交换速率取决于大气和海洋中已经存在的 CO_2 浓度、温度、盐度和风速,这个交换率可以计算为 $S = kP$,其中 CO_2 气体的溶解度(S)与大气中的气体量或其分压(P)成正比(Leavitt, 1998)。

4. 岩石圈碳循环

碳循环在岩石圈的动态与水圈、生物圈及大气圈碳循环相比较缓慢,其中部分以生物圈有机碳的形式沉积在地质圈储存的碳中,大约 80% 是石灰石及其衍生物,它们是由储存在海洋生物外壳中的碳酸钙沉积而形成的(Berner, 1999)。

碳可以通过几种方式离开岩石圈。碳酸盐岩在到地幔的变质过程中释放出二氧化碳,这些二氧化碳可以通过火山释放到大气和海洋中,人类也可以通过直接提取化石燃料的形式来去除它,提取后,化石燃料被燃烧以释放能量,并将储存在燃料中的碳排放到大气。

2.1.3 氮循环及其意义

地球大气的大部分(78%)是氮,然而,大气中用于生物用途的氮的可用性有限,导致许多类型的生态系统中可用氮的短缺。氮循环,同碳循环一样,是生物地球化学循环,氮在大气、陆地和海洋生态系统中循环,转化为多种化学形式,

是自然界中氮单质和含氮化合物之间相互转换过程的生态系统的物质循环（图
2-2）。氮循环主要是氮存在于环境中的多种化学形式之间的转换，包括有机氮、
铵（NH_4^+）、亚硝酸盐（NO_2^-）、硝酸盐（NO_3^-）、氧化亚氮（N_2O）、一氧化氮（NO）
或无机氮气体（N_2）。氮的转化可以通过生物和物理过程进行，氮循环中的重要过
程包括固氮作用、氨化作用、硝化作用和反硝化作用（图 2-2）。

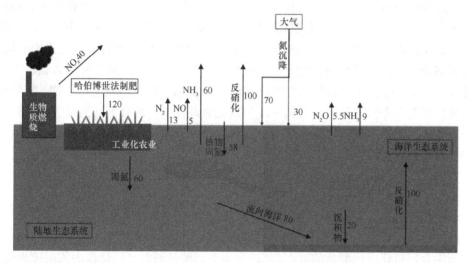

图 2-2　主要氮循环（$Tg·a^{-1}$）示意图（Deutsch et al.，2007；Duce et al.，2008；Galloway et al.，
2008；Vuuren et al.，2011；Fowler et al.，2013；Pilegaard，2013；Sutton et al.，2013；Vitousek
et al.，2013；Voss et al.，2013）

1. 固氮作用（nitrogen fixation）

固氮是一种化学过程，空气中的分子氮（N_2）具有很强的三共价键，通常在
土壤或水生系统中转化为氨（NH_3）或相关的氮化合物（Postgate，1998）。固氮
对生命至关重要，因为固定的无机氮化合物是所有含氮有机化合物的生物合成所
必需的，如氨基酸和蛋白质、三磷酸核苷和核酸。作为氮循环的一部分，它对农
业和肥料的制造也至关重要。

每年有 50 亿～100 亿 kg 氮被雷击固定，但大多数固定是由重氮养菌(diazotrophs)
的共生细菌完成的。这些细菌体内有一种固氮酶，它能将气态氮与氢气结合产生
氨，氨被细菌转化为其他有机化合物，大多数生物固氮是通过固氮酶的活性来实
现的，在许多细菌和一些古菌中都有发现（Moir，2011）。例如，根瘤菌，通常生
活在豆科植物（如豌豆、紫花苜蓿和槐）的根瘤中，它们与植物形成了一种互惠
关系，产生氨来交换碳水化合物，由于这种关系，豆科植物通常会增加缺氮土壤
的氮含量。当植物死亡时，固定的氮被释放出来，供其他植物使用，有助于肥沃

土壤（Postgate，1998）。一些非豆科植物也可以形成这种共生关系，如赤杨和杨梅等放线菌共生类植物（Dawson，2007）。

2. 氨化作用（ammonification）

氨化作用又称为有机氮的矿化作用，是使有机态氮转变为植物有效态氮的生物学过程，是微生物分解有机氮化物产生氨的过程。当植物或动物死亡或动物排出废物时，氮的最初形式是有机的，细菌或真菌将残留物中的有机氮转化为氨（氨化或矿化过程）。产生的氨，一部分供微生物或植物同化，一部分被转变成硝酸盐。很多细菌、真菌和放线菌都能分泌蛋白酶，在细胞外将蛋白质分解为多肽、氨基酸和氨（NH_3）。其中分解能力强并释放出 NH_3 的微生物称为氨化微生物。氨化微生物广泛分布于自然界，在有氧（O_2）或无氧条件下，均有不同的微生物分解蛋白质和各种含氮有机物，分解作用较强的主要是细菌，如某些芽孢杆菌、梭状芽孢杆菌和假单孢菌等。

3. 硝化作用（nitrification）

硝化作用是土壤氮循环的重要环节，硝化作用是氨氧化成亚硝酸盐，然后亚硝酸盐氧化成硝酸盐，通过分离的生物体或在全程氨氧化微生物（comammox）细菌中直接氧化成硝酸盐的过程。氨转化为亚硝酸盐通常是硝化作用的限速步骤，硝化作用是由小群自养细菌和古菌进行的好氧过程。

硝化作用传统意义上被认为是一个两步的过程，氨氧化细菌和古菌将氨氧化成亚硝酸盐，然后亚硝酸盐氧化细菌转化成硝酸盐。硝化反应的第一步是氨氧化为亚硝酸盐，是由两组生物进行的，氨氧化细菌（AOB）和氨氧化古菌（AOA），在硝化的初级阶段，氨（NH_4^+）被亚硝基单胞菌等细菌氧化，并将氨转化为亚硝酸盐（NO_2^-）（陈秋会，2014）。第二步是将亚硝酸盐氧化成硝酸盐（NO_3^-），是由亚硝酸盐氧化细菌（NOB）完成的（Spieck et al.，2020），在土壤、地热温泉、淡水和海洋生态系统中均存在。

完全氨氧化（comammox）是指一种通过硝化作用将氨转化为亚硝酸盐，然后再转化为硝酸盐的生物过程。2006 年，人们首次预测单一微生物可将氨完全转化为硝酸盐（Costa et al.，2006），2015 年，在硝化螺属（*Nitrospira*）中发现了可以进行这两种转化过程的微生物，并更新了氮循环过程（Daims et al.，2015；van Kessel et al.，2015）。

4. 反硝化作用（denitrification）

反硝化作用是一个微生物促进的过程，其中硝酸盐（NO_3^-）被还原，并最终通过一系列中间气态氮氧化物产品产生分子氮（N_2）。反硝化过程主要是由兼性厌氧细菌[如反硝化副球菌（*Paracoccus denitrificans*）和各种假单胞菌（*Pseudomonas* spp.）]完成的（Carlson and Ingraham，1983），反硝化细菌利用土壤中的硝酸盐进行呼吸，从而产生植物无法利用的惰性气体——氮气。兼性厌氧细菌需要的氧气浓度低于 10%，同时需要有机碳作为能量。反硝化作用也可以发生在好氧环境中（Marchant et al.，2017）。例如，反硝化副球菌（*Paracoccus denitrificans*）可以在好氧和缺氧条件下进行反硝化，在好氧条件下，细菌能够利用氧化亚氮还原酶，催化反硝化最后一步。

好氧反硝化菌主要包括变形菌门中的革兰氏阴性菌，在革兰氏阴性菌中，*napAB*、*nirS*、*nirK* 和 *nosZ* 酶位于细胞周质，即由细胞膜和外膜包围的空间（Ji et al.，2015）。

5. 异化硝酸盐还原为铵（dissimilatory nitrate reduction to ammonium）

异化硝酸盐还原为铵（DNRA），也称为硝酸盐/亚硝酸盐氨化，是指异养有机微生物利用硝酸盐（NO_3^-）作为呼吸的电子受体进行厌氧呼吸的结果。微生物在厌氧条件下进行 DNRA 氧化有机物，并使用硝酸盐（而不是氧）作为电子受体，将其还原为亚硝酸盐，然后是铵（$NO_3^- \rightarrow NO_2^- \rightarrow NH_4^+$）（Lam and Kuypers，2011）。

DNRA 也是一个两步反应过程，先将 NO_3^- 还原为 NO_2^-，再将 NO_2^- 还原为 NH_4^+，但也可以直接从 NO_2^- 开始（Lam and Kuypers，2011）。反硝化和 DNRA 的平衡对环境的氮循环都很重要，因为两者都使用 NO_3^-，然而，DNRA 与反硝化作用不同的是，它的作用是保存系统中生物可利用的氮，产生可溶的铵（NH_4^+）而不是氮气（N_2）（Lam and Kuypers，2011；Marchant et al.，2014）。由于 DNRA 吸收硝酸盐并不会产生 N_2 或 N_2O，因此，DNRA 循环氮而不是造成氮损失，这导致初级生产和硝化作用更加可持续（Marchant et al.，2014）。

6. 厌氧氨氧化（anaerobic ammonia oxidation）

厌氧氨氧化过程中，亚硝酸盐和氨直接转化为分子态氮（N_2），这一过程构成了海洋中氮转化的主要部分。厌氧氨氧化反应的平衡反应式为

$$NH_4^+ + NO_2^- \longrightarrow N_2 + 2H_2O \quad (\Delta G^\circ = -357kJ \cdot mol^{-1})$$

2.2　碳氮循环影响因素

2.2.1　自然因素

1. 影响碳循环的自然因素

各储层之间的碳交换是各种化学、物理、地质和生物过程的结果。海洋含有

地球表面附近最大的活性碳池，碳在大气、海洋、陆地生态系统和沉积物之间的自然流动是相当平衡的，因此，在没有人类影响的情况下，碳水平大致是稳定的。

CO_2主要通过光合作用从大气进入陆地和海洋生物圈，CO_2也会直接从大气中溶解到水体（海洋、湖泊等）中，也会在雨滴通过大气下落时溶入降水。当CO_2溶解在水中时，会与水分子发生反应，形成碳酸，这就导致了海洋的酸性。它还可以酸化它接触到的其他表面或被冲进海洋，或通过风化作用被岩石吸收。

1989～2008年，土壤呼吸产生的CO_2每年增加约0.1%（Bond-Lamberty and Thomson，2010）。2008年，全球土壤呼吸排放CO_2约980亿t，约是每年化石燃料燃烧所排放CO_2的10倍，对于这一趋势，有理论认为，气温升高增加了土壤有机质的分解速率，从而增加了二氧化碳的流动（Varney et al.，2020）。

在海洋中，碳主要通过溶解大气中的CO_2进入海洋，其中有一小部分转化为碳酸盐，它也可以作为溶解的有机碳通过河流进入海洋。它被生物体通过光合作用转化为有机碳，可以在整个食物链中进行交换，也可以沉淀到海洋更深、更富碳的层中，形成死亡的软组织，或者沉淀到贝壳中，形成碳酸钙。CO_2的吸收会使水酸碱度变得更低，从而影响海洋生物系统，海洋酸度增加预期可能会减缓碳酸钙的生物沉淀，从而降低海洋吸收二氧化碳的能力（Langdon et al.，2000）。

2. 影响氮循环的自然因素

氮循环的许多过程是由微生物完成的，微生物积累生长所需的氮。例如，动物排泄物的含氮废物被土壤的硝化细菌分解，供植物使用。氮循环的主要自然因素就是环境中的微生物群落结构和丰度，氮循环微生物进程见图2-3。

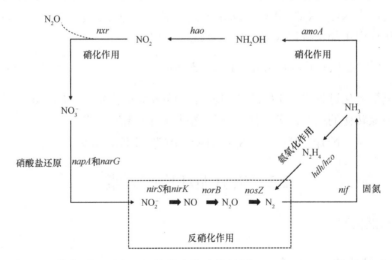

图 2-3　土壤氮循环过程及调控微生物功能基因（Simon and Klotz，2013；Sparacino-Watkins et al.，2014）

2.2.2　人为因素

1. 影响碳循环的人为因素

自工业革命以来，人类活动极大地影响了全球碳循环，主要从以下 3 个方面进行讨论：①土地利用变化；②化石燃料的利用；③人造化学物质。

1）土地利用变化

自农业文明以来，在长达一个世纪的时间尺度上，人类通过改变陆地生物圈的植被混合物，直接并逐渐地影响了碳循环（Falkowski，2000），在过去几个世纪中，直接和间接的人为造成的土地利用和土地覆盖变化导致了生物多样性的丧失，降低了生态系统对环境压力的恢复力，降低了它们从大气中去除碳的能力，最终导致碳从陆地生态系统释放到大气中。

森林砍伐，尤其是以农业为目的砍伐，将大面积存有大量碳的森林砍伐，然后将其转化为非森林用途，包括将林地转变为农场、牧场或城市。这两种替代土地覆盖类型都储存了相对较少的碳，因此这种转变的结果是更多碳留在了大气中。然而，对大气和整体碳循环的影响可以通过重新造林有意或自然地逆转。目前，约 31% 的地球表面被森林覆盖，但据统计，每年有 7.57 万 km^2 的森林消失（WWF，2016）。大规模的森林砍伐继续威胁着热带森林、生物多样性以及它们所提供的生态系统。地上树木的生物量越大，森林能够吸收和储存的碳就越多，因此，被砍伐的森林无法储存更多的碳，从而影响了碳循环，加剧了气候变化。

2）化石燃料的利用

化石燃料（煤、石油和天然气等）的提取和燃烧，是人类对碳循环和生物圈的最大和增长最快的影响之一，是直接将碳从地圈转移到大气中的过程。在燃烧过程中，化石燃料中的碳转变为 CO_2 进入大气，使大气中 CO_2 浓度增大。化石燃料的开发和利用增加了大气中的温室气体，截至 2020 年，全球共提取了约 4500 亿 t 化石碳，这个量接近地球上所有陆地生物所含的碳量。据估算，全球大气碳排放量已经超过了植被和海洋的吸收量之和。

3）人造化学物质

少量含有化石碳的人造石化产品可能会对生物碳循环产生意想不到的巨大影响。出现这种情况的部分原因是，它们分解缓慢，这使得它们能够在整个生物圈中不自然地持续存在和积聚。2018 年，全球制造了近 4 亿 t 塑料，年增长率接近 10%，自 1950 年以来总共生产了 60 多亿吨，2019 年的一项研究表明，塑料在阳光照射下降解，会释放二氧化碳和其他温室气体（Ward et al., 2019），在大气中循环。

2. 影响氮循环的人为因素

人类对氮循环的影响是多样的，目前，农业和工业固氮超过自然固氮（Galloway et al., 2003）。自工业革命以来，人为氮输入的另一个来源是化石燃料燃烧，用于释放能源。当化石燃料燃烧时，高温和高压条件下，N_2 通过氧化产生 NO，此外，当化石燃料被提取和燃烧时，化石氮可能会发生反应（即 NO_x 的排放）。在过去的一个世纪中，由于全球工业化，活性氮（Nr）的生成增加了 10 倍以上（Galloway et al., 2008）。Nr 通过多种机制在生物圈中以级联形式存在，并且随着其生成速率大于反硝化速率而不断积累（Galloway et al., 2003）。

在农业生态系统中，施肥增加了微生物硝化作用和反硝化作用，这两个过程都会自然地向大气中释放 NO 和 N_2O，尤其值得关注的是 N_2O，它的平均大气寿命为 114～120 年（Houghton et al., 2001），100 年全球增温潜势（GWP）是 CO_2 的 298 倍（Timma et al., 2020）。一些工业过程、汽车和农业施肥产生的氮氧化物以及土壤排放的 NH_3（硝化作用的副产品）扩散在大气圈，影响氮循环和产生养分损失（Schlesinger, 1997）。

人为增加的氮沉降增加可使土壤、河流和湖泊酸化，改变森林和草地的生产力。在草地生态系统中，氮输入最初使草地的生产力增加，随着氮增加到达一个阈值，生产力反而下降（Galloway et al., 2003）。氮对水体也有着一定程度的影响，在近岸、海岸、海洋和河口系统高度发达的地区，河流通过农业生态系统直接（如地表径流）或间接（如地下水污染）增加水体氮输入（图 2-4），可导致淡水酸化或海水富营养化（Rabalais, 2002）。

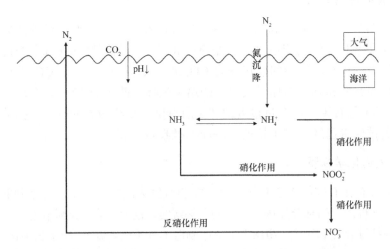

图 2-4　酸化背景下海洋氮循环（O'Brien et al., 2016）

陆地生态系统中，大部分陆地生物受氮的限制，因此，氮输入（即通过沉积和施肥）可以增加氮的有效性，这暂时增加了氮的吸收、植物和微生物的生长以及植物生物量和土壤有机质中氮的积累（Aber et al.，1989）。在异养微生物分解有机物（即氨化）过程中，有机物大量氮输入降低了 C/N 值，增加了无机氮（NH_4^+）的释放（Aber，1992）。此外，随着土壤中 NH_4^+ 增加，硝化过程释放氢离子，使土壤酸化，硝化作用的产物 NO_3^- 具有很强的流动性，在酸性土壤中可以与钙、镁等带正电的碱性矿物一起从土壤中浸出，对陆地和邻近的水生生态系统产生负面影响（Schlesinger，1997）。随着氨化作用的增加，矿化氮的硝化作用也会增加，氮沉降预计会增加微量气体排放（Matson et al.，2002）。

许多植物群落是在低营养条件下进化的，因此，人为增加氮输入可以改变生物和非生物的相互作用，导致群落组成的变化。人为氮添加导致快速生长的植物物种在生长中获得优势（Huenneke et al.，1990；Tilman，1997；Wilson and Tilman，2002）。

氮输入对陆地和水生系统的营养循环和本地物种多样性都产生了负面影响（Rabalais，2002）。然而，一个关键问题是氮饱和问题，生态系统过程会随着氮肥施用而改变，但人为投入也会导致氮饱和，从而削弱生产力，并可能损害植物、动物、鱼类和人类的健康，为了合理控制人为氮添加量，必须加强对氮存储和反硝化速率的进一步科学研究（Davidson and Seitzinger，2006）。

2.3　碳氮循环与全球变化

2.3.1　温室气体排放

人类每年排放 500 亿 t 温室气体造成的温室效应是导致气候变化一大主要原因之一，其中大部分是燃烧煤炭、石油和天然气等化石燃料所产生的 CO_2。主要的人为温室气体包括 CO_2、N_2O、甲烷、三组氟化气体[六氟化硫（SF_6）、氢氟碳化合物（HFC）和全氟碳化合物（PFC）]，这些温室气体受到《巴黎协定》的管制，同时，它们与碳氮循环有着密切的联系或是碳氮循环中重要的一部分。

全球温室气体排放量约为每年 50 亿 t（Hannah and Max，2020），2019 年的二氧化碳排放量估计为 57 亿 t，其中 5 亿 t 是由于土地利用变化造成的（Olivier，2020）。全球温室气体排放途径包括能源行业、农业及土地利用变化、工业、废弃物处理（图 2-5）。

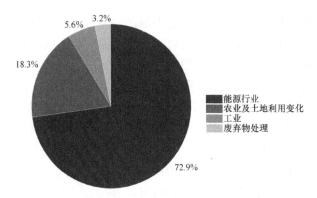

图 2-5　各生产行业占全球温室气体排放量的百分比（Kevin et al., 2005）

大约从 1750 年以来，人类活动增加了二氧化碳和其他温室气体的浓度，截至 2021 年，大气中测量的二氧化碳浓度比工业化前水平高出近 50%（Alex，2021）。自工业革命开始以来，二氧化碳的摩尔分数从 280ppm①增加到 415ppm，或比现代工业化前的水平增加 120ppm（图 2-6、图 2-7）。上一次大气中二氧化碳浓度与今天相似是在 300 万年前，当时全球平均气温高出 3℃，海平面高出约 25m（Wuebbles et al.，2017）。农业甲烷的第二大来源是传统水稻种植，仅次于畜牧业，其近期的变暖影响相当于所有航空排放的二氧化碳。

2.3.2　全球变暖和氮沉降加剧

1. 全球变暖

人类活动产生的温室气体排放能够导致全球变暖，进而导致天气模式的大规模变化。虽然之前也有过气候变化的时期，但自 20 世纪中期以来，人类对地球气候系统产生了前所未有的影响，并造成了全球范围的变化（Masson-Delmotte et al.，2018）。

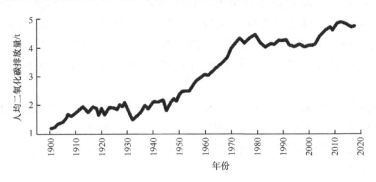

图 2-6　1900～2018 年人均二氧化碳排放量（数据来源：ourworldindata.org）

---

① 1ppm=1×10⁻⁶，下同。

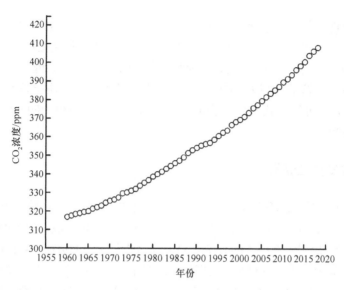

图 2-7　大气二氧化碳平均浓度（数据来源：earthcharts.org）

目前的全球变暖水平约为 1.2℃（2.2°F），人类已经感受到其温度变化带来的许多影响。联合国政府间气候变化专门委员会（IPCC）预测，随着全球变暖持续至 1.5℃（2.7°F）及以上，这些影响将显著增加（Masson-Delmotte et al.，2018）。根据 2015 年《巴黎协定》，各国一致同意通过努力减缓气候变化，将全球变暖控制在"远低于 2.0℃（3.6°F）"。然而，即使各国根据协议履行承诺，到 21 世纪末，全球变暖仍将升温约 2.8℃（Andersen，2019）。将升温限制在 1.5℃需要到 2030 年将排放量减半，到 2050 年实现近零排放（Rogelj et al.，2015）。

2. 氮沉降加剧

氮沉降是指大气中的氮元素经过系列物理或化学过程重新进入生态系统的过程（谢迎新等，2010）。中国氮沉降的增加主要受氮肥、畜牧业等农业源和工业、交通等非农业源的活性氮排放的影响（谢迎新等，2010；邓邦良等，2017）。氮沉降包括无机氮和有机氮的湿沉降和干沉降（Liu et al.，2011），但在大多数情况下，系统测量的只有无机氮（NH_4^+-N 和 NO_3^--N）的体积沉降（Frink et al.，1999；Liu et al.，2006）。氮沉降大部分被沉降在陆地生态系统中，30%~50%的 NO_x 和大约 40%的 NH_x 沉积在开阔的海洋和沿海地带（Dentener et al.，2006；Lamarque，2005）。

研究表明，活性氮富集可能抑制土壤碳流失，因此可能有助于增强土壤碳汇（De Vries et al.，2006；Craine et al.，2007；Magnani et al.，2007；Hyvönen et al.，2008）。但氮气和气溶胶可直接对某些植物产生毒性，影响植物的生理和生长。

随着氮化合物在特定生态系统中的积累，对敏感植物的毒性会增加，植物物种组成也可能发生变化，最终改变物种组成、植物多样性和氮循环（Camargo and Alonso，2006）。水生生态系统无机氮供应增加带来的其他风险包括水酸化、淡水和咸水系统富营养化以及动物的毒性问题；富营养化往往导致水体中的溶解氧水平降低，这可能导致水生动物的死亡（Aber et al.，1989；Schlesinger，1997；Rabalais，2002）。

2.3.3 物种多样性变化

研究表明，增加氮输入导致快速生长的植物物种的优势，与物种丰富度的下降相关（Wilson and Tilman，2002）。快速生长的植物对氮的吸收有更大的亲和力，并且会以其较高的地上生物量挡住阳光，从而排挤生长缓慢的植物（Wamelink et al.，2009）。其他研究发现，具有丛枝菌根组合的树木更有可能从土壤氮的增加中受益，因为这些真菌不能分解土壤有机氮（Thomas et al.，2010）。随着氮沉降的增加和土壤酸化，入侵草地取代低地灌木（Aerts and Berendse，1988；Bobbink et al.，1992）。

不仅是植物受到碳氮循环的影响，动物和人类也一样。碳氮循环的改变引起的气候变暖促使许多陆生和淡水物种向极地和海拔较高的地区迁移（Hoegh-Guldberg et al.，2018）。这些生物的迁徙可能导致一个严重的后果——生物入侵。

生物入侵是指外来物种被引入到本地的一种现象，虽然它对被引入物种传播有好处，但大多数情况下，生物入侵现象对新环境产生负面影响。入侵物种会对被入侵的栖息地和本地物种造成不利影响，造成生态、环境和经济损失。入侵物种可能通过竞争排斥或与相关本地物种杂交而导致本地物种灭绝。外来物种的入侵还可能导致引种地的生物群落结构、组成和全球分布的广泛变化，最终导致世界动植物的同质化和生物多样性的丧失（Baiser et al.，2012）。同样地，本地生物也会通过类似于外来物种入侵的原理造成本地物种扩张现象。本地物种扩张的一个例子是毛竹扩张，毛竹由于其根系的特殊性，很容易扩张到其邻近林分，并形成竞争优势，逐渐改变其扩张范围内的生物多样性（宋超，2019；童冉等，2019；陈珺等，2021）。

第3章 毛竹扩张对土壤温室气体排放的影响

3.1 土壤温室气体排放及其影响因子

20 世纪以来，相关学者发现一些与全球气候变化密切相关的现象，如大气和海洋温度上升，两极和高山的冰雪融化，海平面升高，干旱和极端天气频发，大气温室气体浓度不断增加等。IPCC 第五次评估报告显示，全球平均温度呈现逐渐增长的趋势，1880~2012 年全球平均气温升高 0.65℃~1.06℃（IPCC，2014）。温室效应是全球变暖的诱因之一。目前三种温室气体 N_2O、CH_4 和 CO_2 的大气浓度分别约为 324ppb[①]、1803ppb 和 391ppm，分别约超过工业革命前水平的 20%、150%和 40%（IPCC，2014）。CO_2 对全球增温效应最大，贡献值可达 56%左右，CH_4 的全球增温潜势（GWP）约为 CO_2 的 23 倍，对温室气体的贡献占 15%左右，目前还在以平均每年 1%的速度增长。N_2O 在百年尺度上的全球增温潜势是 CO_2 的 265 倍，其浓度正以每年 0.25%的速度在增长，使地表温度进一步升高（Bernstein et al.，2008）。N_2O、CH_4 和 CO_2 在全球变暖中占据重要作用，其排放和减排已成为全球气候变化研究的核心之一（Liu and Greaver，2009；Montzka et al.，2011）。

N_2O 主要是在土壤微生物作用下通过硝化和反硝化作用发生氧化还原反应产生的。在需氧条件下，主要以硝化作用为主，土壤 NH_4^+-N 在各种氧化还原酶的作用下转化为 NO_2^-和 NO_3^-，在此过程中会有 N_2O 生成并释放到大气中（Hooper and Terry，1979；Morrley et al.，2010）。在厌氧或低氧条件下，主要以反硝化作用为主，土壤 NO_2^-和 NO_3^-在一些还原酶的作用下转化为气体释放，其中 N_2O 在还原转化过程中以中间产物释放。硝化和反硝化作用的耦合过程，也是土壤中产生 N_2O 的主要途径（刘峰，2017）。相关研究发现，天然湿地和稻田是 CH_4 的主要排放源（王跃思等，2003；宋长春和王毅勇，2006），在厌氧条件下，土壤有机碳在甲烷产生菌和纤维分解菌等土壤微生物协同作用下，逐步降解为单糖，单糖再分解为酸，最后形成 CH_4（王跃思等，2003；冯虎元等，2004）。而在富氧条件下，甲烷氧化菌将 CH_4 氧化，使土壤变为 CH_4 的汇（Dalal et al.，2008；高升华等，2013；方华军等，2014）。土壤向大气排放 CO_2 的过程又称为土壤呼吸，是复杂的地上地下生态过程的综合反映，主要包括动物及土壤微生物的异养呼吸、植物的自养

---

① 1ppb=1×10^{-9}，下同。

呼吸及其他一系列非生物过程。在土壤表层，死亡动植物及凋落物被土壤微生物及动物分解，在分解过程中所产生的 CO_2 将植物光合作用所固定的碳回馈于大气（张庆晓，2021）。在森林生态系统中，植物生长季根系呼吸对土壤总呼吸的贡献率达 45.8%（Hanson et al.，2000）。

土壤是温室气体的主要排放源。大气和土壤之间碳氮含量的变化将会导致温室气体的变化。随着世界经济全球化迅速发展，煤矿开采、化石燃料燃烧、畜牧业生产、土地利用方式转变及人为采伐等一系列人类活动，使大气中温室气体浓度日益上升，而其强大的辐射增温能力导致全球温室效应逐年增强（朱旭丹，2016）。发展中国家温室气体排放与土地利用和森林砍伐有关。根据 2007 年世界银行及英国政府发布的公告，森林砍伐导致印度尼西亚成为继美国和中国后世界第三大温室气体排放国。此外，生物入侵也会通过改变生物和非生物因素影响温室气体的排放（Zou et al.，2007；Zhang et al.，2018）。

3.1.1 土壤温度

在全球变暖的大背景下，温度对温室气体的排放的变化至关重要。土壤温室气体 N_2O、CH_4 和 CO_2 的排放主要与土壤中的微生物有关。土壤温度变化会改变动植物生命活动、土壤微生物活性及土壤有机质分解的速率，进而影响土壤温室气体排放和吸收的过程，因此土壤温度对土壤温室气体排放的影响是多种渠道共同作用的结果。土壤微生物是很多生物化学过程的关键驱动因子，而很多微生物均会对温度有敏感性（Oliverio et al.，2017）。产生土壤温室气体的相关微生物过程往往也受到温度的调控，因此，微生物的活动造成土壤温室气体排放的变化（Schaufler et al.，2010）。

在微生物介导作用下，土壤氮循环主要包括固氮作用、硝化作用、反硝化作用和氨化作用。在硝化作用中微生物氨氧化古菌（AOA）和氨氧化细菌（AOB）的最适温度为 15～35℃；而反硝化作用主要在硝酸盐还原酶（*nar*）、亚硝酸盐还原酶（*nirS*、*nirK*）、一氧化氮还原酶（*cnorB*）、氧化亚氮还原酶（*nosZ*）和胞外异化硝酸还原酶（*napA*）等相关基因的作用下进行，其在 5～75℃ 内均可进行。增温可直接刺激微生物生长，提高其活性和丰度，导致 N_2O 气体排放量加剧（Li et al.，2020a）。

在相关微生物作用下，甲烷氧化的最适温度范围为 25～35℃，甲烷产生菌的最适温度范围为 35～40℃（李思琦等，2020）。因此，温度对微生物群落结构组成与甲烷产生菌和氧化菌的代谢与丰度造成一定的影响。Yue 等（2005）发现在水稻田中，持续灌溉条件下，CH_4 的排放速率与温度存在线性相关，且 CH_4 的排放变化会随甲烷产生菌和氧化菌的数量变化而变化。相关微生物的活性在外界环境因素的影响下，影响 CH_4 产生和吸收量。在甲烷产生菌和甲烷氧化菌中，产生菌更容易受到温度的调控。Yvon-Durocher 等（2014）研究发现气候变暖显著促进湿地 CH_4 的排放，可能由于甲烷产生菌对温度更为敏感。

相关研究发现，土壤温度与土壤 CO_2 排放也有一定相关性。土壤 CO_2 排放量呈季节性变化。方慧云（2019）研究发现，毛竹林土壤 N_2O、CO_2 排放通量及 CH_4 的吸收量随温度的上升而增加。

3.1.2　土壤湿度

土壤湿度即土壤水分含量的高低，土壤湿度是环境驱动力中最主要的因素之一（Klaus et al.，2013）。土壤湿度影响土壤养分的运输和微生物活性（Hu et al.，2015），对土壤氮循环硝化和反硝化过程起决定性作用（Davidson and Swank，1986）。土壤湿度对土壤温室气体排放的影响较为复杂。土壤水分是生物化学循环过程中必不可少的物质。土壤湿度可以通过改变土壤 pH、植物生长速率、土壤微生物活性、群落结构组成等进而改变温室气体的排放。土壤水分饱和会阻碍气体扩散，使土壤形成无氧环境，提高土壤反硝化的速率和潜势，硝化作用有所减慢。在土壤水分适中的条件下，硝化作用进展迅速。对于土壤 N_2O 来源而言，土壤含水量是主要判定因素，当含水量为 30%～60% 时，N_2O 主要来源于硝化过程；当含水量大于 70% 时，N_2O 主要来源于反硝化过程。一般认为，在氮循环过程中，以反硝化过程为主导的土壤环境中产生的 N_2O 含量远远大于以硝化过程为主导的土壤环境（Zhu et al.，2013）。农田土壤适量排水或灌水后 N_2O 含量剧增，主要是反硝化作用的结果（Matson et al.，1998；曹文超等，2019）。对于土壤 CH_4 而言，一般在厌氧条件下，一些甲烷产生菌和古菌等通过还原甲酸盐和乙酸盐而排放 CH_4（程淑兰等，2012）。当土壤湿度较小时，土壤孔隙较大，被氧气占用，该环境不利于产生 CH_4。当土壤含水量逐渐增大达到最大含水量的时候，土壤孔隙度减小，逐渐形成厌氧环境增强甲烷产生菌活性，土壤 CH_4 排放量逐渐增大。对于土壤 CO_2 而言，当土壤湿度过高或过低，超过一定的临界值时，土壤 CO_2 排放量不再随湿度的变化而增加；当土壤湿度在临界范围之内时，土壤 CO_2 的排放量随土壤湿度的增加而增加。

3.2　毛竹扩张对温室气体排放的影响机制

毛竹隶属于禾本科竹亚科刚竹属，又称孟宗竹、楠竹，是一种高大散生乔木状克隆植物，是单轴型散生竹类。毛竹生长速度极快，在环境合适、养分充足的条件下，可在两三个月内长高至 10m 以上，甚至达到 20m（Wolfe and Klironomos，

2005)。毛竹是我国暖温带和亚热带地区广泛分布的一个树种，由于自身的生长生理特性，根茎不断向周边蔓延形成扩张现象。目前，毛竹扩张现象引发了许多生态方面的问题。

毛竹扩张是指毛竹在当地快速大量生长繁殖，并向周围不断扩散，逐渐挤压当地土著物种的正常生长，并最终取代当地土著物种的过程，对当地的生物多样性、生态系统平衡、农林牧渔正常生产等造成不利影响，即对扩张地生态系统的各方面都有可能产生危害。毛竹在扩张过程中会通过自身的生长生理优势，影响光照、水分和土壤的理化性质等环境因素（Mclean and Parkinson，1997），以及通过植物的凋落物和根系分泌物来影响植物与土壤的反馈机制实现成功扩张（Wolfe and Klironomos，2005）。毛竹扩张后的森林生态系统的结构和功能受到了破坏（Dukes and Mooney，1999；Liu et al.，2019），因此带来了一系列的环境和经济问题，严重威胁自然生态系统稳定性（Callaway et al.，2004；Jandová et al.，2014）。与入侵植物类似，毛竹扩张对土壤碳氮循环和土壤微生物群落结构的影响以及毛竹与扩张林分土壤之间的反馈机制是目前研究的热点问题（Callaway et al.，2004）。李超等（2019）研究发现，日本柳杉林毛竹扩张，土壤可溶性有机碳含量呈现先降低后升高的趋势。宋庆妮（2013）研究发现，毛竹向阔叶林扩张显著降低土壤有机碳含量。毛竹向针叶林扩张，显著降低凋落物有机碳含量和生物量，而显著增加凋落物全氮含量，与植物入侵机制类似（Zhang et al.，2017）。毛竹扩张显著降低凋落物碳氮比（刘喜帅，2018），可能会改变凋落物分解速率。沈秋兰（2015）研究发现，毛竹扩张会影响土壤氮素矿化，增加土壤 NO_3^--N 含量，降低土壤 NH_4^+-N 含量，其扩张后的针叶林和常绿阔叶林的土壤净硝化作用和总矿化作用减弱，净氨化作用增强（宋庆妮等，2013；Li et al.，2017b）。Song 等（2016）研究发现，毛竹扩张后显著增加阔叶林土壤碳氮比，降低凋落物质量，造成土壤氮素矿化速率下降，氮循环减弱。因此，毛竹扩张会改变土壤碳氮循环等过程。

3.3　日本柳杉林土壤温室气体排放对毛竹扩张的响应

毛竹在我国南方亚热带地区广泛分布，其扩张引发很多生态问题。杨清培等（2011）采用时空替代法对常绿阔叶林毛竹林扩张研究发现，森林生态系统的植被碳储量和土壤碳储量均降低。赵雨虹等（2017）通过研究毛竹向常绿阔叶林扩张发现，土壤有机碳含量呈现先增加后降低的趋势。Bai 等（2016）在浙江通过研究毛竹向常绿阔叶林扩张发现，毛竹扩张导致土壤有机质、全氮和微生物碳的含量增加，而微生物氮含量下降。因此，常绿阔叶林毛竹扩张不仅改变土壤碳氮库，也可改变土壤的碳氮分布格局。

毛竹扩张对土壤氮素循环和转化的影响也是目前生态方面的一个重要问题。吴家森等（2008）通过研究浙江天目山毛竹林、针阔混交林和竹针阔混交林三种林分发现，毛竹扩张显著增加土壤水解氮含量。宋庆妮（2013）使用时空替代法对江西大岗山常绿阔叶林毛竹扩张土壤氮循环研究发现，毛竹扩张显著增加土壤氮素的氨化作用，但是降低了土壤硝化作用和总矿化作用。Li 等（2017b）通过对江西庐山毛竹扩张林分土壤温室气体和氮转化的研究发现，毛竹扩张显著增加氮转化速率，降低土壤 N_2O 的排放通量。Song 等（2016）通过研究常绿阔叶林毛竹扩张，发现毛竹扩张减少了凋落物质量和产量，降低了土壤氮素矿化速率。Pan 等（2020）在江西庐山通过毛竹和日本柳杉细根分解对土壤 CO_2 排放发现，日本柳杉与毛竹细根均会增加土壤 CO_2 的排放通量。李超等（2019）率先对江西庐山自然保护区毛竹扩张日本柳杉林土壤 N_2O 和 CO_2 通量进行原位观测进究，结果发现形成毛竹与日本柳杉混交林时，土壤 N_2O 和 CO_2 排放量显著增加（图 3-1），但是完全扩张形成毛竹纯林时土壤 N_2O 排放量呈现下降的趋势，但 CO_2 排放量没有发生明显变化。混交林土壤 N_2O 累积排放显著高于其他林分，这主要与混交林的 NO_3^--N 含量较高所致。土壤呼吸主要由植物的根系呼吸以及土壤动物呼吸和一些化学氧化作用产生，土壤微生物的异养呼吸和植物根系吸收对 CO_2 的产生具有重要作用（张东秋等，2005）。毛竹具有发达的根茎系统，地下竹鞭繁殖能力强，日本柳杉林毛竹扩张形成混交林，会显著增加林地土壤中的根生物量（刘骏等，2013a），进而增加根系呼吸和 CO_2 排放量。而且，毛竹根茎在快速生长和繁殖过程中，会有较多的凋落物和细根及根际沉积导致更多的碳输入，增加土壤有机碳、可溶性有机碳和微

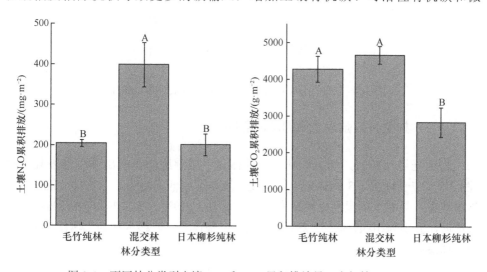

图 3-1　不同林分类型土壤 N_2O 和 CO_2 累积排放量（李超等，2019）

生物量碳等含量，从而在毛竹扩张过程中增加土壤 CO_2 的排放（Li et al.，2017a）。在日本柳杉林毛竹扩张过程中，土壤 pH 升高，这可能会改变土壤微生物氨氧化细菌与硝化作用相关的氨氧化古菌的活性，影响土壤硝化和反硝化过程细菌的活动，影响土壤 N_2O 的排放。土壤 pH 升高，可降低 pH 对土壤微生物活性的限制，造成更多的有机碳分解，从而加剧土壤 CO_2 的排放。

3.4 杉木林土壤温室气体排放对毛竹扩张的响应

3.4.1 杉木林毛竹扩张对土壤温度的影响

张庆晓（2021）研究了杉木林毛竹扩张土壤温度、湿度的变化，3 种林分土壤温度均呈现出季节性变化规律（图 3-2）。7～11 月，3 种林分土壤温度呈现逐渐降低的趋势，在 11 月和 12 月基本趋于稳定的状态。混交林和杉木林在 7 月的土壤温度出现最大值，分别为 29.06℃和 26.73℃；毛竹林在 8 月土壤温度出现最大值，为 25.72℃。整体而言，混交林的土壤温度最高。

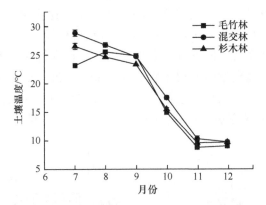

图 3-2 三种林分土壤温度时间变化（张庆晓等，2021）

3.4.2 杉木林毛竹扩张对土壤湿度的影响

张庆晓等（2021）研究表明，3 种林分土壤湿度均呈现出季节性变化规律（图 3-3）。7～11 月，3 种林分土壤湿度呈现逐渐降低的趋势。毛竹林、混交林和杉木林在 7 月的土壤湿度出现最大值，分别为 31.19%、29.20%和 38.58%；在 11 月最低，分别为 10.47%、7.12%和 13.03%。整体而言，杉木林的土壤湿度最高，混交林最低。

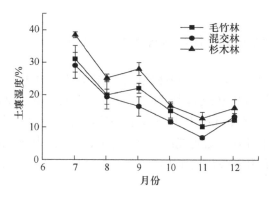

图 3-3 三种林分土壤湿度的时间变化（张庆晓等，2021）

3.4.3 杉木林毛竹扩张对土壤理化性质的影响

3 种林分土壤 NH_4^+-N 和 NO_3^--N 含量均呈现季节性动态变化规律，且夏季最高，冬季次之，秋季最低。因此，土壤 NH_4^+-N 和 NO_3^--N 含量生长季显著高于非生长季，这与闽兴建等（2013）的研究结果相似。而土壤温度和湿度会影响微生物的种类和代谢，在很大程度上会影响土壤氮的矿化作用，进一步导致土壤 NH_4^+-N 和 NO_3^--N 含量的变化（Wilson and Robert，1996）。在 3 种林分中毛竹林土壤 NH_4^+-N 含量最高，混交林次之，杉木林最低（表 3-1），证实毛竹扩张导致土壤 NH_4^+-N 含量增加，这与陆建忠等（2005）对入侵植物加拿大一枝黄花的研究结果相似。无论在哪个季节，在三种林分中，杉木林土壤 NO_3^--N 含量最高，混交林次之，毛竹林最低（表 3-2）。毛竹扩张显著降低土壤 NO_3^--N 含量，可能是毛竹在扩张中消耗大量的 NH_4^+-N，进而造成土壤 NO_3^--N 含量下降。

表 3-1 三种林分土壤铵态氮季节变化（张庆晓，2021） （单位：mg·kg⁻¹）

季节	毛竹林	混交	杉木林
夏季	17.06±0.72	11.86±1.19	10.68±1.60
秋季	3.69±0.48	3.56±0.41	3.06±0.44
冬季	9.82±0.84	9.17±0.78	8.54±1.16

表 3-2 三种林分土壤硝态氮季节变化（张庆晓，2021） （单位：mg·kg⁻¹）

季节	毛竹林	混交林	杉木林
夏季	33.56±2.55	40.14±2.25	49.71±1.32
秋季	11.24±0.91	13.66±0.23	15.36±0.49
冬季	17.63±0.91	18.12±0.93	20.32±0.17

3.4.4 杉木林毛竹扩张对土壤温室气体通量的影响

由图 3-4 可知,在 7 月,土壤 N_2O 排放通量达到最高值,毛竹林排放量最高(190.36 $\mu g \cdot m^{-2} \cdot h^{-1}$),混交林($138.19\mu g \cdot m^{-2} \cdot h^{-1}$)次之,最低为杉木林($129.26\mu g \cdot m^{-2} \cdot h^{-1}$)。而在 12 月,3 种林分土壤 N_2O 排放量最低,且毛竹林 N_2O 排放量显著高于混交林和杉木林。混交林高于杉木林,这可能由于杉木林毛竹扩张,林地表层土壤水溶性有机碳增加,增强土壤硝化和反硝化作用,加剧土壤 N_2O 的排放(徐道炜,2018)。

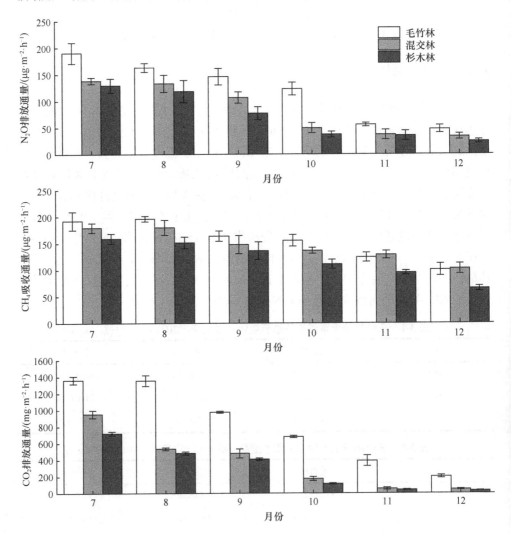

图 3-4 毛竹林、混交林和杉木林土壤 N_2O、CH_4 和 CO_2 通量时间动态(张庆晓等,2021)

3 种林分土壤 CH_4 的吸收通量均在 7 月或 8 月出现最高值。3 种林分土壤 CH_4 的吸收通量最小值出现在 12 月。整体而言，3 种林分土壤平均 CH_4 的吸收通量毛竹林最高（155.38$\mu g \cdot m^{-2} \cdot h^{-1}$），混交林次之（145.77$\mu g \cdot m^{-2} \cdot h^{-1}$），杉木林最低（119.62$\mu g \cdot m^{-2} \cdot h^{-1}$）。土壤 NH_4^+-N 和 NO_3^--N 的含量也是影响土壤 CH_4 排放的重要因素。土壤 NH_4^+-N 含量的增加会增强土壤氨氧化细菌活性，而氨氧化细菌对 CH_4 有一定的氧化能力，会减缓 CH_4 排放。较高的含水率会阻碍 CH_4 的扩散，降低林分对土壤 CH_4 的吸收（Zerva and Mencuccini，2005）。因此，杉木林土壤含水率高于毛竹林和混交林，土壤 CH_4 排放增加，也是杉木林土壤 CH_4 汇低于混交林和毛竹林的主要原因（张炜等，2008）。

3 种林分土壤 CO_2 排放通量随着月份的变化而呈现逐渐降低的趋势。在 7 月 CO_2 排放通量均最高，毛竹林最高（1362.83$mg \cdot m^{-2} \cdot h^{-1}$），混交林次之（951.70$mg \cdot m^{-2} \cdot h^{-1}$），杉木林最低（719.63$mg \cdot m^{-2} \cdot h^{-1}$）。在 9 月土壤 CO_2 排放通量显著降低，在 12 月到达最低值。整体而言，土壤 CO_2 排放通量从大到小依次为毛竹林、混交林和杉木林。毛竹林和混交林显著高于杉木林，可能由于毛竹林在扩张过程中，林分郁闭度增大，植物-土壤之间相互作用，呼吸加快。

3.5　毛竹扩张不同阶段土壤温室气体排放

森林植被类型的变化将会导致生态系统的土壤碳氮特征的变化（Hobbie，2015；Urakawa et al.，2016）。在全球气候变化背景下，外来植物的入侵会改变土壤碳氮的输入。此外，通过改变外界环境因子和碳氮输入，植物入侵将会改变土壤微生物群落结构（Wolkovich et al.，2010）。土壤碳氮输入和微生物群落结构的变化会进一步影响土壤 N_2O 和 CO_2 的变化，因而毛竹扩张会显著改变土壤碳氮机制和土壤 N_2O、CO_2 的排放（Chang and Chiu，2015；Xu et al.，2015）。

氮沉降对毛竹扩张土壤碳氮循环更为敏感（Gundersen et al.，1998；Urakawa et al.，2016）。土壤碳氮分解导致的温室气体排放会引起全球气候变暖（Lin et al.，2014；Chang and Chiu，2015）。入侵植物通常具有更强的养分利用能力和更高的生物量（Zou et al.，2006；Zhang et al.，2013b），氮沉降可提高氮的有效性，可促进植物入侵。全球变化会提高土壤微生物的活性和碳氮循环速率，间接加剧植物入侵，进而影响土壤碳氮的固定。因此，氮沉降和温度变化可相互作用影响土壤 N_2O 和 CO_2 排放及氮转化。在亚洲和美洲等地区，毛竹扩张被广泛报道（Chang and Chiu，2015；Xu et al.，2015；Tu et al.，2015；宋超等，2020）。Li 等（2017a）通过室内培养试验，研究了氮沉降和升温条件下，毛竹扩张不同阶段对土壤氮转化、N_2O 和 CO_2 排放的影响（表 3-3～表 3-5）。

表3-3　林分类型与增温对土壤 N_2O 和 CO_2 排放速率的影响（Li et al.，2017b）

处理	N_2O 排放速率/(ng·g^{-1}·h^{-1})			CO_2 排放速率/(μg·g^{-1}·h^{-1})		
	未入侵林	混交林	毛竹林	未入侵林	混交林	毛竹林
温度15℃	0.12±0.01	0.08±0.01	0.06±0.01	1.76±0.44	1.57±0.34	1.72±0.34
温度25℃	0.74±0.11	0.26±0.03	0.17±0.01	3.17±0.53	3.38±0.60	3.60±0.57
温度35℃	0.39±0.03	0.38±0.03	0.22±0.02	4.96±0.78	5.36±0.80	5.48±0.74

表3-4　氮沉降与增温及林分类型对土壤累积 N_2O 排放的影响（Li et al.，2017b）

处理	未入侵林	混交林	毛竹林
温度15℃	173.69±15.07GHI	130.76±24.61HI	99.87±16.32I
温度25℃	421.46±18.58CDE	489.00±150.15CDE	236.15±24.60FGHI
温度35℃	720.93±37.66B	493.70±19.34BCDE	297.35±19.59EFGHI
N×温度15℃	178.21±17.83GHI	138.29±19.34HI	104.64±14.56I
N×温度25℃	572.61±39.42BCD	371.24±8.29CDEFG	335.58±6.78EFGH
N×温度35℃	1140±36.41A	591.13±7.28BC	345.31±47.46DEFGH

注：同列相同字母表示不同处理之间差异不显著，下同。

表3-5　林分类型与增温对土壤累积 CO_2 排放的影响（Li et al.，2017b）

处理	未入侵林	混交林	毛竹林
温度15℃	2.33±0.06D	2.34±0.05D	2.54±0.05D
温度25℃	3.76±0.07C	3.79±0.05C	4.07±0.09C
温度35℃	5.15±0.02B	5.65±0.08A	5.87±0.14A

　　土壤 CO_2 排放速率与森林类型和温度有关。25℃和35℃时，毛竹林的 CO_2 排放速率高于混交林和未入侵林（表3-3）。CO_2 的排放速率随着温度的升高而增加。累积二氧化碳排放取决于森林类型和温度的相互作用（表3-5）。具体来说，CO_2 排放随着气候变暖而持续增加，在15℃和25℃时，森林类型之间没有差异，但在35℃时，原始天然林相对于竹林和混交林而言更低。毛竹在扩张过程中，根茎快速生长伴随着更多的凋落物和细根沉积的碳输入，这会增加毛竹土壤有机碳和 CO_2 的排放。毛竹林土壤可溶性有机碳含量较高，微生物活性也高。因此，造成土壤 CO_2 排放量也高。毛竹扩张后，土壤细菌多样性有所增加（Lin et al.，2014b；Xu et al.，2015），这与土壤活性有机质输入的比例增加有关（Chang and Chiu，2015）。

　　土壤 N_2O 排放速率与森林类型、增温以及森林类型与增温的相互作用有关。平均而言，毛竹林的 N_2O 排放速率最低，混交林和未扩张的天然林最高（表3-3）。各森林类型的累积 N_2O 排放量在15℃时最低，但在25℃时，在混交林中最高（表3-4）。累积的 N_2O 排放取决于森林类型、增温、氮沉降以及它们之间的相互作用（表3-4）。土壤 N_2O 的排放随着温度的升高而增加，尤其在未入侵林中表现最为显著，且在35℃的培养下排放量最高（表3-4）。此外，氮添加显著增加了原

始天然林土壤的 N_2O 排放，但在毛竹林中，氮添加没有显著变化。毛竹土壤 NH_4^+-N 含量较高，NO_3^--N 含量较低。因此，毛竹扩张促进氨化作用但限制硝化作用。这与毛竹土壤 N_2O 排放量较低一致（Warge et al.，2001）。毛竹扩张改变土壤氮的分布和状态，且氮沉降对土壤 N_2O 排放具有促进作用，这是由于氮转化过程中产生 N_2O，直接增加氮的有效性。增温和氮沉降及森林类型的转变对土壤净矿化和硝化作用与 N_2O 排放的变化具有显著交互作用。在全球变暖的背景下，土壤氮有效性的变化（Fang et al.，2014）、微生物活动（Liu and Greaver，2010）、pH、氮沉降会改变氮转化和 N_2O 的排放（Deng et al.，2016）。庐山天然林毛竹扩张可能有助于减缓 N_2O 排放，这种作用主要取决于扩张的不同阶段，与入侵植物成功入侵机制类似（Deng et al.，2019b）。在 25℃ 条件下，N_2O 排放量的减少大部分发生在扩张的初期，混交林的 N_2O 排放量几乎与竹林一样低。增温和氮沉降的交互作用下未入侵林土壤 N_2O 排放高于毛竹林和混交林（Li et al.，2017b），证实毛竹扩张有利于缓解土壤 N_2O 的排放和气候的变化。因此，随着气候的变暖，毛竹扩张和氮沉降共同作用于土壤碳氮循环，相关作用机制和过程可能会对其进一步扩张产生深远影响（Deng et al.，2019b）。

在中国温带和亚热带地区，大量的毛竹向周边森林进行扩张，这种林分的转变对生态系统结构的稳定性带来了一些负面影响。日本柳杉林毛竹扩张显著加剧土壤 CO_2 的排放，土壤 N_2O 呈现先升后降的趋势。在毛竹扩张杉木林中，土壤 N_2O、CO_2 的排放通量或 CH_4 的吸收通量与土壤湿度和温度均呈现相同的季节性变化规律。增温和氮沉降交互作用下原始天然林土壤 N_2O 的排放显著高于毛竹林和混交林。因此，应结合毛竹扩张过程中温室气体排放状况，采取科学经营措施来防止毛竹扩张造成土壤温室气体排放增加。

第4章 毛竹扩张与地上凋落物分解碳氮过程

4.1 地上凋落物分解

森林地上凋落物也可以称为森林枯落物或有机碎屑，是指在森林生态系统内，由植物产生并归还到地表面，作为分解者的物质和能量来源，借以维持生态系统功能的所有有机质的总和（Loranger et al.，2002），它包括枯枝落叶、繁殖器官、枯死的树根、野生动物残骸及其代谢产物。凋落物分解是森林生态系统中养分归还的主要途径，90%以上的植物净初级生产量通过凋落物的形式返回地表。森林凋落物作为养分的基本载体，在养分循环中是连接植物与土壤的"桥梁"，是森林土壤食物网的重要有机质来源，其分解过程对土壤肥力有重要影响（林波等，2004）。因此，森林凋落物的分解是森林生态系统中物质循环和能量流动的一个重要环节，在维持森林生态系统生产力、土壤有机质的形成、养分供应、群落演替以及系统本身得以自我发展等方面具有不可替代的作用和地位（黄锦学等，2010）。同时，森林凋落物分解所释放的 CO_2 是大气碳循环的重要组成部分之一。在不同类型生态系统中，科研工作者对凋落物分解的影响因子和凋落物分解对环境变化的影响开展了大量的研究，特别是在持续高氮沉降对凋落物分解的作用机制方面（Diepen et al.，2017），森林凋落物分解的研究受到越来越多的关注。

毛竹扩张对凋落物分解的影响是一个复杂且漫长的过程，毛竹凋落物较于一般林区凋落物分解较快，导致其养分的释放率较高。毛竹入侵后形成混交林，混合凋落物分解加速了养分流失，凋落物中毛竹凋落物的含量越高，混合凋落物分解越快，凋落物碳与矿质养分释放越快。

4.1.1 凋落物分解研究现状

国内外对森林凋落物的分解研究非常活跃，近几十年来也取得了很大的进展。不同凋落物的性状和可分解性之间存在密切关系，早期研究发现落叶分解过程中存在氮的绝对积累（Cotrufo et al.，2010）。值得一提的是，Melin（1930）于1930年发表了"北美几种森林凋落物的生物分解"一文，使用了 C/N 值来分析落叶的分解特征，C/N 值后来成了评价落叶分解的经典指标，而我国直到20世纪80年代后才有类似研究的报道。Gustafson（1943）研究发现酸性环境抑制了细菌活动，高钙凋落物在分解过程中对酸性起了中和作用，形成较有利于细菌活动的环境，高钙含量落叶还能吸引更多其他噬叶土壤动物类群，加快了分解速率，当时有研究者提出凋落物分解可能有一个 C/N 值临界值的设想。一直到 70 年代，大量关于营养循环的研究开始涌现。一方面，凋落物分解的专题研究继续在进行，另一方面它又被结合进营养循环这一主题中。Berg 等开展了系列凋落物分解研究，内容涉及真菌作用、土壤动物、化学成分对凋落物分解的影响，森林凋落物分解过程中氮素的淋溶、积累与释放、不同 C/N 值针叶分解过程中氮的固定等内容，并系统地总结了当时这一领域的科学知识（Berg and Staaf，1981；Berg et al.，1987，1991，1993；Berg and Smalla，2009）。我国也陆续出现类似研究报道，包括凋落物分解预测指标、养分释放机制、混合分解效应以及 CO_2 浓度升高对凋落物分解的影响。目前有关森林凋落物的研究主要集中在不同森林类型年凋落物量及其组成、季节动态、营养元素计量和凋落物动态影响因子等方面。毛竹入侵对凋落物分解过程的影响研究并不多，一般认为毛竹入侵周边生态系统后造成优势种更迭，群落的种类组成减少，物种特性发生了极大改变，进而凋落物的种类、数目也会变化。

4.1.2　凋落物分解的影响因子

凋落物分解包括水溶化合物淋溶、土壤动物破碎、微生物物质转换、有机物转化、矿质化合物转化等过程，主要包含三个作用：淋溶作用、自然粉碎作用和代谢作用。淋溶作用主要是通过降雨淋溶掉凋落物中的可溶性物质。自然粉碎则是土壤动物啃噬和在温度等因子的作用下原有凋落物破碎。代谢作用就是指通过土壤微生物的作用将凋落物中的有机化合物转变为无机化合物的过程。研究表明，凋落物的分解主要受内在因素和外在因素的影响。内在因素是指凋落物本身的理化性质，外在因素是指凋落物分解过程中的外界环境条件。

内在因素包括凋落物基质质量和物理化学特性，其中物理特性包括叶片面积、叶片厚薄、软硬，是否具蜡质、角质层或者绒毛等。在一些特定的环境下，凋落物化学特性是影响凋落物分解的主要因子，主要包括 C/N 值、木质素/N 值，以及 N、P 的含量等指标。凋落物分解速率与凋落物初始 N、P、K、Mg 含量呈显著正相关，与凋落物初始 C、木质素含量以及木质素/N 值、木质素/P 值和 C/P 值呈显著负相关。凋落物 C、N、P 含量也与分解速率密切相关，它们与木质素含量一起可解释分解速率变异（陈法霖等，2011）。

外在因素包括生物因素和非生物因素两大类。生物因素包括参与分解的微生物、土壤动物群落和人类活动等。土壤动物（如节肢动物）是生态系统物质循环中重要的参与者，土壤有机残体通过土壤中的微生物与土壤动物的相互作用而分解、转化。土壤动物可以通过啃噬对凋落物进行碎屑化，增加凋落物比表面积并由此改变凋落物分解的微生物群落和结构。微生物在凋落物的分解过程中一般属于凋落物分解的最后环节，微生物可以通过自身酶系统将复杂的大分子物质降解为简单小分子物质（Garcia-Pausas et al.，2004）。除此之外凋落物在自然界分解也受到人类活动的影响（Hastwell，2005），如森林经营方式，森林间伐和林地施肥等活动会影响凋落物分解的速率。生物因素具有混合性，很难具体测定三者影响程度，Vossbrinck 等（1979）的结果具有参考意义，无生物作用枯草的分解速率为 7.2%，只有微生物和理化因素的分解速率为 15.2%，而有三者共同作用的分解速率为 29.4%，由此可计算得各单独因素的贡献为理化因素分解 7.2%，微生物因素 8%及土壤动物因素 14.2%。但是生态系统凋落物分解过程中，并不是生物因素先主导凋落物分解，而是由于凋落物类型不同，导致土壤生物种类与数量也不同，这才是不同落叶分解速率不同的关键原因。与其说是生物因素的差异使凋落物分解速度不同，不如说是凋落物类型的不同导致了动物类群的差异（Wiegert，1974）。

非生物因素是指气候、土壤状况等。气候对森林凋落物分解速率的影响，主要表现在水、热、大气等条件制约地带性森林的优势种（周松文，2013）。Berg等（1993）对寒带至亚热带及地中海区域松类凋落物的分解情况进行调查发现，气候在大尺度上对凋落物分解影响显著，而凋落物基质质量只在局部区域尺度上起效用。各气候带中，凋落物的分解速率从大到小依次为热带、亚热带、温带、寒温带，热带森林凋落物年均分解速率大约是温带森林的 3 倍，亚热带森林凋落物年分解速率一般为 40%~70%（郭剑芬等，2006）。气候中温度和水分在不同地区对于凋落物分解起着明显不同的作用。在干旱或半干旱地区，随着海拔的升高，分解速率加快，而在我国东北地区，分解速率则随海拔的升高而减小（吴鹏等，2016）。研究表明，凋落物分解速率与土壤 pH、地表温度、土壤水分呈指数正相关，与相对湿度呈线性正相关，对凋落物分解重要性最大的则是土壤水分（Daubenmire and Prusso，1963；卢俊培和刘其汉，1989）。最近几年关于影响凋落物分解的热点是全球气候变化，气候变化是有人为因素参与的，但表现为全球整体的气候变化。

全球变化是指由于自然和人为因素造成的全球性变化，主要包括气候变化、大气组分变化、土地利用变化和生物多样性变化 4 个方面（彭少麟和刘强，2002）。气候变化主要体现在全球变暖。温度作为影响生命活动的重要因子，对微生物的数量和酶的活性有着重大影响，进而主导凋落物的分解过程（宋新章等，2008）。温度升高会加速土壤的物质矿化，温度的上升会提高微生物的活性以及土壤中一些养分的循环利用，并提升微生物对凋落物的分解酶的活性来加速对凋落物的分解（邱明红等，2017）。所以温度升高可高效利用土壤中的养分，进而有利于凋落物的分解。大气组分变化中较为重要的是 CO_2 浓度上升。从全球生态上看，1992

年和 1995 年之间 CO_2 的排放量增加了大约 5%，一举打破了排放增长纪录，并显著影响全球气温上升。在过去 40 年，全球平均温度已经提高 0.2～0.3℃，并且增温速率还在加快。研究证实 CO_2 浓度上升显著增加植物产量，并形成含氮量较低的有机物质，C/N 值、木质素/N 值等上升，降低凋落物分解速率（Bazzaz，1990；李志安等，2004）。

毛竹入侵后，凋落物的 C、N 含量发生变化，进而影响毛竹凋落物的初始木质素含量、C/N 值和木质素/N 值。李超（2019）等发现混合凋落物分解显著增加了土壤微生物量，加快了凋落物的生物分解速率，这对于凋落物分解具有促进作用。此外，毛竹凋落物与日本柳杉凋落物的 C、N、P 及木质素含量差异较大，主导其分解的微生物类群也有差异，混合分解导致微生物类群的互补，特别是增大了真菌和细菌的生物量，这会进一步促进凋落物的分解。

4.1.3 凋落物分解研究方法

凋落物分解的研究方法根据研究目的、内容和精确度的要求不同区分为以下几种类型。

（1）网袋分解法（胡肄慧等，1986，1987；李淑兰和陈永亮，2004；赵鹏武等，2009；刘瑞鹏等，2013；武启骞等，2013）：目前应用最广泛的一种方法，具体是将定量的凋落物样本放入不可降解的网袋中，放置在土壤表层或土壤内层，定期测定凋落物分解速率的方法。网袋孔径大小、凋落物类型以及土壤类型影响着凋落物分解。方法的缺点是实验周期长、工作量大，凋落物残留量难以准确测量。因此有研究者认为网袋分解法与野外测定的过程差异太大，因为与外界隔离的环境会对土壤中的动物和微生物活动带来影响，而且网袋内外的物质交换、能量转化也有不同程度的差异，从而减缓凋落物的分解活动，然而目前网袋分解法测定的植被凋落物分解速率与野外自然状态下的分解速率差异不大。

为了使网袋环境最大限度地和野外实际条件匹配，使研究结果与自然条件下结果更接近，在使用网袋分解法时应该充分考虑当地实际自然情况。除了考虑土壤环境因素外，网袋材料的网孔大小、数目、密度对凋落物的分解速率也会造成影响，最直接的就是疏密程度和网孔尺寸。不难想象，网孔尺寸小密度大，那么透气性也会较差，土壤生物与微生物的活动也会减弱，对实验的影响肯定不容忽视。郭剑芬等（2006）综述提到，在选择实验工具时，应该将气候因素考虑进去。例如，中温带地区的针叶树种凋落物分解网孔 1mm 较为合适，热带及亚热带地区的阔叶树种以 2mm 较为合适。另外注意网袋孔径较大时细碎凋落物会有不可避免的损失。

（2）室内培养法（廖利平等，1997；武海涛等，2007）：野外自然条件具有不可控性，于是可以将分解置于室内可控条件下进行。在实验室可以根据设定试验所需的适宜环境，任意设计分解试验方案，并可以在较短时间内得到结果。例如，利用实验大棚控制光照、水、温度等影响因子。但是所得数据并非自然状态的结果，只具有相对意义。

（3）同位素法（Fellerhoff et al.，2003）：同小容器法相比，同位素法可以让凋落物随意地暴露在自然环境中，任意选择实验对象。利用 ^{15}N 和 ^{14}C 两种同位素对范围内的元素替换标记，分析同位素的残留速率，测定 C/N 值、木质素/N 值，以及 N、P 的含量能准确测定分解速率。同位素法所需的仪器设备非常专业昂贵，更需要能熟练操作设备的专家。目前，同位素法还有待更广泛地应用到有机物分解研究中。

在毛竹入侵的实验中，大多数情况可以使用网袋分解法来测量凋落物分解速率。放置凋落物分解袋时，挑选排水良好、地势平坦的区域，将地表的凋落物层清除干净，然后将分解袋紧挨地面放置，分解袋之间距离尽量远，以免相互影响，整个实验期间不再移动。

每次将凋落物分解袋取回实验室后，先将凋落物分解袋静置，使附着在分解袋上的一些动物自行爬出，再清除凋落物分解袋表面附着的泥沙和其他杂质，剔除凋落物分解袋中的其他植物以及一些土壤动物尸体。再将凋落物分解袋拆开取出分解之后的凋落物，放置在信封中，在65℃烘箱中烘干至恒重，称重，并记录各个凋落物的剩余质量。凋落物分解速率一般通过以下公式计算：

凋落叶片分解率： $D = \dfrac{W_0 - W_t}{W_0} \times 100\%$

式中，W_0 为凋落叶片初始质量；W_t 为分解 t 时间凋落叶片残留量。

凋落物叶片残留率： $H = \dfrac{W_t}{W_0} \times 100\%$

式中，W_0 为凋落叶片初始质量；W_t 为分解 t 时间凋落叶片残留量。

4.1.4　凋落物分解的研究模型

Moorhead 等（1996）将凋落物分解模型划分为 2 类基本类型，即经验模型和机理模型。经验模型以统计学为基础建立数据库模拟预测分解过程，但不能完全揭示因果关系。机理模型以分析为基础，在实际运用中，许多模型都结合了经验和机理的成分，综合考虑了分解的生物学过程。

经验模型有很多种，包括单指数模型、渐进线模型、双指数模型和三指数模型。Olson（1963）提出指数衰减模型：

$$\frac{X}{X_0} = \mathrm{e}^{-kt} ,$$

实际应用中，多用 $y = a\mathrm{e}^{-kt}$ 来表述。X_0 为初始质量；X 为某一时间 t 时的质量；k 为分解速率常数；a 为拟合参数。这个方程又被称为一级动力学方程，其初设假定在任意时刻凋落物都以相同的速率分解，且所有的物质都能被分解。该模型可以通过计算"半分解周期""平均滞留时间"来表征分解周期。但 Aber 等（1990）认为经验模型只能对凋落物的早期分解过程进行有效模拟。但是由于其相对简单且能很好地拟合早期的分解，迄今为止仍被研究者广为使用（Gholz et al.，2000）。

Berg 等（1991）建立了便于使用的非线性模型：

$$\ln\frac{C_0}{C_t} = k \times \ln(1 + mt) / m$$

式中，C_0 和 C_t 分别为 0 和 t 时刻剩余生物量；k 为 $t=0$ 时刻的斜率；m 为参数。双指数模型和三指数模型的应用范围限于特定的自然条件（林成芳等，2007）。机理模型在多数情况下建立了微生物属性与分解速率之间的联系，尽管影响微生物的各类因素，如微生物产生的分解酶（Sinsabaugh et al.，1991；Sinsabaugh and Moorhead，1994），与速率的联系是经验性的，但是机理模型的建立依旧是解释凋落物分解的首要生物学机理的重要步骤。

毛竹凋落物分解实验中大多数情况使用单指数模型，运用 Olson 指数衰减模型来描述和预测凋落物的分解动态，计算凋落物分解系数（k）、凋落物元素残留率（R）以及分解半衰期。公式如下：

$$\frac{W_t}{W_0} = a\mathrm{e}^{-kt} ,$$

式中，W_t / W_0 为 t 时刻质量残留率；a 为拟合参数；t 为分解时间。

$$R = \frac{W_t \times X_t}{W_0 \times X_0} \times 100\% ,$$

式中，X_t 为分解 t 时刻凋落物中元素的含量（g·kg^{-1}）；X_0 为凋落物中元素初始的含量（g·kg^{-1}）。

当 $R < 100\%$ 时，凋落物分解过程中元素表现为净释放，当 $R > 100\%$ 时，元素表现为净富集。

分解半衰期即凋落物质量分解减半所需的时间，用 $t_{0.5}$ 表示，凋落物分解95%所需时间称为完全分解时间，用 $t_{0.95}$ 表示。

根据 Olson 指数衰减模型计算 $t_{0.5}$ 和 $t_{0.95}$：

$$t_{0.5} = \ln\frac{0.5}{-k}$$

$$t_{0.95} = \ln\frac{0.05}{-k}$$

式中，k 为凋落物分解系数。

4.1.5 毛竹扩张对凋落物分解的影响

毛竹属于单轴散生型竹种，是典型的无性系植物（蔡亮等，2003），因其强大的繁殖能力，具有很强的扩张性，入侵邻近的植物群落进而蚕食周围原有生境。毛竹入侵带来的影响不言而喻，它的生长优势会影响原始环境中土壤养分、土壤水分以及微生物群落。研究表明，阔叶林肥沃的土壤为毛竹扩张提供养分支持，同时毛竹扩张会导致阔叶林物种多样性降低，严重时导致群落结构被破坏，生物多样性丧失。从环境内元素含量上看，毛竹扩张改变常绿阔叶林生态系统碳储特征，对土壤有机碳和微生物生物量、凋落物以及碳（C）库和氮（N）库等均产生影响（杨清培等，2011；赵雨虹等，2017）。

毛竹入侵后会打破原有的植被结构，特别是当地有原始树林时，毛竹的入侵会对土壤养分、水分等资源进行激烈竞争。叶静雯（2019）等发现毛竹入侵阔叶林形成混交林，导致凋落物本身质量发生变化，并且凋落物的全 C、全 N 含量减少，分别为 C 含量减少 17.2%，N 含量减少 26.8%。已有研究表明，凋落物养分浓度，特别是 N 浓度、C/N 值和 C/P 值会影响凋落物养分释放。Parton 等（2007）研究发现，净 N 释放主要受到初始 N 浓度影响，当 C/N 值<40 时就会发生净 N 释放。在毛竹扩张过程中，植物群落结构简单化。宋庆妮（2013）发现毛竹入侵常绿阔叶林后，凋落物数量显著下降，凋落物氮素含量和氮素归还量也显著降低，因而也会显著降低土壤氮素矿化的物质来源。毛竹扩张减少了林分凋落物产量、凋落物氮素含量及氮素年回归量。

毛竹入侵对凋落物微生物的影响研究并不多，但微生物对凋落物分解的影响至关重要。土壤中磷脂脂肪酸（PLFA）的组成是土壤微生物群落结构和组成的重要表征，对了解土壤微生物种类具有重要作用。土壤微生物种类是反映土壤理化性质状况的重要指标，通过对毛竹扩张杉木林不同类型凋落物覆盖下的土壤微生物 PLFA 种类进行测定，共检测出可被命名的种类 50 余种，如图 4-1 所示，3 种凋落物覆盖下的土壤微生物 PLFA 种类数量并无显著性差异（$p > 0.05$），而且 3 种凋落物处理下的土壤微生物 PLFA 种类基本一致，可以看出毛竹和日本柳杉凋落物混合并没有对土壤微生物丰富度产生影响。

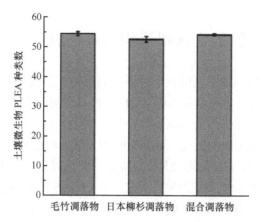

图 4-1　不同凋落物覆盖下土壤微生物 PLFA 种类构成分析（李超，2019）

如表 4-1 所示，3 种不同凋落物覆盖下的土壤微生物 PLFA 总量、细菌 PLFA 量、真菌 PLFA 量、放线菌 PLFA 量、革兰氏阴性菌 PLFA 量以及革兰氏阳性菌 PLFA 量均呈现 ML＞MBL、JCL 的趋势，且差异显著（$p<0.05$），说明当毛竹、日本柳杉 2 种凋落物各自单独分解时，土壤微生物的 PLFA 总量及各类 PLFA 量均显著低于混合凋落物分解，而 2 种凋落物混合分解能明显增加微生物量。

表 4-1　不同凋落物覆盖下土壤微生物各类群 PLFA 量比较（李超，2019）（单位：nmol·g^{-1}）

凋落物种类	土壤微生物 PLFA 总量	细菌	真菌	放线菌	革兰氏阴性菌	革兰氏阳性菌
毛竹凋落物	22.44±2.47b	19.00±2.00b	2.60±0.37b	1.04±0.25b	7.01±1.01b	6.90±0.74b
日本柳杉凋落物	23.92±2.97b	19.00±2.28b	2.93±0.43b	1.30±0.52b	7.13±1.13b	6.43±0.55b
混合凋落物	36.63±4.78a	29.00±5.28a	4.64±0.56a	2.94±0.51a	12.28±1.92a	9.01±1.33a

注：数据为平均值±标准误；同列不同小写字母表示差异显著。

研究表明，毛竹入侵针叶林明显降低了土壤微生物磷脂脂肪酸的丰度和磷脂脂肪酸组成的均匀度（刘喜帅，2018）。另外，周燕等（2018）的研究证实毛竹入侵导致了土壤氮循环微生物丰度发生不同程度的变化，其中固氮菌仅在部分地区显著下降。根据现有的研究进展得出的结论是毛竹扩张破坏了土壤微生物原有环境，改变原有微生物的优势种。

研究毛竹扩张对凋落物分解的影响是一个复杂又漫长的过程，虽然研究凋落物的方法众多，但是在自然界中凋落物的种类不同，凋落物分解实验也会存在一定的差异。凋落物分解的研究成果大都在两年左右时间完成，绝大多数的研究主要依赖于线性方程来拟合计算出研究的凋落物完全分解的时间，却不能完善各类机理和探究影响因子的关系。在今后的凋落物分解研究实验中应该选取具有代表性的实验材料和统一的实验方法，进行多次长期定位重复实验，增加实验数据的科学性，以便于明确凋落物分解过程。

4.2 毛竹扩张林凋落物输入与温室气体排放

温室效应的不断加剧早已引起全世界人们的关注。温室气体是指地球大气中导致温室效应的气体，主要包括 CO_2、CH_4、N_2O 和水蒸气等。18 世纪工业革命以来，人类活动对全球气候的影响不容小觑。例如，化石燃料的燃烧，环境污染的加剧，土地利用和覆盖的变化，导致大气中 CO_2、CH_4 和 N_2O 等温室气体的浓度在逐年增加。除了化石燃料燃烧外，土壤碳的变化对大气 CO_2 浓度的贡献最大。CH_4 是仅次于 CO_2 的最重要的温室气体之一，CH_4 在大气中停留时间更长，具有更强的红外线吸收能力，其增温潜势大约是 CO_2 的 23 倍，而且大气中 CH_4 主要来源于地表生物源（胡启武等，2005）。N_2O 是不经常谈论却十分重要的温室气体，红外吸收能力是 CO_2 的 200 倍左右，从长期效应看，N_2O 比 CH_4 产生的温室效应要大得多。大气中 N_2O 的主要来源是土壤，占生物圈排放到大气圈 N_2O 总量的绝大部分。联合国政府间气候变化专门委员会（IPCC）第五次评估报告显示，大气温室气体浓度已经远超工业化前水平，农田及土地利用变化的温室气体贡献量高达 24%。

4.2.1 土壤温室气体排放影响因素

陆地生态系统对温室气体排放有十分重要的影响。其中土壤理化性质（如土壤有机质、温度、湿度、pH 等）对温室气体的排放起着相当大的作用。土壤有机质是土壤呼吸的主要碳源，柳敏等（2006）曾发现土壤活性有机碳是微生物生长的速效基质，其含量与土壤微生物的活性直接相关，进而与温室气体的排放相联系。李明峰等（2004）发现在草原生态系统中不同样地群落的 CO_2 排放与其土壤中不同层次有机碳及全氮含量呈高度正相关，表明在无其他环境因素干扰的状况下，土壤有机碳和全氮含量直接或间接地决定生态系统 CO_2 排放通量的变化。在生产活动中，农作物生产施加有机肥料和化学肥料，必然改变土壤有机碳及营养元素的含量，进而影响土壤温室气体的排放。

土壤温度变化会改变动植物生命活动、土壤微生物活性及土壤有机质分解速率，进而影响土壤温室气体排放。有学者研究证实，土壤温室气体排放与土壤温度变化趋势有相关性，说明土壤温度是影响土壤温室气体排放的影响因子（Baggs and Blum，2004）。一定温度范围内，土壤温度影响土壤微生物活性，改变土壤产甲烷菌及甲烷氧化菌活性，进而影响土壤 CO_2 和 CH_4 通量。土壤 N_2O 主要通过硝化、反硝化过程产生，硝化作用的适宜温度为 15～35℃，而反硝化作用的适宜温度为 5～75℃，在特定的温度范围时土壤 N_2O 排放通量会达到最高值（Wang et al., 1993；徐文彬等，2002；Baggs and Blum，2004）。方慧云（2019）研究发现，毛竹林土壤 CO_2、N_2O 排放通量及 CH_4 吸收通量均会随着土壤温度的上升而增加。

土壤湿度通过影响微生物的活动改变温室气体排放。土壤湿度与土壤的氧化还原电位（Eh）、透气性以及 pH 相关联。研究表明，在一定的水分含量范围内，CO_2 释放量与水分含量呈极显著相关（Chimner and Cooper，2003）。一般认为，CH_4 的排放条件要求厌氧环境，随着土壤湿度增加，土壤 CH_4 的排放通量加大，即土壤水分含量对甲烷氧化菌和甲烷产生菌的数量及活性的相关性较高（齐玉春等，2002；陈全胜等，2004）。土壤湿度强烈影响 N_2O 的排放过程及排放通量。土壤温室气体 N_2O 的排放过程及排放通量都受土壤湿度的影响。在土壤湿度处于饱和含水量以下时，N_2O 排放量随土壤水分的增加而增加却不成正比，反之土壤湿度在饱和含水量以上时，N_2O 的排放逐渐减弱，而土壤含水量在适度范围（饱和含水量的 45%～75%）时，可产生较多的 N_2O（Rudaz et al.，1999；齐玉春等，2002；Subke et al.，2003）。影响土壤温室气体排放的其他因素还包括土壤质地、土壤 pH、植被覆盖等。这些影响因素大多会影响土壤的理化性质和土壤微生物生命活动进而影响气体的排放。

李超（2019）的研究结果如表 4-2 所示，气温、土壤温度均与土壤的 N_2O 和 CO_2 排放速率有极显著的正相关关系（$p<0.01$），土壤湿度与土壤 CO_2 排放速率具有显著正相关关系（$p<0.05$），但与 N_2O 排放速率无显著相关关系（$p>0.05$）。土壤 NH_4^+-N 含量与 N_2O 排放速率有极显著的正相关关系（$p<0.01$），但与 CO_2 排放速率无显著相关关系（$p>0.05$）。此外，土壤 NO_3^--N 含量与 N_2O 排放速率有显著的正相关关系（$p<0.05$），但与 CO_2 排放速率无显著相关关系（$p>0.05$）。土壤 DOC 含量与 CO_2 排放速率有显著的正相关关系（$p<0.05$），但与 N_2O 排放速率无显著相关关系（$p>0.05$）。土壤 N_2O 排放速率与 CO_2 排放速率之间有极显著的正相关关系（$p<0.01$）（李超，2019）。

表 4-2　土壤温湿度、大气温度及土壤养分与土壤温室气体通量的相关性分析（李超，2019）

因子	土壤温度	土壤湿度	铵态氮	硝态氮	可溶性有机碳	N_2O	CO_2
气温	0.935**	0.398**	0.96**	0.01	0.07	0.538**	0.644**
土壤温度		0.389**	0.965**	−0.012	−0.08	0.551**	0.738**
土壤湿度			0.506**	0.01	−0.31	0.02	0.326*
铵态氮				−0.27	0.19	0.635**	−0.068
硝态氮					0.11	0.312*	0.097
可溶性有机碳						0.338	0.768**
N_2O							0.358**

注：*表示 $p<0.05$，**表示 $p<0.01$。

4.2.2 毛竹扩张林凋落物输入对土壤温室气体排放的影响

通常情况下，入侵植物因为自身的生理优势会改变周围环境，进而使其朝着适应其生长的方向变化。毛竹入侵阔叶林形成混交林，导致凋落物本身质量发生变化，并且凋落物的全 C、全 N 含量减少。凋落物对土壤 CO_2 排放的最直接贡献在于凋落物通过自身分解释放 CO_2 而影响土壤 CO_2 排放。毛竹入侵会减弱森林土壤碳汇能力，CO_2 排放通量增加，从而对土壤碳库造成负面影响。具体原因是毛竹入侵后，土壤温度显著上升，而土壤 CO_2 排放与土壤温度之间具有明显指数型正相关性。不仅如此，毛竹入侵能改变根生物量的空间分布格局，增加细根生物量及细根比例，毛竹根系呼吸作用也显著加强。另外，毛竹的自养呼吸较为活跃，高于阔叶林。阔叶林被毛竹入侵后，其微生物群落发生显著变化，且细菌多样性有所增加，土壤微生物生物量和多样性增加，这可能会增加土壤异养呼吸从而增加土壤 CO_2 排放通量。

由于毛竹凋落物质量较高，分解较快，养分释放较多，加之毛竹凋落物覆盖下的土壤革兰氏阳性菌/革兰氏阴性菌的值较大，微生物种群的相对丰富程度较高，这可能影响了参与土壤硝化、反硝化作用的微生物，所以促进 N_2O 排放。混合凋落物处理的则相反，虽然混合凋落物分解具有较快的分解速率和较高的养分输入，而且具有较高的微生物量，但是革兰氏阳性菌/革兰氏阴性菌的值较低，可能由于凋落物混合分解时对土壤类群具有特定的"筛选作用"，减少了具有硝化、反硝化功能基因的微生物类群数量。此外，由于混合凋落物处理下土壤的微生物量相对较大，生长繁殖所必需的养分量就较多，所以较多的养分用于微生物自身生长而被消耗，N 反应底物的减少势必会减少 N_2O 排放量。模拟氮沉降显著增加了混合凋落物覆盖的土壤 N_2O 排放量，且在 3 种凋落物处理下排放量最高，这或许能从另一方面解释凋落物混合分解时 N 反应底物的缺乏是导致土壤 N_2O 排放量较低的原因。土壤 N_2O 排放季节变化特征与土壤 CO_2 相似，不过土壤排放的 N_2O 主要是土壤微生物硝化和反硝化作用产生的。毛竹入侵后，土壤 N_2O 排放通量显著高于初始杉木林，原因是入侵后林地表层土壤水溶性有机碳（WSOC）增加，土壤 WSOC 是土壤微生物能源物质中的重要部分，土壤 WSOC 含量升高增强了土壤硝化、反硝化作用。

毛竹入侵对土壤 CH_4 排放通量的影响是多个影响因子共同作用的结果。较高的土壤含水率会抑制 CH_4 的扩散能力，间接增加土壤 CH_4 的排放（Borken et al.，2006）。土壤 NH_4^+-N 质量分数增加使得土壤中的氨氧化细菌活性增强，而氨氧化细菌在一定条件下具有氧化 CH_4 的能力（宋庆妮等，2013），有利于 CH_4 氧化，从而增加 CH_4 吸收量。有氧条件下，土壤甲烷氧化菌最佳 pH 为 5.0～6.0，耐酸性较好。毛竹入侵降低了土壤 pH，有利于土壤甲烷氧化菌氧化 CH_4，从而提高土壤 CH_4 吸收能力。

第5章 毛竹扩张与根系凋落物分解碳氮过程

5.1 根系凋落物分解

陆地生态系统植物组织分解调节碳和矿质养分向土壤的转移，是大气二氧化碳（CO_2）的重要来源（Cramer et al., 2001）。细根分解是植物碳释放的重要过程，同时也调节土壤碳汇（Asaye and Zewdie, 2013）。土壤碳汇的大小对全球碳预算具有重要意义，特别是地下碳汇分配较多的生态系统，如草地或热带森林（Vogt et al., 1986; Silver et al., 2000）。根系分解也是土壤中矿物质养分的重要来源，影响净初级生产力（Nadelhoffer, 2000）。细根生长占陆地生态系统净初级生产力的比例较大，根系分解是陆地生态系统中重要的碳通量（Luo et al., 2016; Ouyang et al., 2017）。

细根，传统意义上是指直径为 2mm 或更小的植物根系，与低级根相比，其周转更快，代谢活性更高，作为媒介传输土壤中的营养元素及水分至植物中。细根周转的过程中会释放大量的碳进入土壤中，形成大量的土壤有机质（McCormack et al., 2015）。土壤有机质受到环境的影响（气温、水分、肥料）会迅速释放大量 CO_2。细根在养分循环和土壤加固等方面具有重要作用（Schwarz and Lehmann, 2010）。陆地系统凋落物分解是全球碳和养分循环中最大的年通量之一，而细根在陆地生态系统中是重要的土壤资源，并参与调节生物地球化学循环，细根周转率占全球净初级生产力（NPP）的 14%～27%（McCormack et al., 2015）。

植物凋落物的分解是陆地生态系统中驱动养分和碳循环的主要过程之一，也是大气 CO_2 的主要来源（Hobbie, 1992）。细根分解是森林生态系统碳循环的重要过程之一，细根死亡后在土壤中经过物理、化学和生物等多种过程（如破碎、淋溶和生物作用等），不断与土壤环境进行物质交换（张秀娟等，2005）。凋落物的分解和养分矿化受到许多因素的影响，如气候、土壤含水量、土壤微生物和土壤动物活动（Badre et al., 1998）。学术界已经有许多关于植物地上部分凋落物分解的研究，但地上凋落物的研究不能完全反映地下部分凋落物的分解状况，因为这两种凋落物的化学组成不同（Kögel-Knabner, 2002），并且它们分解的环境条件也不同（Hobbie et al., 2010）。

5.1.1 细根对土壤碳循环的影响

细根是碳进入土壤有机质（SOM）池的主要途径（Jackson et al., 1997），细根生物量和分布可能会影响土壤有机碳（SOC）含量的长期变化（Ferguson and

Nowak，2011；Asaye and Zewdie，2013）。此外，细根的产量和周转率直接影响陆地生态系统碳的生物地球化学循环（Matamala et al.，2003）。细根主要通过死亡、脱落、菌根真菌支持和分泌物为微生物和 SOM 提供碳。研究表明，有 30%～80%的 SOC 来自细根的分解（Ruess et al.，2003），并且 SOC 储量的变化主要取决于细根的分解速率（Lemma et al.，2007），而细根产量越高，土壤碳投入也越高（Stover et al.，2010），大部分细根存活时间很短。

土壤湿度与细根生物量呈正相关，而细根的垂直分布也可能与土壤湿度有关。一项关于 62 种树幼苗的研究结果显示，干燥森林中的根系分布更深，所以对于分布较深的土壤来说，干燥森林对底层土壤碳储量的贡献更大（Markesteijn and Poorter，2009）。

5.1.2 细根对土壤氮、磷循环的影响

细根分解过程同样也能够释放大量的 N，细根是一个大的 N 源。太平洋西北部的成熟道格拉斯冷杉林细根分解可以释放 20kg $N \cdot a^{-1} \cdot hm^{-2}$（Chen et al.，2002）。竹根的 N 分解释放比混交林慢得多，竹根的 N 含量在前 3 个月显著降低，而其他木本细根的 N 含量在前 5 个月保持不变，说明竹子根系的分解和氮的动态机制不同于木本植物（Fujimaki et al.，2017）。杉木细根分解过程中 N、P 浓度随树种和直径的变化存在差异（Goebel et al.，2011），N 和 P 浓度的差异变化可能是由于细根中微生物对 N 和 P 的有效性不同。细根分解的过程中，N 和 P 浓度的增加可能是由于雨季的淋滤和微生物及大气的固定，尽管 N 和 P 浓度存在差异，但分解细根的 N 和 P 储量与干质量呈正相关（Arunachalam et al.，1996）。

在某些森林生态系统中，根系对土壤的氮添加量可能比地上凋落物增加18%～45%（Vogt et al.，1986）。与根系有关的土壤 N、P 含量的分布也与根系类型和林龄有关，草本植物根比茎的营养浓度更高，这可能是由于前者的代谢活动更活跃（Badre et al.，1998），衰老和成熟过程中年轻活根对营养物质的再吸收可能是坏死根和老根中 N、P 含量低的原因之一。John 等（2002）研究发现，在 6 年生的松树林中，草本植物的根在维持土壤的有机质、氮和磷的状态方面起着更显著的作用，而在较老的林中，松树根起着更大的作用。

5.2　毛竹扩张与氮沉降对细根分解的影响

5.2.1　毛竹的根系分布

毛竹的地下部分通常称作鞭根，是毛竹的重要繁殖器官，鞭根主要是由地下

根状茎和细根组成（图 5-1）。毛竹主要是通过根状茎扩张，根状茎可以在地下蔓延，并向上长出新的茎。国际竹藤组织委托进行的一项研究发现，某些竹子入侵现象已经成为严重问题，如毛竹品种的竹子被认为是入侵性的，在美国的一些地区销售或繁殖是非法的。

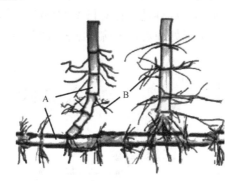

图 5-1　毛竹根系示意图

A 为地下根状茎；B 为毛竹细根

5.2.2　氮沉降对细根分解的影响

本团队对位于庐山自然保护区的日本柳杉林毛竹扩张现象进行了研究，研究了氮沉降和毛竹扩张对细根分解的影响，毛竹和日本柳杉细根的初始有机碳（OC）、全氮（TN）和碳氮比（C/N）如图所示（图 5-2）（潘俊，2020）。

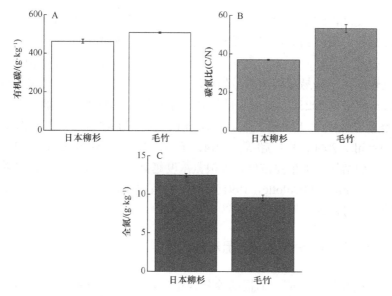

图 5-2　日本柳杉和毛竹细根的有机碳、碳氮比和全氮浓度

　　毛竹细根的有机碳高于日本柳杉，全氮则低于日本柳杉，在碳氮比方面，毛竹细根较高（图5-2）（潘俊，2020）。毛竹细根和日本柳杉细根的质量也随分解的进行而衰减，质量衰减的程度用质量衰减率来反映。结果表明模拟氮沉降在整个分解过程中一定程度上加速了毛竹细根的分解，但对毛竹细根各分解阶段质量残留率的影响不显著（图5-3）。同样地，在对日本柳杉细根的质量残留率的测定上也得到了相似的结论，氮沉降处理对日本柳杉细根分解也存在一定影响（图5-3）（潘俊，2020）。

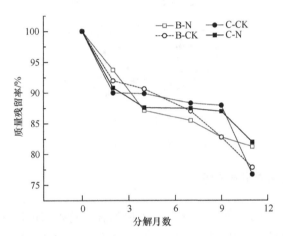

图 5-3　氮处理下毛竹细根和日本柳杉细根质量残留率的动态变化（潘俊，2020）

B. 毛竹细根；C. 日本柳杉细根；CK. 模拟氮沉降对照；N. 模拟氮沉降。本章下同

　　本团队发现，细根分解规律为前期较快，后期分解速率有所下降，这与任立宁等（2018）的研究相似，但与涂利华等（2014）的研究相反。这可能与分解的环境因子相关（温度、含水量等），夏季土壤温湿度较高，土壤微生物和参与分解的酶活性较高，一些易分解物质，如可溶性碳水化合物在这样的环境下可能分解较快（Pan et al.，2023）。氮添加能够在一定程度上影响细根分解，这可能是因为氮的添加降低了土壤的碳氮比。有研究认为，碳氮比越小，细根分解速率越高（Chen et al.，2000；卢广超等，2014；王卫霞等，2016；Roumet et al.，2016）。另外，氮添加增加了细根氮浓度，细根氮浓度越高，形成 N-木质素络合物的可能性就越大（Camir and Brulotte，1991），在一定程度上改变了细根的物理和化学性质，导致细根分解速率降低。

5.2.3　氮沉降下细根分解的碳、氮释放

　　随着细根质量的下降，细根的养分含量也随之改变。OC 参与构成生物体的基本骨架，在一定程度上反映凋落物的分解状况，而 TN 则在一定程度上反映细

根的氮动态变化。氮沉降处理下，毛竹细根在 0~4 个月的 OC 释放较快，除第 9 个月外，毛竹细根的 OC 残留率均高于对照组（图 5-4）。这表明氮沉降在一定程度上促进了细根 OC 的释放，原因可能是氮的输入促进了微生物的繁殖，从而促进了用于微生物活动的碳消耗。与对照组相比，氮沉降处理下的毛竹细根 OC 在第 9 个月发生富集现象，而对照组在整个分解过程表现为 OC 的释放，但总体来说，模拟氮沉降条件下毛竹细根的 OC 释放更快。而在日本柳杉的分解过程中，对照组和氮沉降组均出现两次 OC 的富集现象（图 5-4）。

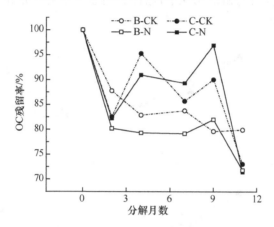

图 5-4　氮处理下毛竹细根和日本柳杉细根 OC 残留率的动态变化（潘俊，2020）

　　然而，对于分解时细根的氮动态变化值得研究，在 0~4 个月，毛竹细根的 TN 发生了富集现象，然后表现为释放，而日本柳杉细根则是在 0~2 个月发生 TN 富集现象（图 5-5）（Pan et al.，2023）。

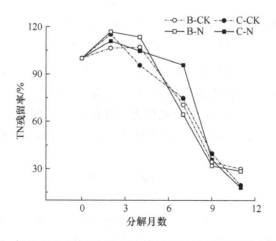

图 5-5　氮处理下毛竹细根和日本柳杉细根 TN 残留率的动态变化

5.2.4 毛竹扩张对细根分解的影响

本团队采集毛竹细根和日本柳杉细根以 1∶1 的质量混合,模拟毛竹向日本柳杉林扩张状态下毛竹细根与日本柳杉细根的混合状态。在质量衰减方面,混合分解状态下的细根提高了毛竹细根的分解速率(图 5-6)(潘俊,2020)。与毛竹细根单独分解相同,混合分解的毛竹细根在 0~4 个月分解较快,在 4~9 个月分解速率平稳,不同的是,在分解的第 9 个月后,混合状态下毛竹分解速率显著增加(图5-6)(潘俊,2020)。

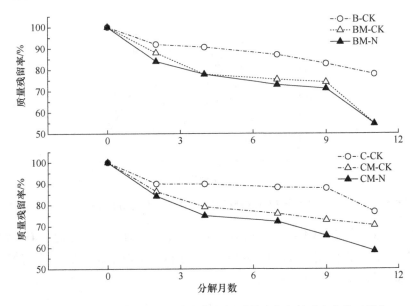

图 5-6 混合分解状态下毛竹细根和日本柳杉细根质量残留率的动态变化(潘俊,2020)

BM. 混合分解状态下毛竹细根;CM. 混合分解状态下日本柳杉细根。本章下同

混合分解状态下的日本柳杉在分解中存在非加和效应,主要体现在各分解阶段下日本柳杉细根单独分解的质量残留率大于混合分解状态下日本柳杉细根质量残留率(图 5-6)。同样地,氮沉降也促进了混合状态下的日本柳杉细根分解,与日本柳杉细根单独分解不同,混合分解状态下的日本柳杉细根在 4 个月之后仍保持较快的分解速率(图 5-6)。

混合状态下,0~4 个月毛竹细根分解的 OC 释放速率比毛竹细根单独分解快,同样地,氮沉降处理的毛竹细根 OC 在混合状态下释放更快(图 5-7)。总体而言,在混合分解状态下的毛竹细根分解的 OC 释放规律与单独分解类似,经过一年的分解,毛竹细根 OC 残留率总体表现为 BM-CK(49.55%)<BM-N(50.43%)<B-CK(79.83%)。

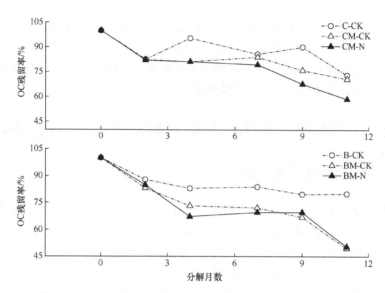

图 5-7　混合分解状态下毛竹和日本柳杉细根有机碳动态（潘俊，2020）

与单独分解不同的是，日本柳杉细根在混合分解状态下总体表现为 OC 的释放，没有出现单独分解的两次 C 富集，且在 4 个月后，混合状态下氮沉降处理加速了 OC 的释放（图 5-7）（潘俊，2020）。经过一年的分解，日本柳杉细根 OC 残留率总体表现为 CM-N（58.80%）＜CM-CK（70.89）＜C-CK（73.01%）（潘俊，2020）。

在 0～4 个月，单独分解的毛竹细根发生了 TN 的富集，但混合分解状态下则表现为释放；各分解条件下日本柳杉细根 TN 变化较为一致（图 5-8）（潘俊，2020）。

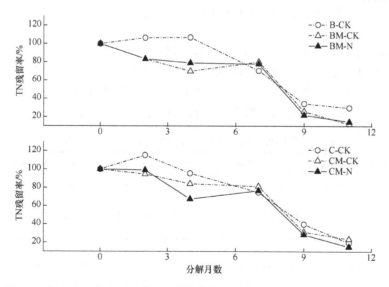

图 5-8　混合分解状态下毛竹和日本柳杉细根总氮动态变化（潘俊，2020）

细根混合分解研究结果表明，毛竹扩张能够显著提高细根分解速率，这可能是因为细根的混合能够产生非加和效应（Langley and Hungate，2003），不同细根的混合可能能够互相提供对方所缺少的异质性养分，同时，细根的混合也增加了碳源和微生物，可能使不同微生物发挥更大的效用。

5.3　毛竹扩张林细根分解对温室气体排放的影响

5.3.1　细根凋落物分解对温室气体的影响

森林土壤在调控全球温室气体排放方面发挥着重要的作用，而凋落物为森林土壤提供了大量的 C 和养分输入，这在一定程度上会对温室气体的排放造成影响。据 Dong 等（1998）报道，移除德国落叶林凋落物显著降低了 N_2O 的排放。凋落物层是土壤 C 输入的主要来源，在温带森林中，植物凋落物分解的呼吸作用占土壤 CO_2 总排放量的 5%～45%（Borken and Beese，2005；Vose and Bolstad，2007）。但即使如此，有研究表明凋落物自身释放的 CO_2 要低于其对土壤呼吸的贡献（陈四清等，1999；骆土寿等，2001；邓琦等，2007）。

细根凋落物对土壤呼吸的贡献在一定程度上与当地的土壤养分状况相关。Bowden 等（1993）研究表明，地下凋落物对土壤呼吸的贡献在 30% 左右，而全球的成熟林对土壤呼吸的贡献为 70%～80%，这种差异可能与森林土壤 C/N 值较低有关。

5.3.2　毛竹扩张下细根分解对 N_2O 排放的影响

不同细根分解对毛竹扩张林土壤 N_2O 排放速率有显著影响，其中，未施氮的情况下，日本柳杉细根处理的土壤 N_2O 排放显著高于混合细根处理（$p < 0.05$），这说明在没有氮沉降的影响下，毛竹扩张可以抑制日本柳杉林的 N_2O 排放；在有 N 输入的条件下，N 沉降显著提升了 N_2O 的排放速率（表 5-1）。

表 5-1　不同处理对土壤 N_2O 排放的影响（潘俊，2020）

细根凋落物处理	Con-CK	C-CK	Mixed-CK	B-CK	Con-N	C-N	Mixed-N	B-N
N_2O 排放速率/ （$\mu g \cdot m^{-2} \cdot h^{-1}$）	27.49CD	34.46BC	25.35D	29.29CD	33.00BC	40.43B	39.64B	48.98A
N_2O 累积排放量/ （$mg \cdot m^{-2}$）	289.26D	282.37DE	234.16E	309.92CD	351.24BC	385.67AB	377.41AB	414.60A

注：CK. 氮沉降处理对照；N. 模拟氮沉降处理；Con. 细根处理对照；C. Cedar. 日本柳杉细根处理；Mixed. 毛竹与日本柳杉细根混合处理；B. Bamboo. 毛竹细根处理。同行数字后相同大写字母表示差异不显著，下同。

同样地，模拟氮沉降对毛竹扩张林土壤 N_2O 累积排放的影响显著，氮处理下不同细根处理的 N_2O 累积排放均高于对照（$p < 0.05$），主要是因为 N 添加增加了土壤的 NH_4^+ 输入，为土壤微生物提供了 N 源，从而使得硝化作用和反硝化作用的速率提高，导致 N_2O 排放增加。模拟 N 沉降下，毛竹细根处理的土壤 N_2O 累积排放量均高于其他处理并显著高于对照组；而在不添加 N 源的情况下，混合分解处理的 N_2O 累积排放量显著小于毛竹细根处理和对照组（表 5-1）。

总体而言，N 沉降显著提高了土壤累积 N_2O 排放量，毛竹细根输入后土壤的 N_2O 排放速率降低，这主要是因为毛竹扩张形成的混交林土壤氮矿化速率比入侵林分低，土壤的硝化和反硝化作用减弱，导致 N_2O 排放速率降低。

5.3.3　毛竹扩张下细根分解对 CO_2 的影响

本研究团队发现，细根分解显著增加了土壤 CO_2 排放速率，但 N 沉降处理的细根分解 CO_2 排放速率显著降低（表 5-2），N 沉降对土壤 CO_2 的排放速率表现为抑制作用。在没有氮处理的细根分解研究中，CO_2 排放速率表现为 R（C-CK）＞R（Mixed-CK）＞R（B-CK）（R 表示排放速率）。氮添加和不同细根处理均单独对土壤 CO_2 累积排放量产生显著影响，但氮添加和细根处理的交互作用对土壤 CO_2 排放量影响不显著（表 5-2）。

表 5-2　不同处理对土壤 CO_2 排放的影响（潘俊，2020）

细根处理	Con-CK	C-CK	Mixed-CK	B-CK	Con-N	C-N	Mixed-N	B-N
CO_2 排放速率/ $(\mu g \cdot m^{-2} \cdot h^{-1})$	413.20E	766.50A	711.68AB	662.94BC	488.32E	522.84DE	628.43BC	610.15CD
CO_2 累积排放量/ $(kg \cdot m^{-2})$	4.07BC	6.58A	6.16AB	6.73A	3.77C	5.13ABC	5.55ABC	4.97ABC

细根是土壤 C 来源的主要途径之一，细根凋落物的分解为土壤 CO_2 的产生提供了丰富的底物，能够促进土壤的 CO_2 排放。在没有额外 N 输入时，日本柳杉细根处理土壤的 CO_2 排放速率显著大于毛竹细根处理，而在有 N 影响下则相反，与细根初始 N 浓度相关。总体而言，毛竹扩张在很大程度上改变了地下凋落物组分，毛竹扩张后对森林土壤 CO_2 排放影响较大。

5.4　毛竹扩张林细根分解对温室气体排放的影响机制

细根的分解可以为土壤呼吸提供大量的底物，促进土壤呼吸。本团队发现，土壤 CO_2 排放量与细根质量损失、碳氮含量以及碳氮比显著相关。细根分解为土壤提供碳、氮，其中提供的 OC 越多，对 CO_2 排放产生的贡献越大。细根分解提供的氮元素一方面为微生物的生长和繁殖提供底物，另一方面则为土壤微生物硝化和反硝化提供底物，影响土壤 N_2O 排放。

毛竹扩张形成的混交林 N_2O 排放显著降低，而在完全扩张后土壤的 N_2O 排放恢复至原有水平，原因是毛竹入侵形成的混交林土壤矿化速率比原林分低，而毛竹完全扩张后形成的毛竹林土壤矿化速率有所恢复。CO_2 排放方面，随着毛竹的扩张，土壤 CO_2 排放速率逐渐降低，毛竹完全扩张后，土壤 CO_2 排放显著降低，这说明毛竹扩张在一定程度上有利于碳中和背景下的土壤固碳。

细根凋落物分解过程与地上凋落物分解不同（Hobbie et al.，2010），不同树种的细根凋落物分解过程也不同。细根的分解速率受其物质组成和比例影响大。细根凋落物分解对土壤 C 和 N 的影响需引起重视，仅研究地上凋落物可能会低估细根凋落物的影响。

毛竹对扩张林分树木的根系具有较大影响，毛竹通过鞭根系统在地下扩散，能够迅速影响附近林分，不仅对根系造成影响，同时也影响土壤微生物群落结构，从而进一步影响细根分解。毛竹扩张对温室气体排放的影响途径是多方面的。其中，细根分解是其中一个不可忽略的途径。未来研究应适当结合多个方面，共同探究毛竹扩张对温室气体排放的影响及机制。

第6章 毛竹扩张伐除管控对土壤温室气体排放的影响

6.1 毛竹扩张及其管理

毛竹是世界上生长最快的植物之一，3～5 年即可成材。毛竹在中国栽培历史悠久，是面积最广、经济价值最高的竹子品种。毛竹主要分布在亚热带地区，中国是毛竹的主要分布地，一般分布在海拔 400～800m 的丘陵、低山地带。毛竹的地下根茎发达，具有涵养水源、护坡的生态效益。

毛竹自身具备经济价值，早年农民的毛竹林经营意愿强，但由于近些年产业结构的不断升级，经济效益明显下降，农民的经营积极性下降，加上自身独特的繁殖特性，毛竹向周边森林扩张的现象日趋严重，开始威胁到森林生态系统稳定性和物种多样性（白尚斌等，2013a）。毛竹扩张危害了森林生态系统多样性，改变了群落组织结构，影响其他植物的空间生长格局，甚至导致水土保持功能下降，破坏原本森林的生态景观，给周边的森林生态系统带来一定负面影响（宋超等，2020）。如何对扩张毛竹林进行管控，解决好毛竹扩张影响下土壤温室气体排放问题迫在眉睫。

CO_2 和 N_2O 作为温室气体的主要组成部分，绝大部分来源于森林土壤。森林土壤的碳储量占全球土壤碳储量的 40%（Chen et al.，2008；Chen and Chen，2018），其碳交换对全球碳平衡意义重大，在减少温室气体排放中发挥着重要作用（Pan et al.，2011；Houghton et al.，2015；谢馨瑶等，2018）。温室气体减排很大程度依赖森林土壤，森林土壤碳氮储量的变化会对温室气体的排放与吸收产生影响。

因而，森林土壤碳氮管理对温室气体减排和缓解全球气候变化意义重大。土壤温室气体排放主要来源于微生物呼吸、植物根系呼吸、微生物硝化和反硝化作用等。其中，影响土壤温室气体排放的因素繁多，包含土壤温度、土壤湿度、有机质含量、土壤 pH、植被类型变化等。毛竹扩张将改变植被类型，导致土壤碳氮循环发生变化，从而影响土壤温室气体的产生和排放。例如，毛竹扩张中，土壤有机质含量变化，水溶性有机碳含量升高（吴家森等，2008）。因而，毛竹扩张及其管理将通过相关环境因子的调节，对土壤温室气体排放产生影响。如何有效控制毛竹扩张亟待深入研究，而相关策略对土壤温室气体排放的影响将同时影响森林生态系统温室气体减排增汇潜力。

毛竹通过地下竹鞭繁育，竹林面积会随着时间不断扩大，向边界扩张蔓延，侵占周边原始植被的生存面积。毛竹因为生长量大，入侵性极强，它集中稠密的根系会抑制阔叶林的生长。毛竹在扩张过程中对周边生物群落产生威胁，使被入侵的植物在生长过程中处于劣势地位，为自身扩张不断争取优势条件，减少了森林物种多样性，从而影响了整个森林环境（林倩倩等，2014）。为维护好森林生态系统的稳定性和安全性，必须采取一些行之有效的管控措施，对毛竹林进行科学适度的人为干预。针对目前出现的毛竹扩张问题，扩张毛竹的伐除管理成为有效策略之一。

6.1.1　森林资源开发与利用

维护现有森林生态环境平衡，用科学合理的管理措施来提高森林资源的质量刻不容缓。对森林资源中的林木进行科学的规划与调整，有效保证森林生态系统的完整性，实现效益最大化、利益最大化、资源利用最大化。

森林采伐是对森林和林木进行的经营管理活动，包括主伐、抚育采伐、更新采伐、低产林改造 4 种类型。按照采伐性质则可分为主伐和间伐、补充主伐。主伐是对成熟林分或部分成熟林分进行采伐，一般适用于用材林、薪材林的采伐，包括皆伐、渐伐、择伐 3 种方式。皆伐是指短时间内将伐区内的成熟林木全部伐光或者几乎全部伐光的主伐方式，采伐后用人工更新或天然更新形成同龄林。渐伐是把成熟林分的林木在一个龄级期内分两次或数次伐除。择伐是把林分中部分适合和应该采伐的林木进行采伐的方式，适用于毛竹林。森林间伐是在同龄林未成熟的林分中，定期伐去一部分生长不良的林木，为保留木创造良好的生长环境条件，促进保留木生长发育的一种营林措施。通过间伐也能够得到一部分的间伐材，增加林业单位的经济效益。特别是人工林中，合理的间伐，既是一种森林经营措施，又是获得木材及经济效益的重要手段。补充间伐是对疏林、散生木和采伐迹地上已经失去更新下种作用的母树进行的采伐利用。在应对毛竹扩张问题时，应该选择正确的采伐方式来保证森林的持续发展与经营，不断发挥森林的防护作用与生态效益。

6.1.2　毛竹林管理

不同管理措施对毛竹林的生态系统净碳汇功能影响不同，大量施肥、高强度采伐会减少植被总碳储量，增加土壤碳排放量，不利于毛竹的维持；中度施肥、弱采伐有利于毛竹增汇减排（李翀等，2017）。毛竹扩张物理管控一般是采取人为干预的方式，如挖沟、灌水、平行条状采伐等方法。但人为干预的方式一般都会出现见效慢、周期长、成本高等弊端（程明圣和邹娜，2021）。根据毛竹扩张的阶段，应实施科学有效的管理措施，考虑阶段性、周期性的影响（童冉等，2019）。

由于毛竹竹鞭的生长趋势有向下和向前性，进行挖沟和灌水处理可以利用断面、岩石、水流阻断竹鞭的侧面生长。断面、溪流、岩壁等都是毛竹扩张的天然阻隔因子，模仿自然隔离条件，人为创造条件限制毛竹对周边的扩张（范辉华，1999；杨怀等，2010）。

毛竹鞭的向下性使毛竹一旦遇到阻碍，便选择绕开，继续向下生长。毛竹鞭生长深度是 0～20cm，向下弯曲生长后便不能重新向上钻回土壤表层。过高的水分影响毛竹的正常生长，竹鞭会因湿度过高发生腐烂现象，从而繁殖能力大大下降。"挖沟灌水"的方法将水流与断面两者结合，更有效地来阻碍毛竹蔓延趋势（蔡亮等，2003）。毛竹入侵周边林分后通过伐除管理解决问题，所需劳动力多、经济成本高。但对人工经营毛竹林进行伐除管理，可以抑制毛竹竹鞭的强劲扩张能力，既有效利用了森林资源，又可以应对毛竹的扩张趋势。

生物隔离的方法也不失为一种有效管控措施，研究自然界中可以和毛竹和谐共生的植物，种植这种植物进行生物隔离，可以有效阻断毛竹对邻近森林的扩张（童冉等，2019）。因而，植被也是阻止毛竹扩张的有效因素，植被的茂密根系同样可以抢夺毛竹竹鞭的生长空间。为阻止毛竹的扩张，需要保护好竹林边界处的植物，利用它们的根系对抗毛竹根系。

毛竹通过竹笋生长成竹，对地下竹鞭发育出的新笋采取除笋措施，也可以直接阻止毛竹扩张。为了更好地保护好生物多样性，维护生态系统安全，应该尽可能用生态的手段管控毛竹扩张趋势。由于毛竹具有浅根特性（Liu et al.，2017），采用盐胁迫方式，给毛竹营造一个缺水的环境，会使毛竹的扩张受到抑制。毛竹在盐胁迫环境下，渗透、代谢功能均遭到破坏，光合作用受影响，生长会显著受到抑制，甚至出现死亡的情况（邵珊璐，2018）。为避免直接在土壤中施加 NaCl 溶液出现盐碱化问题，可以将 NaCl 溶液注射进毛竹，通过发达的毛竹维管束将 NaCl 溶液传送到根系中，起到抑制作用（程明圣和邹娜，2021）。

由于氮元素是植物生长的必需营养元素（李贵才等，2001），可以利用氮调节机制来调控毛竹生长和蔓延（顾红梅等，2016；黄玲，2018；候利涵等，2019；Zou et al.，2020）。树木在吸收土壤中的铵或者硝态氮素后需要通过代谢合成氨基酸和蛋白质来促进自身生长发育，过程中需要多种酶共同起作用（张华珍和徐恒玉，2011），可以在毛竹体内注射酶抑制剂，破坏毛竹代谢功能，从而科学地管理毛竹扩张问题。

因毛竹扩张对森林生态系统的危害，对其控制需要投入大量的人力物力。针对毛竹的生长规律和特点，可以采取人工间伐，减少毛竹在林分中的占比，遏制毛竹无限扩张对周边林地造成的影响。毛竹的砍伐管控在一定程度上可以阻止毛竹的扩张趋势，减少土壤温室气体排放。森林生态系统具有复杂性，在进行毛竹扩张管控时，注意生态环境影响，坚持破坏性最小的原则，找好有针对性的方法。

6.2 毛竹伐除管控对温室气体排放的影响

6.2.1 日本柳杉林毛竹扩张伐除管控对温室气体排放的影响

本团队在庐山国家级自然保护区为研究区以毛竹扩张中的毛竹纯林、日本柳杉林、混交林以及砍伐管控去除毛竹的日本柳杉林 4 种林分类型为研究对象,探讨毛竹扩张不同阶段以及毛竹砍伐管控对土壤温室气体排放的影响及其影响机制。

毛竹扩张过程的不同阶段,林分类型对土壤 N_2O 排放速率有显著影响,毛竹向日本柳杉林扩张过程中,增加了土壤 N_2O 排放,形成毛竹纯林后减少了土壤 N_2O 排放(图 6-1)。日本柳杉毛竹混交林土壤 N_2O 排放呈现出季节变化,表现为春冬低、夏秋高(图 6-2)。

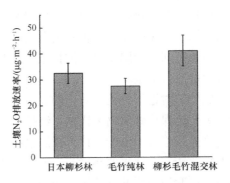

图 6-1 不同林分类型土壤 N_2O 排放速率(牛杰慧,2020)

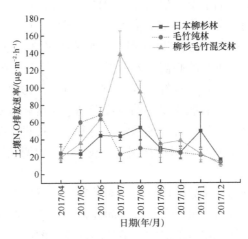

图 6-2 不同林分类型土壤 N_2O 排放速率(牛杰慧,2020)

毛竹扩张过程的不同阶段,林分类型对土壤 CO_2 排放速率有显著影响,毛竹向日本柳杉林扩张过程中，增加了土壤 CO_2 排放，形成毛竹纯林后降低了排放（图 6-3）。
3 种不同林分类型土壤 CO_2 排放呈现出季节变化，表现为春冬低、夏秋高（图 6-4）。

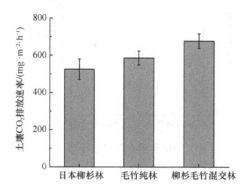

图 6-3　不同林分类型土壤 CO_2 排放速率（牛杰慧，2020）

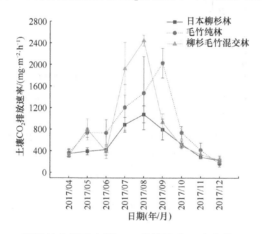

图 6-4　不同林分类型土壤 CO_2 排放速率（牛杰慧，2020）

　　毛竹扩张过程的不同阶段，林分类型对土壤 CH_4 排放速率存在显著影响，
毛竹向日本柳杉林扩张过程中，减少了土壤 CH_4 排放，形成毛竹纯林后又增大
了其排放速率（图 6-5）。柳杉毛竹混交林土壤 CH_4 排放年动态变化呈现出季节
变化，在春冬季节变化幅度小，夏季变化幅度大（图 6-6）。

　　毛竹伐除管理对土壤 N_2O 排放速率没有显著影响，柳杉毛竹混交林的土壤
N_2O 排放量高于去除毛竹柳杉林的土壤 N_2O 排放量；毛竹伐除前后的土壤 N_2O
排放速率年动态变化表现出夏秋高、春冬低的季节变化规律（图 6-7）。进行毛
竹伐除管理对土壤 CO_2 排放速率有显著影响，毛竹伐除前后的土壤 CO_2 排放速
率表现出夏秋高、春冬低的季节变化（图 6-8）。进行毛竹伐除管理对土壤 CH_4
排放速率有显著影响，柳杉毛竹混交林土壤 CH_4 排放速率在夏秋季节变化幅度
明显，而去除毛竹柳杉林的土壤 CH_4 排放速率年动态变化不明显（图 6-9）。

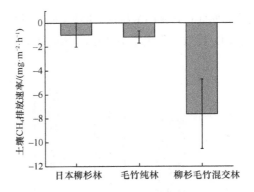

图 6-5 不同林分类型土壤 CH_4 排放速率（牛杰慧，2020）

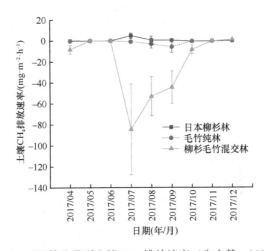

图 6-6 不同林分类型土壤 CH_4 排放速率（牛杰慧，2020）

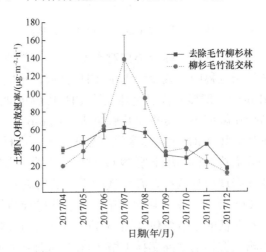

图 6-7 毛竹伐除前后土壤 N_2O 排放速率（牛杰慧，2020）

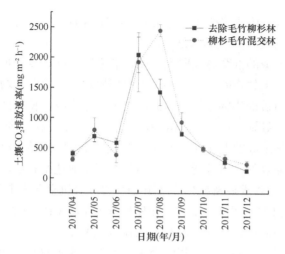

图 6-8　毛竹伐除前后土壤 CO_2 排放速率（牛杰慧，2020）

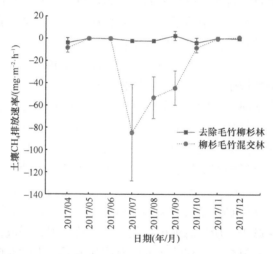

图 6-9　毛竹伐除前后土壤 CH_4 排放速率（牛杰慧，2020）

　　综上所述，基于本团队静态箱-气相色谱法对土壤温室气体（N_2O、CO_2、CH_4）排放通量进行的原位监测研究结果，毛竹伐除管理对土壤温室气体的影响及机制是多方面的。进行毛竹伐除管理的混交林会有显著的季节性变化，在春冬季节排放速率较低，夏秋季节排放速率较高。毛竹与柳杉林形成的混交林采取毛竹伐除措施后土壤 N_2O 的排放速率会下降，表现在春冬季节排放速率的下降，季节性波动变小。遇到毛竹扩张问题时，我们一般会采用常见的森林采伐方式，进行人为的干预管理，毛竹的伐除管理就不可避免地会对土壤理化性质和结构、土壤温度与土壤湿度有一定影响。毛竹伐除后，地表裸露，土壤温度受影响随之升高，土壤微生物和酶活性增加，凋落物中有机氮转化为无机氮的速率加快，土壤的氮素矿化速率也会加强。林地的植被数量减少，对 N 素的吸收减弱，NH_4^+-N 和 NO_3^--N 含量显著增加，土壤 N_2O 的排放速率增强。

毛竹与柳杉形成的混交林采取毛竹伐除措施后土壤 CO_2 排放速率低于原先的混交林排放速率。毛竹伐除管理后，透光面积增加，土壤温度增加，有机质的矿化会加快，地表植被的生物量增加，促进土壤养分吸收，使得原林地土壤有机质和速效养分减少，导致土壤微生物减少，土壤呼吸作用减弱，降低土壤 CO_2 的排放速率。毛竹柳杉组成的混交林与进行毛竹伐除管理后柳杉林两者的土壤 CO_2 排放速率都会出现显著的季节性变化，在春冬季节排放速率较低，夏秋季节排放速率高。进行毛竹伐除管理后柳杉林的土壤 CH_4 的排放速率会大于毛竹柳杉混交林，混交林土壤 CH_4 排放速率波动不大，在夏秋季节土壤 CH_4 的排放速率降低明显，进行毛竹伐除管理后柳杉林的土壤 CH_4 的排放速率年际变化不明显。

毛竹的根属于须根系，生长集中稠密，可以迅速吸收水分和营养以支撑竹子的快速生长。而毛竹的竹鞭具有强大的穿透力，竹鞭生长具有向肥沃、疏松、湿润土壤的特性。竹鞭在土壤中蔓延生长，发育成笋，不断地扩张竹林的面积。竹鞭的这一特性，为毛竹扩张提供了优越条件。

毛竹扩张后改变土壤的理化性质，土壤 pH、有效磷显著增加，而速效钾显著降低。扩张后周围环境中的物种多样性降低，植被的生存能力也受到影响。毛竹扩张情况严重时会威胁周边的常绿阔叶林、针叶林的稳定性，引起地下根系之间的竞争，使得日本柳杉林的地下细根的生长与分布受到影响。

以庐山自然保护区为研究区域，在日本柳杉林、毛竹扩张至日本柳杉林形成的混交林、伐除毛竹后的混交林 3 种林分类型中设置试验地，分析研究毛竹扩张对日本柳杉林细根的影响（杨顺尧，2018）。毛竹扩张对日本柳杉细根含氮量影响明显，但是对碳含量和 C/N 值没有明显影响。毛竹入侵后会导致日本柳杉的活细根和死细根生物量减少，所以总细根量呈下降趋势，但是采取伐除管控后日本柳杉细根的生物量、碳氮含量与伐除之前没有明显差异。毛竹在向日本柳杉林扩张的过程中，日本柳杉细根的碳含量和 C/N 值都没有明显变化，日本柳杉细根氮含量有明显变化，尤其是在 0～10cm 土层处（杨顺尧等，2019）。

地下根系的相互竞争一直是影响物种发展状态的重要因素。毛竹入侵日本柳杉林的过程中，通过地下根系来抢夺生存空间，逐渐侵占日本柳杉林，形成混交林，直至形成毛竹纯林。在整个毛竹扩张过程中，日本柳杉细根总生物量的减少，证明其养分资源的利用能力远不敌毛竹。

毛竹入侵会使原先林地的土壤微生物受到影响（谢龙莲等，2004），毛竹入侵会显著改变土壤微生物群落（Xu et al.，2015）。Lin 等（2014）研究发现毛竹在入侵日本柳杉林后土壤细菌多样性有所增加，土壤微生物群落发生改变。毛竹伐除管理会导致土壤微生物群落结构和组织数量发生变化。毛竹伐除管理对土壤微生物的香农-威纳多样性指数、辛普森优势指数、Pielou 指数有显著影响（牛杰慧，2020）。进行毛竹伐除会减少毛竹日本柳杉混交林的土壤微生物优势群落，但是可以提高均匀度和多样性。毛竹扩张至日本柳杉形成混交林后，土壤的微生物总量比原先的日本柳杉纯林有显著提高。在混交林进行毛竹伐除管理后土壤微生物各类群数量减少。

6.2.2　杉木林毛竹扩张伐除管控对温室气体排放的影响

毛竹向杉木林扩张后，由于毛竹较高的叶面积和干物质积累呈现多样的变化趋势，养分保持能力强，会形成种群优势，压缩杉木林的生存空间（刘广路等，2017）。在没有干扰的情况下毛竹扩张趋势会愈演愈烈，使被入侵的杉木林受到一定程度的干扰，影响正常的生长发育，必须通过伐除管理保护杉木林的生长空间。

研究表明，无论是毛竹扩张，还是扩张后伐除管理都会影响土壤的理化性质，进而影响土壤温室气体排放。具体而言，毛竹入侵及毛竹伐除管理都会使土壤 CO_2 排放增加（图 6-10）。

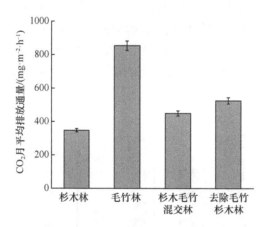

图 6-10　毛竹伐除前后土壤 CO_2 排放速率年动态变化（张庆晓，2021）

森林土壤 CO_2 排放主要来源于植物的根系呼吸和微生物的异养呼吸（张东秋等，2005），而 NH_4^+-N 和 NO_3^--N 是土壤有效氮的重要组成部分，NH_4^+-N 和 NO_3^--N 含量的增加可以增加植物细根的生长量和微生物活性，导致土壤 CO_2 排放通量有所增加。进行毛竹伐除管理后林地太阳辐射增强，土壤温度上升，促进土壤有机质的分解和土壤呼吸。

土壤 N_2O 排放与吸收受土壤温度与湿度的影响呈现出一致的季节变化规律。毛竹扩张及毛竹伐除管理都会使土壤 N_2O 排放显著增加（图 6-11）。NH_4^+-N 和

NO_3^--N 是硝化与反硝化的过程底物,它们含量的增加,会从两个方面促进土壤 N_2O 产生,进而增加土壤 N_2O 排放。

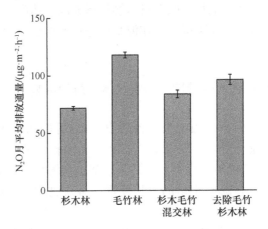

图 6-11 毛竹伐除前后土壤 N_2O 排放速率年动态变化(张庆晓,2021)

毛竹入侵杉木林后会导致土壤 CH_4 的吸收量增加,而毛竹伐除则减弱土壤 CH_4 的吸收能力(图 6-12)。土壤的无机氮一般会影响 CH_4 氧化过程,进而改变土壤 CH_4 吸收通量。在研究的 4 种林分土壤中,CH_4 吸收通量与 NH_4^+-N 呈正相关,表明 NH_4^+-N 含量越高,在该区域内 CH_4 吸收能力会越强。土壤 NH_4^+-N 含量的增加可以促进甲烷氧化菌的生命活动,对 CH_4 氧化是有利的,最后会导致 CH_4 吸收通量的增加。

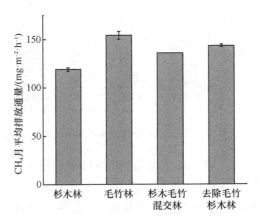

图 6-12 毛竹伐除前后土壤 CH_4 排放速率年动态变化(张庆晓,2021)

毛竹林、杉木林、杉木毛竹混交林、去除毛竹杉木林 4 种不同类型的林分土壤 CH_4 通量都会表现出一样的季节性变化规律,土壤 CH_4 吸收通量在夏天高冬天较低。在毛竹伐除管理会使土壤含水量提高，降低土壤 CH_4 吸收通量，土壤 CH_4 排放量上升。土壤无机氮与其他环境因素共同影响土壤 CH_4 吸收通量。毛竹伐除管理后的杉木林土壤 NH_4^+-N 含量会增加，由于 CH_4 吸收通量和 NH_4^+-N 有正相关性，NH_4^+ 的变化可能导致土壤 CH_4 吸收量减弱（张庆晓，2021）。

以毛竹林、杉木林、杉木毛竹混交林、去除毛竹杉木林 4 种林分为研究对象，4 种林分类型的土壤微生物碳、氮都呈现出夏秋两季高的季节性变化规律。土壤微生物碳、氮含量随毛竹扩张程度的加深而减少，毛竹伐除后土壤微生物碳、氮含量减少，杉木毛竹混交林大于去除毛竹杉木林。毛竹伐除管理会使土壤水溶性有机碳的含量显著增加，去除毛竹杉木林大于杉木毛竹混交林，呈现出夏季高、冬季低的季节性变化规律。土壤微生物氮、土壤水溶性有机碳作为土壤活性有机氮的重要组成部分，会直接被土壤吸收、分解、转换，并显著影响土壤 N_2O 排放（张庆晓，2021）。

6.3　毛竹砍伐管控对温室气体排放的影响机制

毛竹扩张现象危害森林生态系统多样性，改变了群落组织结构，影响其他植物的空间生长格局。毛竹扩张会给周边的森林生态系统带来正面或负面影响，但总的来说负面影响大于正面影响，需对已经出现扩张问题的毛竹林进行管控，解决毛竹扩张对土壤温室气体排放的影响问题。

土壤微生物和非生物因素都会影响土壤温室气体的排放。毛竹伐除管理会影响原微生物群落，改变微生物群落组成。同时，伐除管理后，地表温度会升高，有机质的矿化速率变快，减少了土壤有机质和养分，导致土壤呼吸作用减弱。此外，毛竹伐除管理可以从根系上控制毛竹的扩张，通过减少根系量，改变土壤微生物的结构，从而减少土壤温室气体的排放。

毛竹林有良好的二氧化碳固持能力，这一特性使其成为我国的一种优势碳汇树种，对平衡温室气体发挥着重要作用，推动了毛竹林经营。然而，毛竹产量大增导致市场饱和，价格下降，利润空间萎缩，出现许多荒废的毛竹林，使得毛竹开始扩张，入侵周边林地。由于毛竹强大的繁殖能力，可以在不同的林分中不断进行入侵，毛竹在被扩张的林分中逐渐占据优势物种的地位，并且有潜力将被扩张林分演变为毛竹纯林。随着扩张不断深入，原有物种被侵占生长地，丰富的物种多样性消失。

研究表明，毛竹向杉木林扩张现象较为普遍，相关报道较多。杉木林有极高的经济价值，除药用、防风功能外，同时可以固碳，调节气候变化（杨玉盛等，1998；范少辉等，2000）。由于杉木林树种的单一性，其土壤肥力有所下降，特别容易遭受毛竹林的入侵。杉木林被毛竹扩张后形成的混交林，土壤理化性质和微生物群落结构都发生相应变化，影响土壤温室气体排放。然而，混交林中毛竹砍伐管理如何影响温室气体排放尚不明确，亟待更多深入研究。

6.3.1 生物因素机制

土壤细菌 PLFA 与土壤 CO_2 排放速率的相关性不明显，与土壤 N_2O 排放速率呈负相关。土壤真菌 PLFA 与土壤 N_2O 排放速率之间的正相关性非常明显，与土壤 CH_4 排放速率之间呈显著负相关，与土壤 CO_2 排放速率之间的相关性不明显。

土壤革兰氏阳性菌 PLFA 量、革兰氏阴性菌 FLFA 量对土壤 CO_2、CH_4、N_2O 排放的影响非常明显，土壤革兰氏阳性菌 PLFA 量与土壤 CH_4、N_2O 排放速率正相关，与土壤 CO_2 排放速率负相关，土壤革兰氏阴性菌 PLFA 量与土壤 CO_2、N_2O 排放速率正相关，与土壤 CH_4 排放速率负相关，土壤甲烷氧化菌 PLFA 量与土壤 CO_2、N_2O 排放速率的负相关。

在夏季和冬季，土壤微生物碳含量呈现出杉木林＞杉木毛竹混交林＞去除毛竹杉木林＞毛竹纯林的规律，与月平均土壤微生物碳含量发展规律相同，得出毛竹扩张和采伐管理都会使土壤微生物碳含量下降。

土壤微生物氮的季节性规律为夏季＞秋季＞冬季，杉木林的土壤微生物氮含量会在秋季出现最低值，杉木毛竹混交林、去除毛竹杉木林、毛竹纯林 3 种林分的最低值则是在冬季。杉木毛竹混交林、去除毛竹杉木林、杉木林的土壤微生物氮含量会在夏季出现最高值，毛竹纯林则是在秋季。在夏季和冬季土壤微生物氮含量呈现出杉木林＞杉木毛竹混交林＞去除毛竹杉木林＞毛竹纯林的规律，与月平均土壤微生物氮含量发展规律相同。毛竹纯林、杉木毛竹混交林的土壤氮含量与杉木林相比呈下降状态，进行毛竹伐除管理使土壤微生物氮含量显著减少。毛竹伐除减少了土壤微生物碳氮，毛竹伐除后，土壤微生物缺少生长活动必需的养分，土壤微生物的数量自然下降进而表现为土壤微生物碳、土壤微生物氮含量也受影响减少（张庆晓，2021）。

毛竹细根的生物量和根长密度比常绿阔叶林大，且毛竹细根生长率和周转率更高，所以毛竹对土壤养分的吸收就更迅速（尤泽胜，2016）。毛竹扩张使土壤氮素矿化速率减缓，加上毛竹迅速的细根周转率和生长率，对土壤氮素吸收增强（Ballantyne et al.，2015）。

6.3.2 非生物因素机制

影响土壤温室气体排放的关键非生物因素包括土壤温度和土壤湿度等。土壤温度一直是毛竹扩张和毛竹伐除管理后影响土壤温室气体排放的重要因素，但土壤湿度同样对土壤温室气体排放有着重要影响，这些影响因素综合在一起，共同决定了土壤温室气体排放的复杂性。土壤温度可以通过调节动植物生命活性、土壤微生物活性、土壤有机质分解速率来影响土壤温室气体的排放与吸收（Baggs and Blum, 2004）。在土壤微生物适宜温度范围内，土壤温度和土壤温室气体的排放呈明显正相关，而土壤温度突破界限时，则土壤 CO_2 排放量会随土壤温度的升高而下降(Zhou, 2005)。

毛竹伐除管理与土壤温度、湿度的相关性并不明显。同时，因土壤温度、湿度的变化，土壤温室气体排放速率响应不同（牛杰慧，2020；张庆晓，2021）。土壤温度对土壤 CO_2 和 N_2O 排放速率有明显的正向促进作用，对土壤 CH_4 排放速率呈明显负相关（牛杰慧，2020）。毛竹伐除后，会因为植被覆盖率下降，使得土壤温度有所升高（张庆晓，2021）。随着毛竹入侵程度不断加深，伐除后导致林分内光照强度增加明显，土壤温度会上升更加明显（刘烁等，2011）。在杉木林中采伐入侵毛竹后，土壤含水率会显著增加。伐除毛竹后，植物的蒸腾作用减弱，水分散失变少，土壤含水率随之增加（温丽燕和王连峰，2007）。因而，毛竹伐除管控可通过调节土壤温度和水分影响土壤温室气体排放(牛杰慧,2020;张庆晓,2021)。

第 7 章　毛竹扩张与土壤 N_2O 排放及其微生物机制

7.1　土壤 N_2O 排放与全球变暖

　　全球变暖是当前人类社会发展面临的一个热点问题,也是全球共同挑战之一。随着社会经济的进步,人类活动对生态环境的影响逐渐增大。从工业革命开始,科技的进步导致对资源的利用进一步加大,化石燃料的需求量日益增大,造成温室气体排放增加和全球气温增高。IPCC 第五次评估报告显示,1880~2012 年,全球平均温度升高了 0.85℃,且在逐年增长(秦大河,2014)。全球增温会导致极端气候、冰川融化和海平面上升等极端事件的频繁发生。温室气体浓度增加可通过温室效应造成全球气候变暖,因此,关于温室气体排放的潜在因素及其减排研究,引起各界人士广泛关注。

　　温室气体排放加剧是全球变暖的主要诱因之一,也是缓解气候变化所面临的重要挑战之一。研究发现,近百年来,大气中的几种主要温室气体浓度已经远远超过历史任何一个时代,气候变暖已经成为一个明显的趋势。在 20 世纪末,联合国环境发展会议提出《联合国气候变化框架公约》。近年来,经各国不懈努力,陆续提出《京都议定书》《巴黎协定》等文件以应对全球气候变化。

　　从 18 世纪中期开始,氧化亚氮(N_2O)、甲烷(CH_4)和 CO_2 三种主要的温室气体的浓度均呈增长的趋势。其中, N_2O 是重要的温室气体之一,仅次于 CH_4 和 CO_2 ,而在百年尺度上, N_2O 的增温潜势大约是 CO_2 的 265 倍(IPCC,2014)。据调查,大气 N_2O 浓度增加已经超过工业化水平之前的 20%,由工业革命前的 270ppb 增加到 2017 年的 330ppb。其中印度、美国和中国是 N_2O 排放最多的三个国家(Gerber et al.,2016)。

　　农林土壤是温室气体 N_2O 的主要排放源。研究发现,农业土壤中 N_2O 排放量占全球人为排放的 84%(Smith et al.,2008),土壤 N_2O 排放占据总排放量的 70%(Fowler et al.,2013),这主要源于人类生产活动造成的氮肥、大气氮沉降和化肥的大量施用(Syakila and Kroeze,2011)。亚洲、西欧和北美洲地区是世界上主要的氮沉降集中区,中国氮沉降量可达 $12.9kg \cdot hm^{-2} \cdot a^{-1}$ (张秀娟 2019),会造成大量 N_2O 排放。因此,考虑到 N_2O 在导致全球气候变暖中的重要性,如何提高氮肥利用率,降低农林业的生产成本,对温室气体减排和缓解全球气候变化具有重要作用。

在微生物驱动作用下，氮循环主要包括生物固氮作用、硝化作用、反硝化作用和氨化作用 4 个过程。土壤产生 N$_2$O 的过程主要是在微生物作用下，通过硝化作用（自养硝化和异养硝化）与反硝化作用（Richardson et al.，1998；Griscom and Ashton，2006）完成。硝化作用主要在好氧条件下进行，包括氨氧化过程和亚硝酸盐氧化过程。氨氧化过程主要是铵态氮（NH$_4^+$-N）在氨单加氧酶（AMO）作用下转化为羟胺（NH$_2$OH），羟胺在羟胺氧化还原酶（HAO）的作用下转化为亚硝态氮（NO$_2^-$-N）的过程。亚硝酸氧化过程是亚硝态氮（NO$_2^-$-N）在亚硝酸氧化还原酶（NOR）作用下还原为硝态氮（NO$_3^-$-N）的过程，这两个过程均有 N$_2$O 的产生。与硝化作用相反，反硝化作用主要是厌氧条件下，在微生物的驱动作用下，将 NO$_3^-$-N 在硝酸盐还原酶（Nar）作用下还原为 NO$_2^-$-N，NO$_2^-$-N 在亚硝酸盐还原酶（Nir）作用下还原为一氧化氮（NO），NO 在一氧化氮还原酶（Nor）作用下还原为 N$_2$O，N$_2$O 在还原酶（Nos）的作用下还原为氮气（N$_2$）的过程。

土壤质地（Stehfest and Bouwman，2006）、水分（Banerjee et al.，2016）、温度（Deng et al.，2020）、pH（van der Putten et al.，2007）和湿度（Castellano-Hinojosa et al.，2018）以及土壤碳氮底物浓度和微生物群落结构和丰度（毛新伟等，2016；mBanerjee et al.，2016）均会改变土壤 N$_2$O 排放通量（刘实等，2010）。土壤 NH$_4^+$-N 和 NO$_3^-$-N 分别为土壤硝化作用和反硝化作用的反应底物，对土壤 N$_2$O 排放通量至关重要（Hu et al.，2017）。

土壤水分含量、有机碳含量和 pH 适宜的条件有利于反硝化作用亚硝酸异化还原酶（$nirK$）、异化硝酸还原酶（$napA$）和 N$_2$O 还原酶（$nosZ$）等基因丰度提高促进反硝化作用（Deng et al.，2019a；Xu et al.，2020）。在一般情况下，土壤在异养硝化作用产生的 N$_2$O 通量比例小，但在较低的 pH、较低的有机碳和高氧气含量的等环境中，异养硝化过程会有大量的 N$_2$O 的生产（Warge et al.，2001）。

土壤有机质和全氮为微生物活动代谢提供基质和能量，而土壤碳氮比（C/N 值）是衡量反应底物有效性的重要指标（李渊，2016；曹登超等，2019）。通常，在土壤 C/N 值低的酸性森林土壤中，主要以异养硝化作用为主，可加剧土壤 N$_2$O 的排放（焦燕和黄耀，2003）。在良好的通气条件下和在 NH$_3$ 有效性高的环境条件有助于自养硝化作用的进行。外源氮的输入也会刺激环境因子，使更多的氮素以气体和淋溶的方式释放，从而加剧 N$_2$O 排放。在 pH 较高的条件下，氮沉降能够提高氨氧化古菌和氨氧化细菌的丰度，有利于自养硝化作用的进行（焦燕和黄耀，2003）。土壤微生物是森林生态系统重要组成部分，土壤细菌和真菌是微生物群落的主要组成部分，在能量转化和物质循环过程中起着极其重要的作用（Falkowski et al.，2008；何容等，2009；Douterelo et al.，2010；戴雅婷等，2017；靳新影等，2020）。土壤氨氧化古菌（AOA）和氨氧化细菌（AOB）的群落丰度和活性会影响土壤硝化和反硝化过程，进而影响土壤 N$_2$O 的排放量（李渊，2016；曹登超等，2019）。

7.2 毛竹扩张对土壤固氮和氨氧化微生物群落的影响

一般来说，土壤中的氮素主要来源于大气氮沉降和生态系统中微生物参与的生物固氮。生物固氮通过土壤固氮微生物将大气中的 N_2 还原成 NH_3，是自然生态系统中氮素循环的第一步（Cleveland et al.，1999）。生物固氮能够增加土壤中的氮素含量并提高其生物有效性。可见，土壤固氮微生物在生态系统氮素循环中发挥重要作用。固氮菌种类丰富，其中固氮酶在土壤固氮菌固氮过程中起着重要作用。固氮酶由两个多亚基的金属蛋白酶组成，其中成分 I 钼铁蛋白由 *nif D* 和 *nif K* 基因编码，成分 II 铁蛋白由 *nif H* 基因编码（侯海军等，2014）。由于 *nif D* 和 *nif K* 基因序列相对较少，因此在探讨研究固氮菌的群落结构和多样性时，*nifH* 基因是最被广泛应用的标记物质。

毛竹利用自身强大的无性繁殖能力向周边森林扩张，并逐渐淘汰原森林生态系统内的优势树种，造成林地植被多样性改变，结构趋于单一（欧阳明等，2016）。在毛竹扩张的过程中，由于毛竹根系分泌物、凋落物质量（Song et al.，2016）以及毛竹鞭根等的影响，林地土壤的理化性质，如土壤结构、有机质含量、氮素含量等会发生一定改变，造成林地土壤微生物的原有环境被破坏，土壤微生物群落发生改变。固氮菌在进行生物固氮的过程中会消耗大量能量，并占用大量用于生长的能源物质，因此，一般认为固氮微生物数量与有机质含量呈正相关。此外，固氮菌因具备固氮能力而能够在氮素匮乏的环境中取得较强的竞争优势，但当环境中有效氮含量增加，这种竞争优势则会逐渐减弱（车荣晓等，2017）。先前研究也指出有效氮含量的上升会抑制固氮菌的相对比例（Zhang et al.，2013c）。综合来看，毛竹向周边生态系统的扩张会造成植被类型以及土壤理化性质的变化，从而影响土壤固氮菌微生物群落。

7.2.1 毛竹扩张对土壤固氮微生物丰度的影响

随着毛竹占比不断增加，天目山入侵带林地土壤固氮菌微生物丰度有不断降低趋势（表 7-1）。相比于初始的阔叶林与中期的混交林，毛竹林中土壤固氮菌丰度显著减少；而在青龙山与石门洞入侵带，虽然固氮菌丰度变化不显著，但依旧呈现随毛竹扩张加剧而逐渐下降的趋势（表 7-1）。毛竹扩张后林地有效氮含量增加可能是造成土壤固氮菌丰度下降的原因之一（周燕，2018）。沈秋兰等（2016）比较阔叶林与 100 年前由阔叶林改种而来的毛竹林，发现两种林分土壤的 *nifH* 基因丰度表现为毛竹林高于阔叶林。可见短期内毛竹扩张会导致土壤固氮菌群丰度下降，然而随着土壤性质在长时间的群落进化中逐渐趋于稳定，土壤固氮菌群丰度逐渐提高，并向有利于毛竹生长的方向发展。

表 7-1　毛竹扩张对天目山三个入侵带土壤固氮菌微生物群落丰度的影响（周燕，2018）

林分	*nifH* 基因/(×10⁷ 拷贝数·g⁻¹ 干土)		
	青龙山	石门洞	进士门
毛竹林	2.68±1.08a	3.58±1.46a	4.47±2.16b
混交林	2.96±1.08a	3.67±1.22a	9.035±1.27a
阔叶林	3.48±0.66a	4.52±1.46a	11.90±2.59a

注：同列不同字母表示同一入侵带不同林分间差异显著。

7.2.2　毛竹扩张对土壤固氮微生物多样性的影响

土壤微生物的多样性与植物多样性息息相关。毛竹向邻近森林生态系统扩张导致植物多样性发生改变，尤其是乔木层物种多样性降低（林倩倩等，2014；杨清培等，2017）。相应的，土壤固氮微生物多样性也会因林地群落演替而发生改变。

通过对比天目山、石门洞入侵带土壤固氮微生物 *nifH* 基因多样性指数，可以看出毛竹扩张造成林地土壤固氮微生物群落的 Shannon-Wiener 指数和均匀度指数逐渐降低，而 Simpson 指数则随毛竹不断扩张逐渐增大（图 7-1）（周燕，2018）。一般来说，Shannon-Wiener 指数反映了土壤微生物群落的丰富度，毛竹扩张造成林地土壤固氮微生物种类减少，丰富度下降；Simpson 指数反映了土壤中微生物群落的优势度，均匀度指数则用于评估群落物种分布的均匀度，毛竹扩张使得林地土壤固氮微生物群落均匀度降低，群落趋于简单化。沈秋兰等（2016）也在其研究中得出类似的结论。

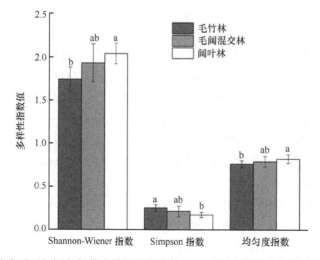

图 7-1　毛竹扩张对石门洞入侵带土壤固氮微生物 *nifH* 基因多样性指数影响（周燕，2018）

相同字母表示同一指数不同林分间差异不显著

7.2.3 毛竹扩张对土壤固氮微生物群落结构的影响

张于光等（2005）在其研究中指出土壤固氮微生物群落结构在高寒草甸、高寒草原和高寒森林之间具有明显的差异，文都日乐等（2011）也发现在不同草地类型之间土壤固氮微生物的群落结构存在着显著差异，可见植被类型是土壤固氮微生物群落结构的重要影响因子。在毛竹扩张的过程中，原自然生态系统内的植被受到极大威胁，并且植被类型逐渐向毛竹纯林演化。周燕（2018）研究通过应用基于 *nifH* 功能基因的末端限制性片段长度多态性（T-RFLP）技术，分析毛竹扩张过程中土壤固氮微生物群落结构变化，结果表明在天目山毛竹向阔叶林扩张过程中植被类型与土壤母质的交互作用造成林地土壤固氮微生物群落结构发生变异。此外，毛竹扩张不但使土壤固氮菌的群落组成与丰度发生变化，同时也影响了土壤固氮菌种类的相对丰度（周燕，2018）。因毛竹入侵周边林地而导致的土壤固氮微生物的变化机制比较复杂，今后研究更加需要多层次、多尺度地来探讨毛竹入侵对土壤固氮微生物的影响。

7.2.4 毛竹扩张对土壤氨氧化微生物丰度的影响

生物固氮、氨化、硝化、反硝化是土壤氮素循环的 4 个主要过程，共同促进气态氮、无机氮以及有机氮在自然界中相互转化，并维持动态平衡（张晶等，2009）。硝化作用主要分为两个阶段：亚硝化阶段也称氨氧化过程；硝化阶段也称硝酸盐氧化过程。一般在通气良好的环境中通过利用土壤微生物将铵（NH_4^+）、氨（NH_3）等还原态氮转化为亚硝酸根（NO_2^-）或硝酸根（NO_3^-）等氧化态氮是硝化作用的主要步骤（张珂彬等，2020）。氨氧化过程是硝化过程的第一步，在氮素循环过程中起着关键作用（贺纪正和张丽梅，2013；Hink et al.，2017）。在此过程中，由氨氧化细菌（AOB）和氨氧化古菌（AOA）所携带的 *amoA* 基因编码产生了氨单加氧酶（AMO），在该酶催化下铵态氮（NH_4^+）被氧化为羟胺（NH_2OH），同时产生大量的中间产物 N_2O（Shaw et al.，2006；贺纪正和张丽梅，2013）。Hink 等（2017）研究指出，由 AOA 和 AOB 驱动的氨氧化过程与硝化速率密切相关。其中 *amoA* 基因通常被作为研究 AOA 和 AOB 群落结构和多样性的切入点。

毛竹扩张使森林植被类型逐渐转变，并影响土壤基本理化性质和养分循环，从而间接造成一些氨氧化细菌和与硝化作用相关的古生菌群落发生改变。研究指出，毛竹扩张会造成土壤 pH 增加（李超，2019），而 pH 的变化会对土壤氨氧化细菌与氨氧化古菌的多样性、丰度以及活性造成影响（Nicol et al.，2008）。

氨氧化过程作为硝化作用的第一步，起到重要的限速作用。研究指出，毛竹扩张降低了土壤中的硝化速率。Li 等（2017a）研究指出，毛竹扩张使土壤真菌群落组成与丰度发生变化，并且改变了真菌物种的相对丰度，从而使得林地土壤净硝化速率降低。Song 等（2016）研究亦指出毛竹向邻近阔叶林的扩张降低了凋落物产量和质量，延缓了土壤氮素的矿化速率与硝化速率。AOA 与 AOB 微生物作为氨氧化过程主要参与者，其丰度的变化将对硝化速率产生一定的影响。

毛竹向阔叶林扩张影响了土壤的 AOA 微生物丰度。在青龙山、石门洞及进山门三个入侵带，相比于最初的阔叶林，混交林与毛竹纯林土壤的 AOA 微生物丰度均显著下降（表 7-2）。研究指出，耐贫瘠的 AOA 更适宜低氨氮（Sterngren et al., 2015）与低 pH（Nicol et al., 2008）的土壤环境。毛竹扩张会提高林地土壤中氨态氮的含量（宋庆妮等，2013），同时毛竹扩张能够改善土壤的酸性环境（李超等，2019），可见，毛竹扩张对土壤 AOA 微生物丰度产生了一定的负面影响。

表 7-2　毛竹扩张对天目山三个入侵带土壤 AOA 微生物丰度的影响（周燕，2018）

林分	AOA amoA 基因/(×10⁶ 拷贝数·g⁻¹ 干土)		
	青龙山	石门洞	进山门
毛竹林	2.80±2.06b	2.14±1.07b	6.75±2.96b
混交林	4.28±2.80b	4.03±2.63b	3.95±2.22b
阔叶林	14.41±4.2a	16.22±6.67a	15.15±2.72a

注：同列不同字母表示同一入侵带不同林分间差异显著（$p<0.05$）。

毛竹向阔叶林扩张影响了土壤 AOB 微生物丰度，在青龙山与石门洞两处入侵带，毛竹纯林的土壤 AOB 微生物丰度显著低于阔叶林与混交林（表 7-3）；而在进山门入侵带，随着毛竹扩张程度加深，土壤 AOB 微生物丰度不断增加（表 7-3）。与 AOA 微生物相反，AOB 微生物更加倾向于富氨氮的土壤环境（Sterngren et al., 2015）。

表 7-3　毛竹扩张对天目山三个入侵带土壤 AOB 微生物丰度的影响（周燕，2018）

林分	AOB amoA 基因/(×10⁵ 拷贝数·g⁻¹ 干土)		
	青龙山	石门洞	进山门
毛竹林	5.51±1.27b	9.32±1.69b	21.49±2.86a
混交林	17.36±3.18a	20.96±5.72a	13.98±2.94a
阔叶林	25.20±7.62a	19.90±6.56a	7.41±1.27c

注：同列不同字母表示同一入侵带不同林分间差异显著（$p<0.05$）。

7.2.5　毛竹扩张对土壤氨氧化微生物群落多样性的影响

毛竹扩张造成植被类型改变，并影响了林地土壤微生物多样性。在青龙山入侵带，毛竹扩张使得 AOA 微生物 Shannon-Wiener 指数逐渐降低（图 7-2），说明毛竹扩张降低了 AOA 微生物的丰富度；同时，毛竹扩张使得林地土壤 AOA 微生物群落均匀度降低，群落结构趋于简单（图 7-2）。

　　植物入侵的整个过程包括植物的引入、传播，以及入侵植物对当地生态系统产生的影响（Levine et al.，2010）。现有研究中土壤微生物对植物入侵的作用多集中于土壤微生物群落的特定组成部分如何影响植物入侵过程，或者考虑了整个土壤微生物群落的特性如何促进或抑制植物的入侵。入侵植物通过逐渐改变土壤微生物群落结构和功能，使得土壤环境不断变化为适合自身生长的环境。例如，千屈菜（*Lythrum salicaria*）是北美洲湿地主要入侵植物，它的营养和繁殖受丛枝菌根真菌（arbuscular mycorrhizal fungi，AMF）的影响很大（Philip et al.，2001）。肖博等（2014）研究发现，紫茎泽兰（*Ageratina adenophora*）作为入侵植物，其根围土壤中有包括丛枝菌根真菌在内的多种土壤微生物，增强了其对本地植物种的竞争力。

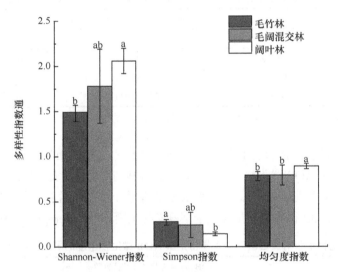

图 7-2　毛竹扩张对青龙山入侵带土壤 AOA 微生物多样性指数的影响（周燕，2018）
相同字母表示青龙山入侵带不同林分间差异不显著

　　在讨论毛竹入侵过程时，不仅要考虑毛竹如何影响土壤微生物群落，同时要考虑土壤微生物群落的结构和功能对毛竹入侵的反馈。毛竹入侵后通过影响地下微生物群落特征，侵入林地生态系统发生了变化，这个过程对成功入侵具有重要作用。反之，被侵入地微生物对入侵植物的适应性和竞争力也有影响，甚至特定情况下会介导植物的入侵过程。随着毛竹不断入侵，其通过根系分泌物、凋落物等途径影响原有土壤环境中的生物和非生物因素，进而改变了被入侵地土壤微生物的组成、数量或优势种（Zhang et al.，2014b，2018）。当然生态学的改变往往是相对的，这种反馈效应对毛竹本身的生长也产生影响。例如，反馈效应能不断增强毛竹的竞争能力，加剧它的扩张优势。有研究表明，土壤对入侵植物的反馈效应明显区别于本地植物，入侵植物在当地土壤中的长势不如灭菌处理土壤。而本地植物恰恰相反，灭菌处理土壤效果较差（Mangla and Gallaway，2008）。本地物种在当地的土壤微生物群落有许多不利的生长因素，而外来入侵植物不会面临这类土壤的负面反馈。这些反馈会显著影响植物在被入侵地后续的扩张能力（Bowen et al.，2017）。因而，了解土壤微生物在植物入侵过程中所扮演的角色有助于我们更好地理解植物入侵对当地生态系统产生的影响。

7.3　毛竹扩张林地土壤 N$_2$O 排放的微生物机制

通常采用生物抑制剂法和 ^{15}N 示踪法与生物抑制剂相结合的方法测定土壤细菌和真菌对 N$_2$O 排放的相对贡献。最具有代表性的细菌抑制剂有链霉素，主要通过导致信使 RNA 的错误解读而阻止生物蛋白的合成，可抑制土壤细菌的活性。最有代表性的真菌抑制剂有放线菌酮和扑海因等，主要用于土壤硝化和反硝化作用中抑制真菌活性，判定是否以真菌为主导作用（Yokoyama and Ohama，2005）。Herold 等（2012）通过添加生物抑制剂放线菌酮和链霉素探究土壤耕作和酸碱性对真菌和细菌反硝化作用以及生物量的影响，发现细菌反硝化潜势显著高于真菌，而细菌生物量会随土壤作物和土壤 pH 变化而变化，真菌生物量在反硝化作用中相对稳定。Laughlin 和 Stevens（2002）通过添加链霉素和放线菌酮探究了草地土壤细菌和真菌对 N$_2$O 排放的相对贡献，结果发现链霉素和放线菌酮均降低了 N$_2$O 的排放量，但放线菌酮降低 N$_2$O 的排放量约是链霉素的 4 倍。因此，判定在草地土壤反硝化作用中，真菌起主导作用。Marusenko 等（2013）通过添加链霉素和放线菌酮，探究美国城市土壤和沙漠地带，土壤微生物和含水量对 N$_2$O 的排放贡献，结果发现在高强度的灌溉和施肥的土壤中，细菌在反硝化作用中起主导作用，而在半干旱草地和沙漠土壤中，真菌起主导作用。所以，不同的土地利用显著地改变了氮循环的相关生物途径。Nijjer 等（2008）通过盆栽实验，添加扑海因抑制微生物活性，减少菌根感染。李波成等（2014）通过在室内培养试验中添加链霉素和放线菌酮，研究毛竹林和阔叶林土壤 N$_2$O 排放的微生物贡献，发现土壤真菌对 N$_2$O 的排放贡献率显著高于土壤细菌。因此，在不同的土壤中，土壤微生物对 N$_2$O 的排放具有不确定性。本团队率先通过模拟控制试验，探究日本柳杉和毛竹两个物种土壤细菌和真菌对 N$_2$O 的排放贡献率，揭示了不同微生物在林地土壤 N$_2$O 排放的作用及其机制，从而可评估日本柳杉林演变为毛竹林的生态风险，为合理地经营毛竹林，减少 N$_2$O 的排放提供理论依据（Fang et al.，2022a）。

7.3.1 毛竹和日本柳杉生长土壤 N₂O 排放微生物贡献

本团队进行盆栽模拟试验，通过添加链霉素和扑海因抑制土壤真菌和细菌活性，探究日本柳杉和毛竹土壤 N_2O 的排放贡献。盆栽模拟 77 天的监测试验结果发现：毛竹土壤累积 N_2O 排放量为（12.12±0.78）$mg \cdot m^{-2}$，显著高于日本柳杉土壤，为（10.52±0.81）$mg \cdot m^{-2}$。在施细菌抑制剂链霉素的情况下，土壤累积 N_2O 排放量毛竹为（8.13±1.09）$mg \cdot m^{-2}$，日本柳杉为（8.01±1.12）$mg \cdot m^{-2}$。在施真菌抑制剂扑海因的情况下，土壤累积 N_2O 排放量毛竹为（10.10±0.53）$mg \cdot m^{-2}$，日本柳杉为（6.43±1.40）$mg \cdot m^{-2}$。在细菌抑制剂和真菌抑制剂交互作用下，毛竹土壤累积 N_2O 排放量为（7.99±0.99）$mg \cdot m^{-2}$，日本柳杉为（4.64±1.20）$mg \cdot m^{-2}$。相比于对照，链霉素和扑海因均可抑制土壤 N_2O 的排放，但土壤细菌和真菌对 N_2O 排放的贡献相似（图 7-3）（Fang et al.，2022a），与李波成等（2014）研究结果不一致，可能与植物幼苗的 N_2O 排放贡献大小有关。

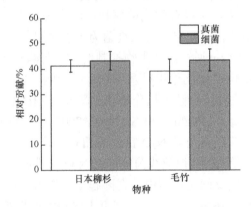

图 7-3 日本柳杉和毛竹土壤细菌和真菌对 N_2O 排放的相对贡献（Fang et al.，2022a）

日本柳杉和毛竹幼苗土壤 N_2O 排放量有所不同。物种的变化会引起土壤碳氮循环的改变进而导致 N_2O 排放通量的变化。毛竹生物量和株高较日本柳杉大，毛竹土壤 N_2O 排放量较高，可能是由于毛竹对土壤氮循环的影响与日本柳杉不同所致。本研究中，土壤 N_2O 的排放通量与植物株高和生物量呈显著正相关。两种植物最初种植在相同的土壤中，土壤中的任何变化均与植物-土壤相互作用有关（Yang et al.，2015）。植物与土壤之间的相互作用可能会影响土壤微生物的群落结构，潜在改变土壤 N_2O 的产生。两个物种在生长过程中可能会改变土壤碳氮的输入，进而改变微生物的群落组成。日本柳杉土壤 pH 显著低于毛竹土壤，在酸性条件下，N_2O 还原酶活性可能受到抑制进而加剧 N_2O 的排放（Bozzolo and Lipson，2013）。

土壤 NH_4^+-N 和 NO_3^--N 是土壤硝化作用与反硝化作用的反应底物，与土壤 N_2O 排放量密切相关（Hu et al.，2017）。本研究中，链霉素对土壤 NO_3^--N 浓度有显著抑制作用，扑海因对土壤 NH_4^+-N 浓度有显著抑制作用；因此，链霉素和扑海因在抑制土壤细菌和真菌的同时，也抑制了土壤硝化作用与反硝化作用和 N_2O 的排放（Fang et al.，2022a），这也验证了生物抗性假说，可能与相关功能基因诱导有关（Beaury et al.，2020）。

土壤 N_2O 的排放速率与土壤 N_2O 累积排放、湿度、NO_3^--N 呈显著正相关，与土壤有机碳和 pH 呈显著负相关（表 7-4）。该结果证实，N_2O 在反硝化作用中会随着土壤 pH 的降低而升高（Baggs et al.，2003；Zaman et al.，2008），由于酸性环境抑制了 N_2O 的还原过程，而净 N_2O 的释放主要由 N_2O 的产生和 N_2O 还原过程共同决定（Van Den Heuvel et al.，2011）。土壤 pH 是影响土壤反硝化微生物群落结构组成的一个重要指标。在特定的土壤中，反硝化群落的变化会造成 N_2O 的排放差异较大。Zhou 等（2001）研究发现土壤真菌在 NO_3^--N 和氧气充足条件下，通过反硝化作用产生 N_2O。真菌对酸性条件的适应性较强，生物量高于其他微生物量。因而，在酸性土壤中，土壤真菌对 N_2O 的排放贡献较高（Rütting et al.，2013），而本研究中，土壤细菌和真菌对 N_2O 的排放贡献基本相似（Fang et al.，2022a）。因此，在反硝化过程中土壤 N_2O 的释放量与微生物的种类组成和外界环境条件密切相关（Philippot et al.，2002）。

表 7-4　土壤 N_2O 排放速率与湿度、温度、土壤有机碳、全氮、全磷、硝态氮、铵态氮、pH 和植物生物量的相关性（Fang et al.，2022a）

参数	相关性	p
N_2O 累积排放	0.146	0.004
湿度	0.127	0.013
温度	0.004	0.937
土壤有机碳	−0.418	0.017
土壤全氮	0.068	0.712
土壤全磷	−0.210	0.208
土壤硝态氮	0.419	0.017
土壤铵态氮	0.313	0.081
pH	−0.263	0.049
植物生物量	−0.076	0.711

7.3.2　毛竹扩张下阔叶林土壤 N_2O 排放的微生物群落贡献

李波成等（2014）通过调查毛竹和阔叶林地，测定土壤基本理化性质和磷脂脂肪酸，并且进行室内培养试验（采用完全析因设计），设置林分（毛竹林 *vs.* 阔叶林）×细菌抑制剂（对照 *vs.*链霉素）×真菌抑制剂（对照 *vs.*放线菌酮）等处理。结果发现，真菌和细菌与土壤 N_2O 排放通量和生物量之间相关性小，证实生物量并不是决定 N_2O 排放的关键性因素。相关研究发现，与细菌相比，真菌适应的 pH 范围更广，且酸性环境更有利于真菌生长（Wheeler et al.，1991）。在酸性条件下，毛竹林和阔叶林土壤中，土壤真菌的活性相对较强。而且土壤真菌和细菌对 N_2O 排放的影响与土壤 pH 有较大的关系，这可能是因为 pH 对微生物细菌和真菌的数量及活性有主导效应（Chen et al.，2014）。

根据国内外研究，区分细菌和真菌对土壤 N_2O 释放的贡献主要通过调节真菌和细菌的活性来计算其相对贡献。本团队利用生物抑制剂法分别抑制土壤细菌和真菌的活性，测定土壤细菌和真菌对 N_2O 的排放贡献。在毛竹林和阔叶林中，无论单独添加细菌抑制剂链霉素、真菌抑制剂放线菌酮还是同时添加两种生物抑制剂，对土壤 N_2O 排放通量均具有显著抑制作用（Fang et al.，2022a）。在两种不同的林分样地中（表 7-5、表 7-6），除了样地毛竹林 2 和阔叶林 1，其他所有样地土壤真菌对 N_2O 排放通量显著高于土壤细菌（$p<0.05$）。因此，细菌对土壤 N_2O 的排放贡献显著低于真菌。土壤细菌和真菌对 N_2O 排放的贡献在不同的森林生态系统中有不同的变化（Chen et al.，2014）。而毛竹林和阔叶林由于地上植被的变化和环境因子以及人为干扰的程度不一样，土壤细菌和真菌对 N_2O 排放贡献率也存在较大差异。

表 7-5 毛竹林土壤细菌和真菌导致的 N_2O 排放通量（$\mu g \cdot m^{-2} \cdot h^{-1}$）（李波成等，2014）

	毛竹林 1	毛竹林 2	毛竹林 3	毛竹林 4
细菌	66.61±10.87	21.22±6.52	6.76±3.20	35.38±5.78
真菌	99.58±13.13	29.93±4.23	44.82±6.56	64.78±9.15

表 7-6 阔叶林土壤细菌和真菌导致的 N_2O 排放通量（$\mu g \cdot m^{-2} \cdot h^{-1}$）（李波成等，2014）

	阔叶林 1	阔叶林 2	阔叶林 3	阔叶林 4
细菌	17.60±4.24	7.66±3.18	31.67±7.54	46.09±7.66
真菌	22.92±4.80	27.30±7.29	71.63±12.65	77.01±9.10

相关分析结果表明，土壤微生物量与细菌生物量呈显著正相关，真菌生物量与土壤有机质呈显著正相关，与 pH 呈显著负相关（李成波等，2014）。真菌生物量的比例已经被证明随着 pH 的增加而降低，这反映了在酸性条件下真菌的相对丰度更高（Bååth and Anderson，2003）。土壤微生物介导土壤养分循环，由于不同的环境因素会导致土壤微生物群落结构的变化，土壤微生物群落结构的改变可通过改变资源供应而影响整个生态系统。

近年来，随着对氮循环过程的深入研究，发现土壤细菌不再是 N_2O 的唯一贡献者，很多研究通过生物抑制剂、同位素标记和菌种的分离及纯化等方法，发现真菌在草地土壤、酸性森林土以及干旱和半干旱的区域土壤中对 N_2O 的排放起着很重要的作用。目前，细菌和真菌对土壤 N_2O 的排放贡献已成为该领域的研究热点。由于产生 N_2O 的细菌和真菌类群广泛，转录组和宏基因技术等手段相结合，将有助于深入了解细菌和真菌在各种土壤环境中基因表达及调控方式，明确细菌和真菌对土壤 N_2O 产生的相对贡献。

第8章 毛竹扩张对土壤理化特性及化学计量比的影响

土壤是植物生长的物质基础，不仅为植物生长提供所必需的水分、空气和各类矿质营养元素，而且也是地下生态系统中物质和能量交换的重要场所。同时，森林植被的演化和发展，反过来也将影响其土壤的成分和性能。毛竹是亚热带地区分布最为广泛的竹种，其人工林栽培面积正在逐年增加，笋材两用的特性为林农带来了极佳的经济效益。然而，这种人为导致的毛竹林纯化对周边森林进行入侵而产生的影响愈发明显。研究毛竹入侵导致的土壤理化性质变化，有助于林地可持续经营。

8.1 毛竹扩张对土壤理化性质的影响

植物在入侵周边森林过程中，由于入侵物种和所取代物种根系之间存在生理特性的差异，导致土壤物理性质，如土壤含水量、容重、孔隙度等发生改变，而这种变化往往有利于植物入侵进程。赵雨虹等（2017）发现，毛竹在入侵不同林分过程中，混交林林分土壤密度大于阔叶林，而土壤孔隙度变小，持水能力变弱，但土壤有机碳含量下降。宋庆妮等（2013）研究毛竹入侵阔叶林后发现，地下不同土层的土壤容重较于竹阔混交林均减少。Shinohara 和 Otsuki（2015）发现在 0～60cm 土层内毛竹林土壤单位体积含水量高于阔叶林。

8.1.1 物理性质

1. 土壤容重

土壤容重是反映土壤质地、结构、孔隙的重要指标（王燕等，2009），同时也是土壤化学性质、颗粒组成及团聚体特征的综合反映（黄昌勇，2000）。由表 8-1 可知，随着土层深度逐渐增大相同林分土壤容重逐渐增大。由图 8-1 可以看出，在 0～60cm 土层各林分容重表现为 8：2 竹阔混交林（1.54g·cm^{-3}）＞2：8 竹阔混交林（1.46g·cm^{-3}）＞常绿阔叶林（1.30g·cm^{-3}）＞毛竹纯林（1.25g·cm^{-3}）。毛竹较阔叶树有更庞大的鞭根和发达的根系，对混合林土壤容重影响较大，数据显示8：2 竹阔混交林的土壤质量最差，毛竹纯林最好，常绿阔叶林次之。作为顶级群落，常绿阔叶林土壤结构稳定，土壤容重较低，随着毛竹入侵形成混交林，土壤容重逐渐增加。土壤性质变化与群落演替往往并不同步，群落结构改变一方面影响土壤的理化性质，同时，土壤理化性质也反作用于植物群落。

表 8-1　4 种林分类型土壤容重（赵雨虹，2015）

土层/cm	容重/(g·cm⁻³)			
	常绿阔叶林	2:8 竹阔混交林	8:2 竹阔混交林	毛竹纯林
0~10	1.25	1.39	1.50	1.22
10~20	1.30	1.42	1.52	1.22
20~40	1.31	1.47	1.49	1.28
40~60	1.35	1.55	1.64	1.29

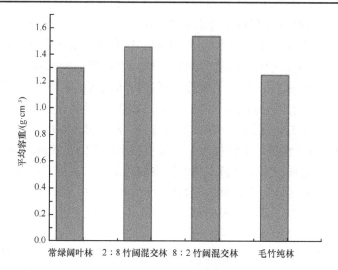

图 8-1　不同扩张林分类型土壤平均容重（赵雨虹，2015）

2. 土壤孔隙度

土壤孔隙度不仅是土壤物理特性、土壤肥力的重要指标之一（姚贤良，1965），也是土壤养分、水分和空气以及微生物、植物根系活动的通道和贮存库。土壤孔隙度的大小直接影响土壤中的水分状况，从而影响林木的生长。土壤孔隙度大，土壤的通气性就好，有利于植物根系的生长。一般来说，总孔隙度在 50%左右，而其中非毛管孔隙占 1/5~2/5 为好，这种情况使得土壤的通气性、透水性和持水能力比较协调。对于毛竹入侵杉木林的土壤三个孔隙度指标中，在相同林分下均随着土层深度增加而逐渐降低，基本表现为毛竹林>毛杉混交林>杉木林，在20~40cm 土层里三种林分非毛管孔隙度差异最大，毛竹林和毛杉混交林分别比杉木林高 73.47%和 37.87%，其次为 40~60cm 土层，最后是 40~60cm 土层，土层差异程度不超过 40%（徐道炜，2018）。数据说明毛竹在入侵杉木林过程中，对土壤非毛管孔隙度改善主要集中于 20～60cm 土层，土壤毛管孔隙度改善主要集中于 40～60cm 土层（徐道炜，2018）。

土壤通气度与土壤孔隙度密切相关，两者的关系一般呈正相关关系。可见在同一林分类型土壤通气度均随着土层深度加深逐渐减小。三种林分在 20～40cm 土层的差异程度较大，在 0～20cm 土层差异较小，变化趋势与土壤非毛管孔隙度变化趋势相同（徐道炜，2018）。

3. 土壤持水性能

土壤含水量不仅与林内降水有关，也与林内植被有关，特别是林地凋落物层在水源涵养能力、保护森林土壤减轻侵蚀等方面起着重要作用。土壤持水量包括最大持水量、毛管持水量和最小持水量 3 个组分。毛竹入侵常绿阔叶林的研究中，在 0～60cm 土层内 4 种林分的土壤持水功能，饱和持水量排序是毛竹纯林＞常绿阔叶林＞2：8 竹阔混交林＞8：2 竹阔混交林，此研究结果和总孔隙度吻合，说明毛竹扩张常绿阔叶林后，对其土壤持水能力有所改善。4 种林分毛管持水量为 19.91%～36.53%，非毛管持水量为 3.37%～12.83%，毛竹根系分布区持水量相对较高（赵雨虹，2015）。徐道炜（2018）研究毛竹入侵杉木林中，土壤表层与 40～60cm 土层的土壤含水量、毛管持水量、最小持水量均为毛竹林下降得相对最快，最大持水量和非毛管持水量是杉木林下降得相对最快。在 0～20cm 土层各林分土壤持水性能指标顺序均为毛竹林＞毛杉混交林＞杉木林，而且毛竹林和另外两种林分基本都表现为显著差异，表明杉木林成为毛竹林后，土壤水分状况会明显改善，主要表现在表层和浅层土壤水分。

总之，毛竹入侵对土壤的物理性质都有不同程度的改善，尤其体现在土壤容重和土壤孔隙度上。从群落演化的角度看，土壤物理性质是趋于稳定的，毛竹入侵往往会破坏原有的土壤结构和功能，对原有森林造成不利影响，而当毛竹入侵完成时，土壤物理性质又趋于稳定，向有利于毛竹生长的方向发展。

8.1.2 常规化学性质

土壤养分化学性质是反映土壤肥力的基本性质之一，是衡量土壤性质的基本指标，它能够提供林木生长发育所必需的元素，与其他土壤因子相比更容易受到控制和调节。土壤化学性质包括土壤酸碱性、土壤有机质、土壤氮、磷、钾元素含量等。土壤化学性质更易随着外界环境的变化发生改变，进而影响森林生态系统物质循环和能量流动。例如，毛竹入侵后会导致土壤酸碱度的变化，Li 等（2017b）发现相比于原始林分与毛竹纯林，毛竹混交林土壤 pH 显著提高。

1. 土壤酸碱度

土壤酸碱度是土壤重要的化学性质，它直接影响林木和微生物的活动。土壤内多种生命和非生命活动需要各种酶的表达，由酶参与的生化反应都需在适宜的 pH 下进行，因此 pH 是衡量土壤性质的重要指标。Umemura 和 Takenaka（2015）研究发现，毛竹入侵日本扁柏形成混交林的土壤 pH 高于毛竹纯林和日本扁柏林，且酸碱度与土壤交换性钙离子含量之间呈现显著正相关关系。但是徐道炜（2018）研究毛竹向杉木林入侵后，土壤 pH 没有明显变化规律。随着土层深度增加毛杉混交林土壤 pH 逐渐降低，而杉木林则相反，纯毛竹林则是在表层土壤达到最大，20～40cm 土层最小，总体表现为偏酸性土壤。同样，赵雨虹（2015）的研究也没有发现毛竹林与阔叶林及竹阔混交林土壤 pH 有显著差异。

2. 土壤有机质

土壤有机质是土壤的重要组成部分，是土壤肥力变化最显著的特征。它是林木营养的来源之一，分析土壤有机质含量不仅可以了解森林土壤潜在的肥力，而且还能掌握其与土壤物理性质和水文性质间相互作用的关系。

毛竹在入侵阔叶林和杉木林时，土壤有机碳含量的变化表现出截然不同的情况（图 8-2）（赵雨虹，2015；徐道炜，2018）。毛竹入侵阔叶林后，混交林土壤有机质含量高于毛竹纯林，由于阔叶树枯落物储量大，叶片较易分解，在养分归还量和循环速率方面都较高，而毛竹纯林土壤有机质来源相对单一，导致其含量低（赵雨虹，2015）。毛竹入侵杉木林的土壤有机质含量差距并不大，但是表现为毛竹林最高，说明毛竹入侵后土壤有机质含量的改善情况取决于原有森林的土壤状况（徐道炜，2018）。

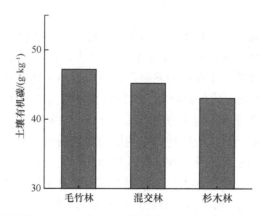

图 8-2　毛竹入侵杉木林 0～20cm 土层不同林分类型土壤有机碳含量（徐道炜，2018）

多个研究报道毛竹入侵对土壤有机质的影响。例如，Wang 等（2016a）发现毛竹入侵造成日本柳杉林土壤有机碳含量呈下降趋势，大小顺序依次是毛竹纯林＜入侵混交林＜日本柳杉林，可能是毛竹入侵加快了凋落物的分解。但是毛竹入侵后有机碳含量的升降取决于原有森林的类型。赵雨虹（2015）发现毛竹入侵常绿阔叶林后，土壤有机碳含量为毛竹纯林＜常绿阔叶林＜入侵混交林。大多数情况下，毛竹纯林土壤有机碳含量都小于入侵森林。杨清培等（2011）在进行毛竹扩张对常绿阔叶林生态系统碳储特征影响的研究得出了同样结论。

3. 土壤氮、磷、钾含量

土壤中氮、磷、钾含量是评价土壤肥力的重要指标，是植物长期潜在的供应者，而水解氮、有效磷、速效钾是植物生长养分的即时供应者，土壤中的氮、磷、钾养分总是处于无效态与有效态相互转化的动态平衡中（王洪帆，2008）。土壤全氮含量代表着土壤氮素的总储量和供氮潜力，一般情况下，其含量的变化与有机质含量的变化趋势呈正相关（黄承标等，2010）。土壤中的氮不平衡将影响全球的化学循环，乃至全球的环境变化。土壤全磷含量的高低与土壤母质、成土作用和耕作施肥等措施有关。一般情况下全磷量低于 0.08%时，土壤常出现磷素供应不足。

土壤内的养分是有限的，不同的植物可能会对某一种或几种特定形态的养分有特殊的偏好，这就导致不同形态的养分含量会不尽相同。宋庆妮等（2013）研究毛竹入侵常绿阔叶林土壤氮素矿化发现，毛竹入侵增加了 NH_4^+-N 的吸收，却减少了 NO_3^--N 的吸收。同样地，赵雨虹（2015）的研究发现，常绿阔叶林演替成毛竹纯林的过程中，土壤氮素氨化作用增强，产生的大量 NH_4^+-N，进一步满足了毛竹生长发育对土壤氮素的需求，而随着林地毛竹比例增加，土壤硝化作用和总矿化作用下降，不能满足常绿阔叶林对大量土壤硝态氮和无机氮的需求，影响了常绿阔叶林的生长。

土壤中磷元素以有机磷和无机磷两种形态存在，土壤 pH 能够影响两者比例。磷元素可以影响植物对碳、氮的吸收和代谢，但过量的磷素反而会降低土壤中铁、锌、镁等元素的有效性。土壤磷元素缺乏对我国亚热带地区林木生长起着严重的限制作用，包括针叶林、常绿阔叶林、针阔混交林等（Hou et al., 2012），所以对毛竹入侵森林边缘地带磷元素动态的研究十分重要（童冉等，2019）。土壤有效磷元素的含量一般指的是直接为作物吸收利用的无机磷或小分子量的有机磷，是评价土壤提供磷能力的重要指标。Wu 等（2018）研究毛竹入侵日本柳杉人工林后的土壤磷元素变化，经 24 个月的动态观测发现混交林土壤全磷含量显著低于毛竹纯林和日本柳杉人工林，而毛竹纯林和日本柳杉人工林的土壤有效磷却显著降低。虽然混交林土壤酸性磷酸酶活性高于纯竹林，土壤微生物生物量磷同样高于另外两种林分，但并不显著，各类指标随着季节变化处于相对平稳的状况。

不同土壤钾元素含量差异很大,主要和成土母质、风化成土条件、土壤质地、耕作和施肥措施等因素有关。土壤全钾含量反映了土壤钾元素的潜在供应能力。钾是植物生长的必备营养元素,也是全部活有机体必要元素中唯一的一价阳离子,在一些功能方面是许多其余元素不能代替的。理论上看毛竹入侵阔叶林后,土壤速效钾含量比土壤有效磷含量高,原因是凋落物钾元素含量与氮磷不同,毛竹在养分循环过程中,钾的归还量特别大,竹林凋落物中钾元素含量较高(俞益武等,2002)。但理论情况与实际不相符合,因为毛竹凋落物钾元素含量虽高,但其凋落物现存量远不及被入侵林地。王洪帆(2008)研究表明,在 0~20cm、20~40cm、40~60cmm 土层中,毛竹入侵阔叶树林地土壤速效钾含量分别比毛竹纯林相应土层的增加 19.77%、4.70%和 26.15%。而赵雨虹(2015)比较分析 4 种林分类型土壤钾含量,排序依次是常绿阔叶林($16.84g\cdot kg^{-1}$)>2∶8 竹阔混交林($16.47g\cdot kg^{-1}$)>8∶2 竹阔混交林($15.57g\cdot kg^{-1}$)>毛竹纯林($14.14g\cdot kg^{-1}$),说明毛竹林在常绿阔叶林所占比例越高,土壤对钾离子固定作用越低。

8.1.3　土壤酶活性

土壤酶(soil enzyme)是生态系统的生物催化剂,也是土壤有机体的代谢动力,土壤中所进行的生物学和化学过程都要在酶的催化下才能完成(Shad et al.,2022)。土壤酶活性与土壤理化性质、土壤类型、施肥、耕作以及其他农业措施等密切相关,也在一定程度上反映了土壤自身状况。酶的活性对外界因素变化十分敏感,成为土壤生态系统变化的预警和敏感指标(Badiane et al.,2001)。酶的催化作用对土壤中元素(包括碳、氮、磷、硫)循环与迁移有着重要作用。扩张或入侵植物对土壤酶活性的调节与作用机制可能是其成功扩张或入侵的重要因素之一(Shad et al.,2022)。

1. 毛竹入侵阔叶林对酶活性的影响

在春季,阔叶林的表层 β-葡萄糖苷酶活性大于亚表层,这与毛竹林的活性一致,但毛竹林的酶活性明显低于阔叶林(方韬,2021)。毛竹林亚表层土纤维素酶活性远高于表层土壤,毛竹林的纤维素酶活性明显低于阔叶林。蔗糖酶活性林分间差异显著,毛竹林表层和亚表层土壤蔗糖酶活性均大于阔叶林(方韬,2021)。

2. 毛竹入侵阔叶林对碳循环酶活性的影响

卡尔文循环是 CO_2 固定的主要途径,而核酮糖-1,5-二磷酸化酶/加氧酶(简称 Rubisco)是卡尔文循环的关键酶,决定光合作用的效率,并且在所有固定 CO_2 的途径中占据主导地位。该酶在微生物中分布广泛,据推测它每年固定约 $5\times10^{14}kg$ CO_2。

采用实时荧光定量 PCR（real-time quantutative PCR，qPCR）测定固碳功能 *cbbL* 基因拷贝数，引物为 K2f 和 V2r（Tolli and King，2005），使用 CFX 96TM Real-Time System（Bio-Rad，USA）仪器对 *cbbL* 基因进行荧光定量 PCR 扩增，检测石门洞和进山门实验点三种林分土壤固碳功能细菌 *cbbL* 基因数量，根据标准曲线计算出 *cbbL* 基因拷贝数（梁雪，2017）。石门洞实验点毛竹林土壤 *cbbL* 基因数量显著高于混交林和阔叶林，进山门阔叶林、混交林以及毛竹林的 *cbbL* 基因数量分别高于石门洞（表 8-2），石门洞 *cbbL* 基因数量与土壤 pH 呈显著正相关（$p<0.05$）（梁雪，2017）。石门洞实验点毛竹入侵阔叶林显著增加 Rubisco 酶活性，而在石门洞和进山门两实验点的毛竹林与阔叶林相比，Rubisco 酶活性有较大幅度增长，分别增加 140% 和 80%（表 8-2）（梁雪，2017）。

表 8-2 毛竹入侵阔叶林土壤固碳细菌 *cbbL* 基因丰度和 Rubisco 酶活性（梁雪，2017）

群落类型	*cbbL* 基因拷贝数/(10^7copies·g^{-1})		Rubisco 酶活性/(g^{-1}soil·min^{-1})	
	石门洞	进山门	石门洞	进山门
毛竹林	10.69±0.96a	40±6.96A	11.91±3.16a	35.92±4.34A
竹阔混交林	7.39±0.87b	35.74±7.22AB	7.17±1.05ab	18.75±2.24B
阔叶林	6.17±0.52b	40±6.96A	4.93±0.93b	19.93±1.12B

注：同列相同字母表示同一入侵地不同林分间的差异不显著。

8.2 毛竹扩张对生态系统化学计量学的影响

生态化学计量学（ecological stoichiometry）是以化学计量学为基础，结合生物学、化学和物理学等原理，主要研究 C、N、P 元素比例平衡的科学。生态化学计量学有两个重要的理论，一个是内稳性理论，另一个是生长速率理论。生物的内稳性是我们研究生态化学计量学的基础，它的内涵是指在不断改变的外界环境中，一切生物有机体都具有保持本身生态化学元素计量相对稳定的能力。生长速率理论主要的概念是生长速度较快的生物体内 C/N 值、C/P 值和 N/P 值较低，由于生物的快速生长需要合成大量的蛋白质和 RNA，而合成蛋白质和 RNA 必须具有较高的氮、磷含量。

生态化学计量学的应用非常广泛，如探究植物个体的生长，掌握种群动态、群落演替以及分析生态系统的稳定性等（贺金生和韩兴国，2010）。前人对生态化学计量学的研究主要集中在植物和土壤两个方面，并在植物养分限制规律（Chen et al.，2010）、生物地球化学循环和生态系统稳定性（欧阳林梅等，2013；Griffiths et al.，2012）以及植物-土壤相互作用（Ladanai et al.，2010）等方面展开了大量相关的试验探究。

氮（N）和磷（P）分别是蛋白质和核酸的重要组成成分，也是陆地生态系统植物生长的主要限制性元素（任书杰等，2007），植物 N/P 特征能够较好地反映 N、P 养分的限制作用（Tessier and Raynal，2003）。植物 N、P 化学计量特征与植物特性之间的关系解释了植物群落的功能差异及其对环境变化的适应性，对评定 N、P 元素对陆地生态系统初级生产力的限制作用具有重要意义（刘超等，2012）。

土壤是植物赖以生存的基础并且影响着植物群落的生产能力和组成结构（黄昌勇，2000）。C、N、P 等化学元素既是土壤养分含量的基础，也是植物生长发育的关键元素。土壤的化学计量特征与凋落物分解速率、土壤微生物数量以及土壤养分的长期积累具有紧密联系（王维奇等，2010）。土壤 C/N/P 值是反映土壤内部 C、N、P 循环的主要指标，有利于确定生态过程对全球变化的响应，是确定土壤 C、N、P 平衡特征的重要参数之一（Dise et al.，1998）。土壤化学计量比受多因素影响，气候、植被类型、区域分布、土壤母质、人为干扰程度、植被演替等综合影响土壤化学计量比结果（崔诚，2018）。

8.2.1　毛竹扩张对土壤化学计量学的影响

土壤 C、N、P 生态化学计量特征对植物个体生长发育、种群更新、群落演替和生态系统稳定起着至关重要的作用（高三平等，2007；Elser et al.，2010）。土壤化学计量比可以有效反映土壤有机质组成和养分的有效性，也可以间接表明土壤碳氮磷矿化和固持作用的情况，如土壤 C/N 值较大时，表明有机质矿化作用越弱。

土壤有机碳是判定土壤质量的重要指标之一，能够在一定程度上反映土壤的养分状况，在保护森林土壤生态环境、促进森林生态系统可持续发展方面发挥着重要作用（崔诚，2018）。土壤中有机质的输入与输出的平衡是影响土壤碳含量的主要因素。植被类型对土壤有机碳的影响具有显著作用，研究表明毛竹在扩张过程中会造成森林生态系统 C 储量下降，以及分配格局改变（杨清培等，2011）。N 和 P 是陆地生态系统中最主要的限制性营养元素，两者协同影响植物个体功能运行甚至整个生态系统的稳定性和群落生产力。土壤氮素的主要输入方式包括大气氮沉降、生物固氮以及动植物残体的分解，输出方式以有机质矿化分解为主，部分氮素经过矿化、氨化、硝化、反硝化等作用以 N_2O、NO、NH_3 等气态形式返回到地球大气中（王晶苑等，2013），部分则受到雨水冲刷，淋溶流失。土壤有效 P 的来源主要是岩石风化和少量的有机质分解，干旱和酸化会促进 P 的矿化（黄昌勇，2000），但土壤 P 含量通常较低。不同的植物种类对 P 的吸收和利用有较大差异，对磷素的吸收利用与单位时间内植物的生长速度有关，单位时间内植物生长越快对磷素的需求越高（崔诚，2018）。

外来入侵植物可改变被侵入生态系统的结构、功能和过程，进而对生物地球化学循环产生重要影响。研究指出植物互花米草的入侵造成土壤的化学计量特征发生改变，土壤 C/N 值在 0～50cm 土层呈持续上升的趋势，且随入侵年限的不同而发生改变（金宝石等，2017）。通过对比欧洲西北部 7 种常见扩张植物对土壤养分的影响，发现植物入侵明显增加了土壤 P 的含量（Dassonville et al.，2008）。毛竹是国内重要的本土入侵物种，研究发现，毛竹向邻近森林生态系统扩张，会导致林地生态因子发生变化，如土壤温度升高（Elser et al.，2010）、土壤 pH 降低（黄启堂等，2006）、土壤含水量提高（Shinohara and Otsuki，2015），从而影响养分循环的地球化学过程。毛竹扩张会造成凋落物的分解速率下降（Song et al.，2016），土壤氮素的硝化作用和总矿化作用下降，氨化作用增强，林地土壤氮素积累（宋庆妮等，2013）。范少辉等（2019）研究发现，随着毛竹入侵杉木林程度加剧，林地土壤有机碳含量呈先升高后降低的趋势；全氮含量呈先升高后下降的变化趋势，且扩展后期大于扩展前期；C/N 值随着毛竹的扩展呈上升趋势，且不同扩展阶段的差异达到了显著水平；N/P 值随着毛竹的扩展呈上升的趋势；随着毛竹向杉木林的扩展，立地土壤养分状况发生了规律性变化，N、P 元素更加缺乏。毛竹扩张会影响生态系统内土壤养分的输入和输出状况，使得土壤碳、氮、磷的化学计量特征发生一定改变（欧阳明，2015）。

毛竹向阔叶林或杉木林扩张均使林地土壤有机碳含量、全氮含量以及全磷含量呈上升趋势（表 8-3、表 8-4）。毛竹在竞争的过程中需要消耗大量的有机碳来维持其竞争态势，成林后的毛竹不再需要笋期的生长发育速率，所以毛竹林内的

表 8-3　武功山毛竹扩张对不同林分类型土壤 C、N、P 含量的影响（0～20cm）（崔诚，2018）

群落类型	土壤 C、N、P 含量/(g·kg^{-1})		
	土壤有机碳	土壤全氮	土壤全磷
毛竹林	117.14±15.43a	6.58±1.33a	0.83±0.08a
混交林	102.29±5.71a	5.66±0.54a	0.67±0.08b
阔叶林	60.57±1.71b	4.33±0.5a	0.58±0.04b

注：同列不同字母表示不同林分间差异显著。

表 8-4　戴云山毛竹扩张对不同林分类型土壤 C、N、P 含量的影响（0～20cm）（徐道炜，2018）

群落类型	土壤 C、N、P 含量/(g·kg^{-1})		
	土壤有机碳	土壤全氮	土壤全磷
毛竹林	47.212a	4.394a	0.659a
混交林	45.216a	3.668b	0.605a
杉木林	43.063a	3.521b	0.589a

注：同列不同字母表示不同林分间差异显著。

土壤有机碳含量明显高于混交林土壤有机碳含量；毛竹扩张过程中氮素的支持是必不可少的，毛竹在扩展边界时要吸收大量土壤氮素来减少对土壤其他养分的竞争依赖，以此在竞争中获取有利条件；P 主要来源于土壤的地球化学过程，干旱和酸化均会促进 P 的矿化。毛竹生长快、耗水量大且喜 NH_4^+-N 的特性，使毛竹扩张后林地土壤含水量和 pH 下降，这些均有利于土壤 P 含量的增加。

由表 8-5 可以看出，毛竹向阔叶林扩张对林地土壤 C 含量影响较大，林地土壤的 C/N 值、C/P 值均呈上升的趋势（崔诚，2018）。土壤 C/N 值较高表示有机质具有较慢的矿化作用，土壤的有效氮含量也较低，这与宋庆妮等（宋庆妮等，2013）的研究结果一致。毛竹扩张的过程促进了土壤微生物更多进行氮素累积而非氮素矿化。

表 8-5　武功山毛竹扩张对不同林分类型土壤 C、N、P 化学计量比的影响（崔诚，2018）

群落类型	C/N 值	C/P 值	N/P 值
毛竹林	17.78	140.96	7.92
混交林	18.07	152.67	8.45
阔叶林	13.99	104.43	7.46

毛竹向杉木林扩张对林地土壤 N 含量的影响较大，土壤 P 含量随着扩张程度加深不断增加，土壤 N/P 值呈现上升的趋势，毛竹扩张后期受 P 元素的限制逐渐趋大（徐道炜，2018）。

植被类型不同，凋落物的残体分解速率不同，根系吸收养分能力差异等都会使毛竹扩张对林地土壤 C、N、P 化学计量特征的影响变得更为复杂。

8.2.2　毛竹扩张对植物化学计量学的影响

1. 毛竹扩张对植物叶片 C、N、P 化学计量学特征的影响

植物的 C/N 值和 C/P 值预示着植物吸收营养元素时同化 C 的能力，反映植物营养元素的利用效率（刘万德等，2010）。植物的 N/P 值则可以用来判定环境对植物生长的养分供应状况（曾德慧和陈广生，2005），陆地生态系统内植物器官中相对恒定的 N/P 值可很好地反映植物的生长速率，低 N/P 值植物具有较快的生长速率（Elser，2010）。

我国毛竹林叶片平均 C 含量为 478.30mg·g^{-1}（杜满义等，2016），略高于全球492 种陆地植物叶片 C 含量的几何平均数（464±32.1）mg·g^{-1}（Elser et al.，2000）。毛竹叶片有机化合物含量较高，叶片具有更强的 C 存储能力，这一方面与毛竹的适生区域光照充足、雨水充沛、水热条件较好相关；另一方面可能与毛竹特有的生物学特性有关。毛竹茎秆内存在类似 C4 植物的花环结构，可能存在 C4 光合途

径，有利于毛竹提高光合效率（王星星等，2012）。我国毛竹林叶片平均 N 含量为 22.20mg·g^{-1}（杜满义等，2016），高于我国 753 种陆生植物叶片 N 含量的几何平均数（18.6mg·g^{-1}）（Han et al.，2005）。我国毛竹林叶片平均 P 含量为 1.90mg·g^{-1}（杜满义等，2016）。毛竹相比其他树种具有更快的生长速率和更高的生产力，叶片作为主要的光合器官需要合成大量的氨基酸、蛋白质以及核苷酸，这使得毛竹叶片 N、P 含量一般高于其他树种。

程艳艳（2014）比较了毛竹叶片与其他不同演替阶段优势植物叶片的化学计量特征，结果表明毛竹叶片 C 含量显著低于其他不同演替阶段优势植物，为 382.40mg·g^{-1}，说明毛竹具有较低的组织 C 含量。毛竹叶中 N 含量较高，为（11.83±0.72）mg·g^{-1}。毛竹是我国侵略性极强的本土入侵物种，毛竹在生长发育过程中需要吸收大量的 N 来合成氨基酸、蛋白质等物质，以满足自身快速生长的需要。而毛竹叶 P 元素含量与其他植物无明显差别。生长率假说认为生物体具有高的养分含量（低的组织 C：养分比率，尤其低的 N/P 比率）通常具有高的生长率（Elser，2010）。生长率的高低是决定植物能否成功入侵的关键因素之一，生长率高的植物能更加有效利用资源，具有潜在的竞争优势（James and Drenovsky，2007）。程艳艳（2014）的研究表明，毛竹叶 C/N 值与 C/P 值均最小，意味着生产相同的有机质毛竹要比其他植物吸收更多的养分，这与毛竹自身高生长率有关。研究表明，毛竹在扩张过程中将根系分布在养分相对富集的表层土壤，来满足自身快速生长的需求（刘骏等，2013b），并提高毛竹扩张潜力。

毛竹向阔叶林扩张过程中，其碳、氮、磷在叶、枝中的含量分别为 429g·kg^{-1} 与 468g·kg^{-1}，23g·kg^{-1} 与 4g·kg^{-1} 以及 0.5g·kg^{-1} 和 0.15g·kg^{-1}（刘小玉，2020）。欧阳明（2015）也有类似发现，指出毛竹无论是向常绿阔叶林还是杉木林扩张，毛竹自身叶片的氮磷化学计量特征无太大变化，N 含量、P 含量、N/P 值稳定维持在 23.38g·kg^{-1}、1.46g·kg^{-1} 和 16.35g·kg^{-1}，这与毛竹自身本就存在内稳态且强于其他阔叶树种的自我恢复能力息息相关。毛竹属于无性繁殖的克隆植物，其独特的生理整合对维持自身养分元素的平衡起着重要作用（Ji et al.，2018）。毛竹生理整合功能增强了毛竹在森林生态系统中的持续性，相比于其他阔叶树种毛竹具有更强的生长优势。

N 和 P 是陆地生态系统中植物生长的主要限制性元素，植物叶片的 N/P 值能够对群落结构和功能起到良好的指示作用，因而植物叶片的 N/P 值是判断环境对植物生长养分供应状况的重要指标（Güsewell，2004）。当 N/P 值大于 16 时，表明这个生态系统是受 P 元素限制的；当 N/P 值小于 14 时，是受到 N 元素限制的。而当 N/P 值在 14～16 范围内时，表示植物生长受到 N 或 P 某一元素的限制，或者两种元素的共同限制。欧阳明（2015）研究指出，毛竹向常绿阔叶林扩张过程中，乔木层树种的叶片氮磷化学计量学特征发生改变，乔木树种 N/P 值不断下降，其正常生长则逐渐倾向于受到 N 元素的限制。此外，毛竹扩张使得灌木层植被叶片 N 含量呈下降趋势，这可能与毛竹对 NH_4^+-N 的偏爱相关，灌木层植被的 N/P 值由于 N 含量下降而减小，并且其生长受 N 元素的限制也在加剧。毛竹扩张对草本层植物的叶片氮磷含量及氮磷比影响均不显著，这可能与草本植物较强的自我恢复能力有关。

2. 毛竹扩张对植物凋落物 C、N、P 化学计量学特征的影响

凋落物是地上植被和地下土壤之间的养分流动枢纽，植物利用根系从土壤中吸收利用养分，从而顺利地生长发育。凋落物则是植物生长代谢的表达方式，通过分解转化回归到土壤，补充土壤养分含量，在调节森林生态系统物质和能量流动、促进养分循环等方面起着不可替代的作用（宋蒙亚等，2014；Zhang et al.，2014a，2016）。森林凋落物是土壤有机质的主要来源，其分解程度直接影响着土壤肥力和微生物活性（李真真，2017）。研究指出，凋落物的 C、N、P 化学计量比与其分解速率密切相关，当 C/N 值和 N/P 值较低时，凋落物分解速率显著提高（李雪峰等，2008）。凋落物在一定程度上影响着土壤养分变化，同时土壤肥力也直接影响着植被凋落物的特征，两者相互作用（Wardle et al.，2004）。我国竹林凋落物 C/N 平均值为 30.89，C/P 为 593.16，N/P 为 19.20（郭宝华等，2014b），C/N 值和 C/P 值较小，这可能与毛竹叶片凋落物中 N、P 含量较高有关。研究表明，毛竹叶凋落物的归还有利于生产力的长期维持（刘广路等，2017）。

森林凋落物是影响土壤碳，特别是表层土壤碳的主要因子（孙文义和郭胜利，2011），植物通过光合作用固定碳，并以凋落物形式将 C 和养分归还至土壤（马任甜等，2016；Zhang et al.，2016）。由表 8-6 可以看出，毛竹向针叶林扩张后凋落物 C 含量明显减少。凋落物的全氮含量可从侧面说明植物的生长发育情况，毛竹向针叶林扩张使凋落物 N 含量显著增加。毛竹叶片的高 N 含量有利于其进行光合作用，生产更多营养物质，从而提高毛竹成功入侵的可能性。凋落物全 P 含量反映了凋落物养分状况，并指示植物生长对 P 吸收情况。毛竹入侵针叶林影响了生态系统中凋落物全 P 含量，使凋落物 P 含量降低，但含量之间差异不显著。

表 8-6　毛竹向针叶林扩张对凋落物 C、N、P 含量的影响（刘喜帅，2018）

群落类型	凋落物 C、N、P 含量/($g\cdot kg^{-1}$)		
	C 含量	N 含量	P 含量
针叶林	469.33±9.33a	10.78±1.11b	1.51±0.15a
混交林	405.33±18.67b	14.94±0.94a	1.06±0.02a
毛竹林	366.67±5.33b	17.17±0.44a	0.88±0.06a

注：同列不同字母表示不同群落间差异显著（$p<0.05$）。

从表 8-7 中可以看出，毛竹向针叶林扩张影响了凋落物的化学计量比。毛竹林、混交林凋落物的 C/N 值明显低于针叶林，C/N 值越低，凋落物中的 N 素释放越快，更加利于土壤养分积累（李真真，2017）。凋落物的 C/P 值、N/P 值在扩张过程中表现出不断增加的趋势，从侧面反映了毛竹扩张促进了森林植被对养分的利用效率。

表 8-7　毛竹向针叶林扩张对凋落物 C、N、P 化学计量比的影响（刘喜帅，2018）

群落类型	C/N 值	C/P 值	N/P 值
针叶林	45.27±3.85a	321.08±39.62a	7.34±1.00b
混交林	27.56±2.31b	378.03±28.06a	13.75±0.75a
毛竹林	21.55±0.46b	416.82±21.46a	19.37±1.00a

注：同列不同字母表示不同群落间差异显著（$p < 0.05$）。

毛竹扩张整体效应对凋落物生物量、养分含量及其化学计量比等造成显著影响（刘喜帅，2018）。毛竹凋落物 C、N、P 含量一方面与新鲜叶片中养分含量密切相关，另一方面也与凋落物分解程度有关。毛竹扩张导致森林林分类型发生变化，群落结构趋于单一化，林地气候环境发生改变。造成凋落物化学计量特征变异的原因是复杂的，毛竹扩张对不同森林生态系统化学计量比特征的影响以及影响机制更是有待后来者的深入研究。

第9章 毛竹扩张与土壤碳氮转化

9.1 土壤碳氮转化

9.1.1 土壤有机碳矿化

土壤是陆地生态系统中最大的碳库，其有机碳储量为 1550Gt（1Gt=1×10^{9}t），无机碳储量为 950Gt（赵金金等，2021），是全球碳循环的重要组成部分。与土壤有机碳相比，土壤无机碳的循环周期较长，在碳循环中的作用比较微弱（赵金金等，2021）。土壤有机碳矿化是指土壤中的有机碳在胞外酶的作用下被微生物分解为二氧化碳（CO_2）和水的过程（唐美玲等，2018）。土壤有机碳矿化是土壤向大气中释放 CO_2 的主要途径，土壤有机碳含量的微小变化将导致大气中 CO_2 浓度的改变，因此土壤有机碳矿化在全球碳循环中扮演着重要的角色。影响土壤有机碳矿化的因素主要包括土壤温湿度、土壤耕作制度、养分的输入以及丛枝菌根等微生物因子。

土壤温度主要通过影响土壤中微生物酶的活性，进而影响土壤有机碳的矿化速率。土壤水分含量也是通过影响土壤中微生物的数量和活性来改变土壤有机碳的矿化速率。土壤耕作会导致土壤中有机碳的空间结构和微生物的数量发生改变。Hernanz 等（2009）研究表明，对经过长期耕作的土壤进行免耕处理将提高土壤中有机碳的含量，增加土壤有机碳的矿化速率。但也有研究表明，单纯地对土壤进行免耕或翻耕处理对土壤有机碳含量的影响不显著（Al-Kaisi and Yin，2005）。

施用有机肥可以增加土壤中碳氮磷元素含量，为土壤中的微生物提供充足营养物质，激发微生物活性，从而加快土壤有机碳矿化速率。研究表明，向土壤中施加有机肥增加了土壤中微生物量碳和水溶性有机碳含量（Berg and Smalla，2009），提高了土壤有机碳矿化速率。

丛枝菌根真菌是植物与土壤之间有机碳传输的媒介，它可以直接利用植物光合作用固定的碳源，并将植物体内的碳源输送到土壤中（徐洪文和卢妍，2014）。同时，菌根真菌具有分解土壤有机碳的能力，在土壤营养匮乏或植物光合固碳能力受阻的情况下，能够有效地分解土壤中的有机质，以此来满足自身和植物体的生长（Courty et al.，2007；Mosca et al.，2007）。因此，菌根真菌在维持土壤生物多样性和土壤碳平衡等方面起到了至关重要的作用。

9.1.2 土壤氮素矿化

氮元素是植物生长过程中必不可少的大量元素，也是植物吸收量最大的矿质元素。氮元素在土壤中主要有两种存在形式，即无机氮和有机氮。氮元素主要是以不能被植物吸收利用的有机氮形式存在于土壤中，需经过氮素矿化作用转化为无机氮（主要是铵态氮和硝态氮），才能被植物吸收利用（陈志豪，2018）。因此，土壤氮素矿化作用既可以反映土壤对植物氮素的供应能力，也可以反映生态系统生产力的高低（Yahdjian et al.，2011；Hoogmoed et al.，2014）。对土壤氮矿化作用进行研究，有助于了解土壤对植物的供氮机制，对于维护生态系统氮循环和氮平衡的稳定具有重要意义。

影响土壤氮素矿化作用的因素主要包括森林群落的演替、凋落物输入、氮沉降和人为因素（赵文君等，2017）。不同种类的森林群落其土壤氮素矿化速率不同，植被演替过程中，森林树种、凋落物、土壤微生物种类都将发生改变，这将会改变土壤氮素矿化速率。随着演替的进行，土壤中的植物根系不断向深层扩展，导致土壤中的植物、微生物之间的养分循环加快。但 Haines（1997）研究发现，随着演替年限的增加，森林土壤的硝化速率会逐渐降低，硝化速率的降低有利于减少土壤中的氮素流失，这也是森林养分自我保护的一项重要机制。

森林凋落物是森林生态系统养分循环的组成部分之一，凋落物的输入量可以决定土壤中有机质和养分的含量，进而影响森林土壤氮素矿化过程（吴鹏等，2015；赵文君等，2017）。研究发现，添加凋落物可以增加土壤中的铵态氮（NH_4^+）含量，去除凋落物则会减少土壤中 NH_4^+ 含量（邓华平等，2010；De Dieu et al.，2002）。但是也有研究表明，随着有机物的添加，土壤氨化作用却逐渐减弱（胡霞等，2012；Holub et al.，2005），这可能是因为添加凋落物后增加了土壤中的碳源，导致异氧微生物与矿质氮结合，减少了土壤中 NH_4^+ 含量。

氮沉降可以增加森林土壤氮素净矿化量，促进森林土壤氮素矿化作用（赵文君等，2017）。通过对不同类型的森林进行氮沉降模拟研究发现，森林土壤有效氮含量与氮沉降量成正比，不同的土层、氮处理时间和森林类型均会影响土壤有效氮含量（方运霆等，2004；胡艳玲等，2009；向元彬等，2016）。总的来说，土壤氮素矿化速率会随着施氮量的增加而增加，但当施氮量达到一定程度以后，土壤氮素矿化速率反而会受到抑制。

人为干扰因素，如火烧和采伐也会对土壤氮矿化速率产生影响。火烧产生的大量热能将会导致土壤中有机质的快速消耗，从而改变氮转化过程（赵文君等，2017）。火烧可以改变土壤中的温度、水分、地上植被组成、凋落物数量等因素，对土壤氮素矿化速率造成影响。近年来，人类对森林的采伐越来越频繁，导致了森林结构的严重破坏和树种组成的大量改变，同时也降低了凋落物的数量，导致土壤氮矿化速率发生改变。Pérez 等（2009）研究表明，被采伐过后的森林，由于生物量、土壤微生物和动物的减少，土壤氮矿化速率会降低。但也有研究结果与此相反。陈洪连等（2015）对东北温带次生林进行研究后发现，采伐过后的森林土壤含水量和有机碳含量均会增加，导致土壤氮矿化速率加快。对森林的采伐强度是影响土壤氮矿化的主要因素，其中皆伐对土壤净氮矿化的影响最大。

9.2 毛竹扩张与土壤碳转化

9.2.1 土壤呼吸及其影响因素

土壤呼吸作用是指土壤通过代谢作用将生成的 CO_2 排放至空气中的过程，它大致可分为三个生物学过程（土壤中的根系、动物和微生物呼吸）和一个非生物学过程（土壤含碳矿物质的化学氧化过程）（张智婷等，2009）。土壤呼吸是土壤中的碳元素进入大气的主要途径，也是陆地生态系统中最大的碳通量组分之一（Lee et al.，2006）。据统计，每年从土壤中排放的 CO_2 总量是化石燃料燃烧排放量的 10 倍以上（Raich and Potter，1995），因此土壤呼吸速率的微小变化将会对全球碳循环的稳定和全球气候变暖的防控造成巨大的影响。

根据反应物和消耗底物的不同可将土壤呼吸分为自养呼吸和异养呼吸两大类。自养呼吸是指土壤中的植物根系和根际微生物消耗植物光合作用产生的有机物进行的呼吸作用。异养呼吸是指土壤中的微生物和土壤动物消耗土壤中的有机碳进行的呼吸作用。由于植物光合作用产生的底物可供给植物根系及其微生物作为呼吸底物，光合作用强度可以有效影响土壤自养呼吸速率和植物根系活性（Cardon et al.，2002；王鑫等，2021）。同时植物根系分泌出的可溶性糖可以为土壤微生物和动物提供呼吸底物，促进了异养呼吸的进行。

影响土壤呼吸的因素有很多，主要包括土壤温度和湿度、土壤理化性质、生物因素和人类活动干扰等。土壤温湿度是影响土壤呼吸作用强弱的主要因素，在一定范围内，土壤呼吸强度会随着土壤温湿度的增加而增强（Lopes De Gerenyu et al.，2011）。通常用 Q_{10} 值来表示土壤呼吸对温度的敏感性，指温度每升高 10℃，土壤呼吸增加的倍数（张萌等，2021）。土壤温度通过改变参与呼吸作用的酶活性，影响土壤呼吸速率。土壤湿度可以影响植物的生长、土壤中氧气（O_2）的含量和微生物活性。研究表明，土壤水分过多或过少均会抑制土壤呼吸作用，水分过多会导致土壤中 O_2 含量减少，过少则会抑制微生物活性，从而降低土壤呼吸速率（Guan et al.，2021）。土壤呼吸速率会随着季节的变化而变化，不同的季节土壤温湿度不同，一般表现为夏季土壤呼吸速率最高，冬季最低（Han and Jin，2018）。

　　土壤理化性质主要包括土壤 pH、土壤有机质含量、土壤碳氮比（C/N）、土壤容重等。土壤 pH 会改变微生物的活性，影响土壤呼吸速率。有关研究表明，土壤 pH 的变化将导致土壤微生物酶的种类发生变化。在酸性土壤中，随着 pH 升高，土壤呼吸速率会加快，在碱性土壤中，随着 pH 升高，土壤呼吸速率逐渐降低（张萌等，2021）。土壤有机质含量越高的土壤微生物种类和数量越多，活性也更强，土壤有机质含量与土壤呼吸速率呈正相关关系（陈书涛等，2013）。C/N 是反映土壤中有机碳和氮含量的比值，向土壤中施用氮肥会增加土壤中有机氮含量，降低 C/N，促进植物叶片生长，增强植物的光合作用，对土壤呼吸作用也会产生影响。土壤容重是指单位容积的烘干土重（王庆礼等，1996），土壤容重越高，其土壤越紧实，土壤孔隙度、持水性较低，土壤中微生物的活性较低，土壤呼吸速率也较低。

　　生物因素对土壤呼吸作用也会产生影响，主要包括植被类型、根系生物量、土壤微生物、凋落物等。不同植被类型的土壤呼吸作用强度不同，郑鹏飞等（2019）研究表明，针叶林、阔叶林和针-阔混交林 3 种森林类型的土壤呼吸速率存在显著差异。这是因为不同植被类型的森林中凋落物的种类和质量不同，其分解速率也不同，导致土壤呼吸速率存在显著差异。植物根系呼吸释放的 CO_2 占土壤呼吸总释放量的一半以上（张萌等，2021），不同植被类型其根系呼吸在土壤总呼吸中的占比也不同。总的来说，土壤中的根系生物量越多，土壤呼吸速率越高。土壤微生物是生活在土壤中的细菌、真菌、放线菌和蓝藻等生物的总称。它们参与了土壤中各项物质转化、养分循环和能量流动，在土壤呼吸中扮演着重要的角色。根据土壤呼吸的类型可将土壤微生物分为需氧微生物、厌氧微生物和兼性厌氧微生物。一般而言，土壤呼吸速率与土壤微生物的数量呈显著正相关关系。凋落物是土壤碳库的组成成分之一，也是陆地生态系统中地上和地下部分物质循环和能量流动的纽带（张萌等，2021）。凋落物分解后可以为微生物提供养分元素和有机碳，促进土壤微生物生长和繁殖，同时提高微生物活性，加快了土壤呼吸速率。

　　人类活动干扰是影响土壤呼吸速率的主要因素。施肥、森林采伐、耕作方式、火烧等人为因素干扰都将改变土壤呼吸速率。施肥可以增加土壤中 N、P、K 等养分元素和有机物质的含量，提高了土壤中呼吸作用底物的浓度，促进了土壤呼吸。大量的采伐对森林生态系统造成了严重破坏，导致森林生物量减少，残留下大量易于分解的枯落木（张萌等，2021），对森林土壤呼吸速率造成巨大的影响。耕作方式不同也会对土壤呼吸速率造成影响，有关研究表明，4 种耕作方式对土壤呼吸速率造成的影响依次为深耕＞翻耕＞旋耕＞免耕（张俊丽等，2012；张萌等，2021）。火烧会清除土壤表层的大量植被，破坏地下根系，对土壤呼吸速率造成显著影响。通常而言，火烧会降低土壤呼吸速率，降低程度取决于火烧的时间和强度（张萌等，2021）。

9.2.2　植物入侵对土壤碳循环的影响

植物入侵是指非本地种植物在自然或人为因素影响下，被传播到本地进行繁殖、生长、建群、扩张的现象（闫宗平和仝川，2008）。随着经济全球化的快速发展，植物入侵现象已成为常态，植物入侵对入侵地的生物多样性、生态系统的结构和功能、生态环境造成了巨大的影响（Coleman and Levine，2006；Wilson et al.，2012；何震等，2015）。植物入侵可以改变入侵地的生态系统养分循环和再分配的过程，导致生态系统中有机质的生产和输入动态受到影响（Drenovsky et al.，2007；Koutika et al.，2007；闫宗平和仝川，2008）。植物入侵也改变了入侵地土壤微生物的群落组成和功能，改变了土壤有机碳的矿化过程（闫宗平和仝川，2008）。研究表明，植物入侵会对入侵地的土壤碳循环过程产生巨大的影响（闫宗平和仝川，2008），这是多方面因素相互作用造成的。

入侵物种通过影响凋落物的输入和分解、土壤碳库规模和组成、土壤有机碳矿化速率、土壤呼吸作用 4 个方面来影响入侵地生态系统碳循环和土壤碳库的稳定。入侵植物可以影响凋落物的输入数量、质量和输入时间，以此来影响生态系统的碳储量和碳循环。针对物种入侵导致凋落物量的增减问题，许多研究得出了不同的结论。Valéry 等（2004）研究发现，入侵法国的披碱草（*Elymus athericus*）的凋落物量为本地物种的 2～10 倍。然而 Kourtev 等（1999）研究发现，入侵到美国的日本小檗（*Berberis thunbergii*）和柔枝莠竹（*Microstegium vimineum*）的凋落物量远低于美国本土物种矮丛越橘（*Vaccinium pallidum*）。入侵物种凋落物种类和数量与本地物种差异显著，这主要与它们之间凋落物产生量、落叶次数和凋落物分解速率不同等因素有关。

凋落物的分解是向土壤中输送有机质的过程，其分解速率将会影响土壤中有机碳含量。不同类型的植被其凋落物分解速率不同，入侵植物凋落物的分解速率一般大于本地植物。Allison 和 Vitousek（2004）进行了一项入侵被子、蕨类植物与本土被子、蕨类植物分解速率的比较试验，研究结果表明，入侵被子和蕨类植物的分解速率均高于本土植物。同样地，Ehrenfeld 等（2001）研究发现，入侵美国的日本小檗其凋落物分解速率远高于美国本土植物旱地蓝莓（*Vaccinium pallidum*）。

外来植物入侵会影响被入侵群落的净初级生产力和凋落物动态，但对于土壤总碳规模的影响，目前尚无统一的结论。Hager 等（2004）通过对入侵植物千屈菜（*Lythrum salicaria*）和本地植物水烛（*Typha angustifolia*）的优势样点地下总碳含量测定，发现两者之间并无明显差异。陆建忠等（2005）通过野外调查发现，加拿大一枝黄花的地下总碳含量明显高于本地一枝黄花。但 Kourtev 等（2002）

对日本小檗的地下总碳含量进行研究后发现，入侵植物的地下总碳含量要低于本地植物。目前对土壤碳库的研究主要集中在土壤有机碳库方面，与土壤总碳规模一样，研究外来植物入侵对入侵地土壤有机碳含量变化的影响尚无一致的结论。Cheng 等（2006）研究发现，入侵植物互花米草群落地下土壤全碳和有机碳含量均高于本地植物海三棱藨草（*Scirpus triqueter*）群落。Wolf 等（2004）研究发现，入侵植物黄花草木犀（*Melilotus officinalis*）比本地植物地下范围内的有机质含量低很多。在新泽西州的阔叶林中，外来植物入侵区域的表层土壤有机质含量显著低于本土植物所占区域（Kourtev et al.，1999）。

土壤有机碳矿化作用是土壤碳循环中重要的一个环节，它可以影响土壤中碳元素的供应与释放，进而对温室气体的形成与排放过程造成影响。目前，研究外来植物入侵是否会对土壤有机碳矿化速率造成影响的结论不一。一部分研究表明，外来植物入侵促进了入侵地土壤有机碳矿化。入侵美国科罗拉多大草原的地肤（*Kochia scoparia*）下的土壤碳矿化速率与土著植物相比，增加了约 10%（Vinton and Burke，1995），入侵植物乌桕（*Sapium sebiferum*）的土壤有机碳矿化速率显著高于土著型乌桕（Zou et al.，2006）。另一些研究则表明，外来植物入侵减缓了入侵地土壤碳矿化速率。入侵法国 10 年的披碱草其盐沼湿地中土壤碳矿化速率低于入侵前。此外，还有一部分研究发现，外来植物入侵对入侵地土壤碳矿化速率没有显著影响。入侵美国的高加索须芒草（*Andropogon bladhii*）与本地植物大须芒草（*Andeopogen geradii*）和草地早熟禾（*Poa pratensis*）相比，三者优势草地下的土壤碳矿化速率没有显著差异（Porazinska et al.，2003）。不同研究者研究结果不尽相同的原因可能是影响入侵地土壤碳矿化速率的因素复杂多样，包括土壤微生物群落、土壤温湿度、土壤可溶性有机碳含量、土壤 pH 等，这些因素对试验结果造成了比较大的影响，同时取样地点的空间异质性差异也是造成研究结果不相同的主要原因。

目前，有关外来植物入侵对土壤 CO_2 排放的研究结果不一。Kourtev 等（1999）采集入侵植物日本小檗、入侵植物柔枝莠竹和本地植物 5cm 深度土壤培养 4h 后，测得本地植物土壤基础呼吸速率高于入侵植物，但三者的土壤呼吸速率没有显著差异。Zou 等（2006）通过盆栽试验比较乌桕本土和入侵生态型之间的土壤呼吸差异后发现，乌桕入侵生态型土壤 CO_2 排放速率和累积排放通量均高于本土生态型。但也有研究发现，入侵法国西部盐沼湿地的披碱草地下 5～10cm 和 10～20cm 深度土壤的呼吸速率与本地植物无显著差异（Valéry et al.，2004）。影响入侵植物和本土植物之间土壤呼吸速率差异的因素较多，植物入侵主要是改变了入侵地土壤微环境、土壤有机质含量、土壤微生物群落结构等因素，进而影响土壤呼吸速率。其中，两者之间的根系和微生物群落差异是造成两者土壤呼吸差异的主要因素（闫宗平和仝川，2008）。

9.2.3　毛竹扩张对土壤碳矿化的影响

近年来，毛竹因其良好的生态、社会和经济效益，被人们广泛栽植。毛竹的繁殖方式为典型的无性系繁殖，它依靠强大的地下竹鞭系统向邻近的森林蔓延并发笋成竹（白尚斌等，2013a），成功实现扩张。毛竹不断地向邻近的针叶林、阔叶林扩张，形成竹-针、竹-阔混交林，最终甚至形成毛竹纯林（白尚斌等，2013a）。毛竹向其他原生群落扩张过程中，会向土壤中释放化感物质，与其他树种竞争光能，汲取环境中的养分，严重威胁当地原生植被的生存（Zhang et al.，2014b；池鑫晨，2020）。

毛竹扩张改变了当地原有的植被组成，影响了森林群落的生物多样性，使群落结构趋向于简单化，降低了森林生态系统的物种多样性（方韬，2021），对土壤理化性质和有机碳矿化速率也造成了影响。毛竹细根生物量较阔叶树种更大，且细根生长和周转速率均高于阔叶树种（刘骏等，2013a）。通过竹鞭的快速生长，土壤结构和养分状况发生了改变（刘骏等，2013b）。吴家森等（2008）研究天目山自然保护区毛竹扩张后发现，毛竹扩张增加了表层土壤 pH、全氮和可溶性氮含量，但降低了土壤全磷、有效磷和速效钾含量。方韬等（2021）研究表明，毛竹扩张显著增加了入侵地土壤的 pH，这与上述研究结果相一致。在土层深度相同的情况下，毛竹林土壤 pH 显著高于阔叶林土壤。随着土层深度的增加，毛竹林和阔叶林土壤 pH 均有所降低（图 9-1）。

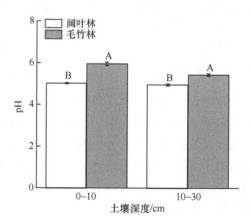

图 9-1　不同林分类型和土层春季土壤 pH 响应（方韬，2021）
相同大写字母表示两者差异不显著，下同

毛竹扩张改变了土壤中植被根系和微生物群落结构，对土壤呼吸也会造成影响。池鑫晨等（2020）研究表明，毛竹向阔叶林扩张后形成的竹阔混交林土壤呼吸年均值和年累积值比常绿阔叶林土壤增加了 24.89%和 21.78%，当阔叶林被毛竹林完全取代时，土壤呼吸速率的年均值和年累积值分别增加39.48%和35.42%。

　　阔叶林年均土壤呼吸速率和年累积 CO_2 排放量均显著低于混交林和毛竹林土壤。从整体来看，阔叶林、混交林和毛竹林的土壤总呼吸中异养呼吸所占的比例最大。试验结果表明，毛竹向阔叶林扩张后，年均土壤呼吸速率和 CO_2 累积排放量均随着毛竹扩张阶段而逐渐增加，具体表现为阔叶林＜混交林＜毛竹林（图 9-2）。

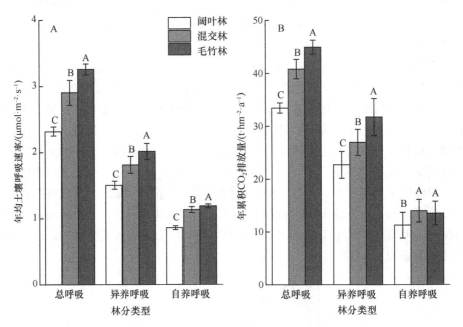

图 9-2　不同林分类型年均土壤呼吸速率（A）与年累积 CO_2 排放量（B）（池鑫晨，2020）

　　方韬等（2021）种植毛竹、木荷、香樟和青冈 4 种树种，并对土壤进行理化性质分析后发现，4 种盆栽土壤有机碳、微生物量碳和水溶性有机碳含量存在显著差异。毛竹土壤有机碳含量显著高于其他 3 种阔叶树土壤（图 9-3A）。毛竹土壤微生物量碳含量显著高于香樟和青冈土壤，毛竹土壤水溶性有机碳含量显著高于其他 3 种植被土壤。总的来说，毛竹土壤有机碳、微生物量碳、水溶性有机碳含量显著高于其他阔叶树种土壤（图 9-3B）。

　　赵雨虹等（2017）研究发现，毛竹扩张改善了土壤的物理性状和持水能力。毛竹向阔叶林扩张后，由于地下竹鞭系统的快速生长，改变了土壤碳库总量和碳矿化速率。方韬等（2021）研究表明，毛竹林土壤有机碳矿化总量高于阔叶林，且土壤碳矿化总量与土壤有机质含量呈显著正相关关系，表明毛竹扩张可以增加土壤中有机质含量。Li 等（2017b）在研究中发现，毛竹林土壤中的有机质

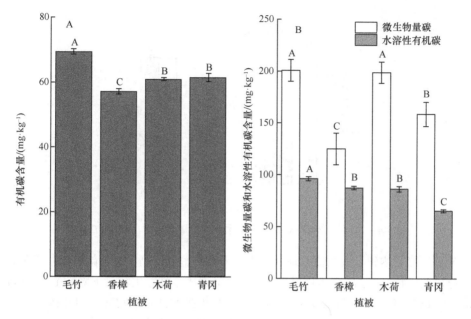

图 9-3　不同树种土壤碳含量（方韬，2021）
不同字母代表不同树种之间差异显著

含量较高，同时土壤 CO_2 排放速率也较快，这与上述研究结果相一致。造成这种现象的原因是毛竹向常绿阔叶林扩张后，林地土壤中的细根生物量显著增加，根系快速生长的同时也带来了碳素的输入，潜在地增加了土壤中有机碳的含量，加快了土壤碳矿化速率（Li et al.，2017b）。

　　毛竹扩张会导致林分结构和森林碳循环发生变化，对森林生态系统的碳储量也会造成影响。宋超（2019）研究发现，毛竹向阔叶林扩张后形成的竹-阔混交林的碳储量大于常绿阔叶林，但最终形成毛竹纯林后的碳储量低于常绿阔叶林。研究表明，毛竹林植被碳储量显著低于阔叶林和竹阔混交林生态系统，毛竹林土壤碳储量显著低于阔叶林和竹阔混交林，常绿阔叶林与竹阔混交林土壤碳储量没有显著差异（图 9-4）（宋超，2019）。竹阔混交林生态系统总碳储量最大，但与常绿阔叶林生态系统总碳储量差异不显著，毛竹林生态系统总碳储量显著低于常绿阔叶林和竹阔混交林生态系统（宋超，2019）。毛竹向常绿阔叶林扩张后，增加了常绿阔叶林生态系统碳储量，3 种森林生态系统的总碳储量大小为竹阔混交林＞常绿阔叶林＞毛竹林（图 9-4）。

　　毛竹向次生阔叶林扩张的过程中，阔叶树被毛竹逐渐取代，林地的地上和地下生物量都逐渐减少，但全林的总生物量却未呈现出单调递减的趋势（宋超，2019）。毛竹扩张到次生阔叶林的初期，阔叶林中的小乔木被小竹竿取代，林分总生物量减少；到扩张中期，只有大的阔叶树存活了下来，同时林地中毛竹数量不断增加，

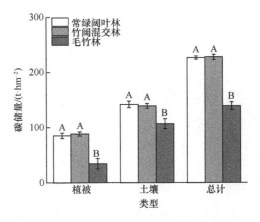

图 9-4　不同林分类型对森林生态系统碳储量的影响（宋超，2019）

林分总生物量达到了最大值；最后，由于毛竹林密度过高，会与阔叶树争夺阳光、水分以及矿物质元素，导致阔叶树大量死亡，造成全林总生物量下降（Fukushima et al.，2015）。赵雨虹（2015）在毛竹向阔叶林扩张的试验中发现，阔叶林生态系统的碳储量最低，其次是毛竹林，竹-阔混交林生态系统的碳储量最高。在毛竹扩张初期，小径级乔木受扩张影响较大，不易存活，大径级乔木可以在混交林中存留下来。树种胸径与生物量及碳储量成正比，混交林的碳储量相对于阔叶林并未减少太多，而毛竹的可塑性和扩散能力极强，又可快速积累生物量，因此竹-阔混交林的生物量和碳储量均高于原始阔叶林（沈蕊等，2016；宋超，2019）。毛竹向阔叶林扩张的过程中，森林生态系统碳储量总体呈先上升后下降的趋势。因为扩张前中期主要淘汰的是小乔木和灌木，而大胸径灌木在短期内不会受到影响，毛竹在此期间快速生长，弥补林分中损失的碳储量，在土壤碳储量方面，竹-阔混交林的土壤碳储量高于阔叶林，因此在毛竹扩张的前中期，竹-阔混交林生态系统的碳储量高于阔叶林。但毛竹纯林的碳储量相比于常绿阔叶林要低得多，如果不采取有效措施限制毛竹的无限扩张，将会导致森林碳储量降低，造成森林碳汇损失，在林业生产中要科学合理地经营毛竹林，保护常绿阔叶林，维护森林生态系统的平衡稳定。

9.3　毛竹扩张与土壤氮转化

9.3.1　氨化作用

可供植物利用的无机氮主要是通过土壤氮素矿化作用产生的，而氨化过程是土壤氮素矿化的第一步（赵彤等，2014）。氨化作用是指土壤中的微生物将含氮有机物转化为铵态氮的过程（赵彤等，2014）。氨化过程实质上就是土壤微生物作用的结果，土壤氨化过程的微生物机制如下所述。

氨化作用的大致过程为微生物细胞外含氮有机物的降解→微生物细胞内代谢产生铵态氮。反应的第一步在微生物细胞外进行，土壤中的蛋白质在外界因素（物理、化学、生物因素）影响下被分解生成多肽，紧接着在多肽酶的作用下被分解成二肽和氨基酸。反应的第二步在微生物细胞内进行，蛋白质分解成的氨基酸会被微生物细胞分解同化，并将多余的氮素（即铵态氮）排放出来（图 9-5）。

图 9-5　土壤氨化作用过程

土壤中的铵态氮主要来源于微生物对有机氮的降解，影响微生物生长代谢的因素将直接影响铵态氮的产生。影响土壤氨化过程的因素主要包括可利用有机氮的来源、土壤可利用碳氮比、土壤蛋白酶及微生物群落。土壤中死亡的微生物和动物、根系分泌物都是有机氮的主要来源，其中土壤微生物因其生命周期短、可降解的特点，对土壤氨化过程的贡献最大。Satti 等（2003）研究发现，土壤净氮矿化速率与土壤微生物生物量氮具有线性相关关系。微生物死亡后其体内的氨基酸态氮和氨基糖聚合物可为氮矿化提供原料（Mengel，1996；Schneider et al.，2004）。微生物作为有机氮的主要来源，在氨化作用中扮演了重要的角色，微生物的种类数量都是影响氨化作用的主要因素。

土壤中有机碳和全氮的比例可以反映土壤氨化作用的潜力，但实际上土壤中的有机碳和全氮比较稳定，只有易于微生物分解的部分才能用于氨化作用。因此，土壤中微生物可利用的有机碳和氮的比例才是表征氨化作用潜力的指标，同时控制着氮转化方向和速率（赵彤等，2014）。在氮素氨化过程中需要许多酶分工进行工作，而蛋白酶可能就是氨化过程限速步骤的关键酶。土壤中数量和比例不同的功能微生物群落对土壤氨化作用强度不同。周巧红等（2005）在对人工湿地中微生物数量调查后发现，氨氧化细菌在 6 月、9 月数量最高，并成为湿地中的优势功能菌。Zak 等（2003）研究发现，一片土地上的植物多样性越丰富，其土壤中的真菌丰度越高，土壤氮矿化速率也更快，因此，真菌在微生物群落中所占的比例越高越能促进土壤氮素矿化作用的进行。

9.3.2　硝化和反硝化作用

硝化作用在全球氮循环中占据着重要地位，研究硝化作用的过程对于农业生产和环境保护具有重要的作用。硝化作用是指土壤中微生物将铵盐氧化为硝酸盐的过程（图 9-6），整个过程包括氨氧化和亚硝酸盐氧化两个部分（黄树辉和吕军，

2004）。参与硝化作用的微生物比较多，其中氨氧化细菌（AOB）和氨氧化古菌（AOA）参与了大部分进程，全程氨氧化菌（comammox）和亚硝酸盐氧化细菌（NOB）也参与了部分反应。氨氧化过程是硝化作用进行的第一步，同时也是反应的限速步骤，因此氨氧化过程也一直是人们关注的焦点。在氨氧化阶段，在 AOB、AOA 和 comammox 的作用下产生了大量 N_2O。氨氧化过程中会形成中间产物羟胺（NH_2OH），它可以被羟胺氧化还原酶（HAO）氧化生成 NO，若氧化不完全，也会产生 N_2O。氨氧化过程中也会有少量亚硝酸盐产生，它们在 AOB 的作用下被还原为 NO、N_2O，产物主要以 N_2O 为主（Poth，1986）。

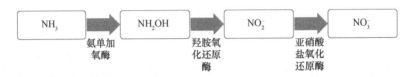

图 9-6　土壤硝化作用过程

了解硝化作用的机制及影响土壤硝化作用的因素对于农业生产和环境保护相当重要。其中酶活性是影响土壤硝化作用的主要因素。土壤中的酶活性又受到温度、水分、pH 等因素的影响（朱金龙等，2021）。张树兰等（2002）研究发现，随着土壤温度和含水量的变化，土壤硝化作用会受到不同程度的影响。土壤中温度和水分含量可以影响土壤中的氧气（O_2）浓度，进而影响土壤微生物的硝化作用（朱金龙等，2021）。随着土壤温度的升高，土壤水分溶解的 O_2 含量降低，土壤硝化作用减弱。在适当范围内，随着土壤水分的增加，水中溶解的 O_2 含量增加，土壤硝化作用增强。但当土壤水分继续增加时，土壤中 O_2 所占有的空间逐渐缩小，土壤硝化作用受到抑制。苏静等（2017）研究表明，土壤微生物活性和硝化作用受 pH 的影响较大，其中在中性偏碱性的环境下土壤硝化细菌的活性最强，促进了土壤硝化作用的进行。反应物的浓度也是影响土壤硝化作用的因素之一。参与硝化反应的底物为 NH_3 和 O_2，反应底物浓度可以决定土壤净硝化量和最大硝化速率。向土壤中施用大量的氮肥可以增加土壤的净硝化量和最大硝化速率，但高浓度的 NH_3 对土壤硝化微生物产生了毒害作用，抑制了硝化细菌的活性，从而抑制了土壤硝化作用，降低了硝化率（朱金龙等，2021）。硝化微生物群落组成和密度也可以影响土壤硝化作用，土壤中的氮素含量高低可以反映土壤中硝化微生物种群密度，向土壤中施加氮肥后，土壤硝化微生物种群密度增加，土壤硝化速率加快（朱金龙等，2021）。土壤中的生物质炭可以调节土壤硝化微生物群落结构。刘远（2017）研究表明，有机质含量较高的土壤相比于贫瘠土壤而言，土壤中微生物种类和数量更多，更有利于硝化作用的进行。孙波等（2009）研究表明，不同气候带类型的土壤其硝化作用强弱也不同，这是因为在不同的气候带下，硝化细菌的适应性不同。

反硝化作用是氮循环过程中重要的一环，它是造成土壤氮素流失和土壤温室气体排放的主要途径。反硝化作用是硝态氮在多种酶的参与下，将硝酸盐最终还原为氮气的过程，在反应过程中 NO_3^- 充当电子受体，被还原成一系列的中间产物，如亚硝酸盐（NO_2^-）、一氧化氮（NO）、氧化亚氮（N_2O），最终生成氮气（N_2）（图 9-7）（Morley et al.，2008）。参与反硝化过程的微生物大多喜欢在厌氧或低氧条件下活动，因此反硝化过程无须过多的氧气参与就能进行。整个反硝化过程分为 4 个过程，即 NO_3^- 被还原为 NO_2^-，NO_2^- 被还原为 NO，NO 被继续还原生成 N_2O，N_2O 最终被还原成 N_2。这 4 个还原过程主要由 4 种酶主导，分别是硝酸盐还原酶（Nar）、亚硝酸盐还原酶（Nir）、一氧化氮还原酶（Nor）、氧化亚氮还原酶（Nos），在它们的作用下，NO_3^- 最终会被还原为 N_2（Liu et al.，2013；曹慧丽等，2021）。

图 9-7　土壤反硝化作用过程

反硝化过程中发生了一系列复杂的生化反应，环境、气候、土壤水分等因素对反硝化速率的影响非常大（图 9-7）。反硝化作用主要受反硝化细菌的影响，反硝化细菌在预测评估反硝化潜力方面有着不可忽视的作用。研究表明，功能基因丰度可以有效预测反硝化潜势，其中 *nirK/S* 和 *nosZ*（编码 Nos）可以很好地解释反硝化潜势的变化（Petersen et al.，2012）。土壤微生物可以活化土壤机能，是反映土壤活性的重要指标。土壤微生物的工作效率受内部因素和外部因素的影响。内部因素主要由反硝化细菌功能基因的潜势和丰度决定，外部因素主要包括气候、土壤水分和养分、土壤质地等（曹慧丽等，2021）。这些因素可通过直接或间接作用影响土壤中反硝化细菌的活性，进而影响土壤反硝化速率。土壤中的水分含量可以影响土壤中的氧气含量，土壤中水分含量越高，越可以营造一个缺氧、厌氧环境，越有利于土壤反硝化作用的进行。土壤温度也是影响土壤反硝化进程的重要因素，Tan 等（2018）研究发现，土壤温度对土壤硝化速率的影响与水分因素的影响相一致，土壤硝化速率与土壤温度和水分含量成正比。

9.3.3　植物入侵对土壤氮矿化作用的影响

入侵植物是指在自然分布以及自身可扩散范围以外区域的植物总称。当入侵植物进入新的栖息地后，会对入侵地的生态系统造成破坏，并对当地造成明显的生态或经济影响（Theoharides and Dukes，2007；许浩等，2018）。氮元素是植物生长的限制性元素，因此理解入侵植物影响土壤氮有效性的机制对于研究植物入侵后期的氮动态转化具有重要的意义。植物入侵对土壤氮有效性的影响直接关系到入侵植物与本地植物竞争氮元素和各自利用氮的机制（Liao et al.，2008；Feng et al.，2009），进而影响入侵植物的生存和本地植物的消亡或共存（许浩等，2018；Hu et al.，2018）。许多原位和室内盆栽试验对入侵植物和本地植物不同形态氮含量、氮转化速率、相关微生物群落丰度进行了研究后发现，它们之间存在显著差异，这也证明了植物入侵可以改变氮有效性这一观点。

土壤氨化和硝化过程主导着土壤中氮素形态的转化以及有效氮含量的变化。当前，对入侵区域和未入侵区域土壤氨化速率差异的研究较少，且不同研究的结果不一。Ehrenfeld 等（2001）研究发现，土壤氨化速率受月份影响较大，3 月入侵区域土壤氨化速率高于未入侵区域，但 6 月结果却相反。Hall 和 Asner（2007）对潮湿和相对干燥的森林生态系统进行研究后发现，潮湿的森林生态系统入侵区域土壤矿化、硝化速率高于未入侵土壤，但干燥的森林生态系统中两者差异不显著。植物入侵后会导致入侵地凋落物的种类和数量发生变化，从而影响入侵地氮转化速率。但随着季节、温度的改变，凋落物的质量和数量并不总是影响土壤氮转化过程的最关键因素（许浩等，2018）。

植物入侵可以改变入侵地土壤中氮素形态和比例，进而对土壤氮素矿化、硝化、反硝化、淋溶等过程造成影响（周雨露，2016）。当外来植物入侵导致入侵地土壤硝化作用增强，土壤中氮素损失较大，减少了土壤中可利用氮素含量，影响当地植物生长。因此，植物入侵可以通过影响土壤中铵态氮和硝态氮的比例和转化，进而影响本地植物的生长状况。

9.3.4 毛竹扩张对土壤氮矿化的影响

毛竹在世界范围内大量扩张，威胁着原生林木的生物多样性，改变林分结构的同时对土壤氮素转化也造成了影响。毛竹向常绿阔叶林或针叶林扩张后形成竹-阔或竹-针混交林，增加了森林凋落物的生物量和土壤有机质含量（赵雨虹，2015）。宋庆妮等（2013）在官山自然保护区内研究毛竹向常绿阔叶林扩张后发现，毛竹扩张增加了土壤中全氮含量，增强了土壤的氨化作用，但减弱了土壤的硝化作用和总氮素矿化作用，增加了对土壤中铵态氮的吸收，但减少了对土壤中硝态氮和无机氮的吸收总量，降低了土壤氮素的周转速率。从图 9-8 可以看出，随着土壤深度的增加，常绿阔叶林和竹阔混交林土壤全氮含量显著降低（宋庆妮等，2013）。不同深度的竹阔混交林土壤全氮含量均显著高于常绿阔叶林土壤（宋庆妮等，2013）。因而，毛竹扩张显著增加了阔叶林土壤全氮含量。

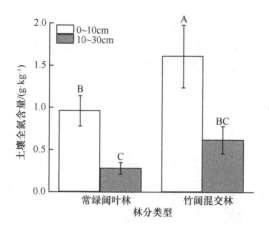

图 9-8 毛竹扩张对土壤全氮含量的影响（宋庆妮等，2013）

从图 9-9 中可以看出，土壤年净氨化量、硝化量、矿化总量和碳氮比均随着土壤深度的增加而减少，不同深度竹阔混交林土壤年净氨化量显著高于常绿阔叶林土壤，不同深度竹阔混交林土壤年净硝化量、矿化总量和碳氮比显著低于常绿阔叶林土壤（宋庆妮等，2013）。

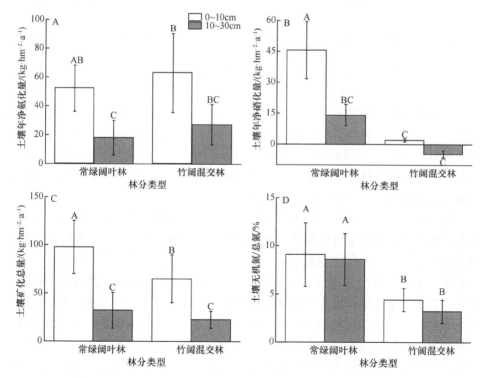

图 9-9 毛竹扩张对林地土壤年净氨化量、硝化量和矿化总量的影响（宋庆妮等，2013）

从图 9-10 中可以看出，毛竹扩张增加了对土壤中铵态氮的吸收总量，吸收量增加了 9.6%，毛竹扩张减少了对土壤中硝态氮和无机氮的吸收总量，吸收量分别减少 90.6% 和 35.1%（宋庆妮等，2013）。

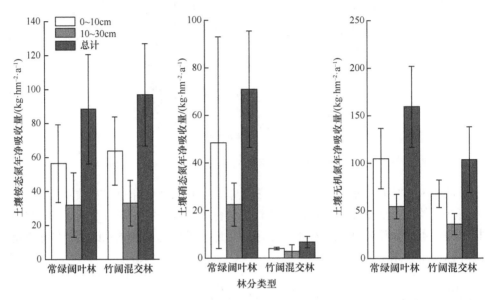

图 9-10　毛竹扩张对土壤铵态氮、硝态氮和无机氮年净吸收量的影响（宋庆妮等，2013）

森林凋落物在森林生态系统的养分循环和能量流动中起着关键作用，凋落物的生物量和分解速率决定了养分循环和能量流动的速率（刘喜帅，2018）。毛竹林因其生长速度快、繁殖能力强等特点，其凋落物数量高于阔叶林。廖旭祥（2010）在调查中发现，毛竹向阔叶林扩张的过程中，毛竹自身的凋落物数量虽然在不断减少，但新形成的竹-阔混交林凋落物总量明显增加，其总量大于毛竹纯林和阔叶纯林。毛竹向阔叶林扩张后增加了森林中凋落物总量，同时也增加了凋落物中氮含量（Song et al.，2016），改变了土壤氮素矿化速率。

土壤微生物主导着土壤氮转化过程，相应功能型微生物数量和所分泌酶的数量及活性在一定程度上可以反映土壤氮素转化的强度（许浩等，2018）。土壤微生物群落对于反映土壤生态功能变化，维持生态系统氮循环具有重要的作用（沈菊培和贺纪正，2011）。白尚斌等（2013a）研究发现，毛竹扩张虽然降低了植物多样性，但增加了土壤中微生物的种类和数量。孙棣棣（2010）发现，毛竹向阔叶林扩张后，土壤中微生物的数量随着植被更替时间的增长而增加。田甜（2011）研究表明，毛竹扩张可以改变林地土壤中氨氧化细菌的数量和活性，与入侵植物改变土壤微生物群落的入侵机制类似（罗来聪等，2023）。沈秋兰（2015）研究表明，毛竹向阔叶林扩张后降低了土壤固氮细菌的活性，但却提高了固氮细菌 *nifH*

基因的丰度。综上所述，毛竹扩张可以改变土壤中微生物的数量和活性，影响与氮循环和氮矿化相关的功能基因活性，从而改变土壤氮矿化速率。

植物入侵会干扰入侵地土壤氮矿化过程，进而改变入侵地土壤氮有效性（陈志豪，2018）。毛竹向阔叶林扩张后，土壤净矿化速率升高，但其原因可能有以下几个方面。①毛竹扩张后形成的竹-阔混交林其凋落物和阔叶纯林有很大差别，它们分解后会对土壤理化性质造成不同的影响。②毛竹林和阔叶林对土壤养分的需求不同，毛竹林更易于吸收土壤中的铵态氮，而阔叶林则偏好硝态氮。当毛竹向阔叶林扩张后，土壤氮素矿化作用会加强，土壤中的无机氮供应量增加，以满足毛竹生长需求。③毛竹扩张可以增加土壤中微生物数量和细菌的多样性，这是毛竹林土壤净矿化速率高于阔叶林的原因，而毛竹林土壤净硝化速率高可能是土壤中的真菌异氧硝化作用导致的。总的来说，毛竹扩张可以导致土壤中的细菌和真菌群落结构发生显著变异，其中土壤细菌结构变异在土壤净氮转化过程中占主导地位。

综上所述，毛竹扩张对土壤碳氮循环的影响有以下几个方面。

（1）毛竹扩张可以改变林地植被组成、土壤微生物群落结构以及土壤理化性质，进而影响森林土壤碳循环。

（2）毛竹向阔叶林扩张可以增加林地土壤有机碳含量，加快土壤碳矿化速率。

（3）植物入侵可以改变入侵地土壤中氮素形态和比例，进而影响本地植物的生长。

（4）毛竹向阔叶林扩张增加了土壤全氮含量，增强了土壤氨化作用，但减弱了硝化作用和总氮素矿化作用，增加了对土壤中铵态氮的吸收，但减少了对土壤中硝态氮和无机氮的吸收总量，降低了土壤氮素的周转速率，造成了土壤氮素的积累。

（5）毛竹向阔叶林扩张可以改变林地凋落物的种类和数量、土壤微生物的群落结构和活性，影响与氮循环和氮矿化相关的功能基因活性，从而改变土壤氮矿化速率。

总体来看，毛竹扩张改变了森林生态系统的碳氮循环和土壤碳氮库储量，改变了土壤碳氮矿化速率。但毛竹的大面积扩张会导致森林生态系统生物多样性锐减，森林总碳储量和碳汇变化以及土壤氮素积累。因此，在林业生产中要采取有效的措施科学合理地经营毛竹林，以此来维护森林生态系统碳、氮循环的稳定，最大限度地发挥森林生态系统的生态效益。

第10章 毛竹扩张与土壤微生物多样性

土壤微生物是土壤中数量最巨大的生命类型，种类繁多，通常每克土壤中有各种微生物数亿个。土壤微生物主要包括原核微生物（古菌、细菌、放线菌、黏细菌）、真核微生物（真菌、藻类和原生动物）以及无细胞结构的分子生物。在林地生态系统中，微生物分解有机质并将其转化为无机物，使之重新被植物利用，是分解者。同时，微生物又可将无机物合成为有机物，因而又是生产者。土壤微生物与植物在根际微环境中进行着复杂频繁的互作。土壤有益微生物通过其代谢活动，提高土壤中植物营养元素的有效性，改变了植物根系生理状态，最终促进了植物的定植、生长和发育。植物通过其根际分泌物影响着土壤微生物的群落结构和代谢活性。土壤微生物与植物是相互作用的，并且受到土壤、温度、水分等多种环境因素影响。深入研究植物、土壤微生物与环境的关系可为今后进行绿色农业、林业保护和环境保护等提供更有价值的信息。

毛竹通过遮阴作用、化感作用、养分竞争、凋落物抑制等竞争方式，不断地向邻近植物群落入侵，不同程度地影响了各类土壤微生物性质。同时土壤微生物作为毛竹林养分循环中的重要中介者，在毛竹林土壤有效养分循环的动态平衡中起着不可替代的作用。

10.1　土壤微生物分析方法

微生物平板培养方法是一种传统的实验方法。该方法主要使用不同营养成分的固体培养基对土壤中部分可培养的微生物进行分离培养，然后根据微生物的菌落形态及其菌落数来分析微生物的数量及其类型。由于缺乏对土壤微生物真正生存环境的认识，迄今为止只有1%的土壤微生物能够被培养。因此，该方法只能反映极少数微生物的信息，埋没了大量有应用价值的微生物资源。虽然平板培养方法存在一些缺陷，在土壤微生物群落多样性的研究中，需要结合现代生物技术来更详细地了解土壤微生物状况，但也不能忽视这种传统微生物培养方法的作用，这种方法对分离特定的目标微生物种群能取得不错的效果。因此，平板计数法被认为是监测特殊微生物群变化的有效方法之一（Oger et al.，2000）。

BIOLOG 系统是 Garland 和 Mills 于 1991 年建立起来的一套用于研究土壤微生物群落结构和功能多样性的方法（Garland and Mills，1991）。利用微生物对单一碳源底物的利用能力的差异，培养过程中接种菌悬液，其中部分孔中的营养物质被消耗，氧化反应指示剂四氮唑紫呈现不同程度的紫色，从而构成了该微生物的特定纹路，在与标准菌种的数据库比较之后，该菌株的分类地位便被确认出来。但 BIOLOG 反应只能粗略地揭示土壤微生物代谢底物的多样性（蔡燕飞和廖宗文，2002）。

早期研究发现，磷脂类化合物只存在于生物的细胞膜中，不同微生物的磷脂脂肪酸含量和组成均有不同程度差异，而且生物细胞死亡后，磷脂化合物就会马上消失。因此，磷脂脂肪酸分析十分适合于土壤微生物群落的动态监测（Kennedy and Gewin, 1997）。磷脂脂肪酸（phospholipid fatty acid，PLFA）、脂肪酸（fatty acid）和脂肪酸甲酯（fatty acid methyl ester，FAME）谱图分析方法等早已应用于对感染致病微生物以及人类和动物体内微生物卫生方面的研究。在土壤微生物应用方面，PLFA 法的优势是省去对土壤微生物进行培养的过程，这也避免了微生物选择性繁殖及其内部的拮抗或竞争作用。该法可以直接取土壤微生物群落的磷脂脂肪酸，而且可以表征数量上占优势的土壤微生物群落，针对不可培养的微生物同样适用。因此，该法可以更好地了解土壤微生物在不同水平上的多样性。但 PLFA 法也存在着不足之处，如需要特定仪器支持、机器操作繁琐和容易被植物根系干扰等。鉴于 PLFA 法优势，近些年来，磷脂脂肪酸分析方法逐渐被应用于土壤微生物多样性的研究中，并作为土壤微生物种群变化的监测指标。

限制性片段长度多态性（restriction fragment length polymorphism，RFLP）反映了 DNA 水平上的变异，任何 DNA 序列的改变（如插入、重排、缺失等）都会改变原有酶切位点所在位置，从而使两酶切点之间的 DNA 片段长度发生变化，这种变化经酶切、杂交放射自显影就会使 RFLP 带的特征有所改变，由此即可对生物的变异进行分析。由于 RFLP 技术具有快速、方便等优点，因此 RFLP 技术适用于复杂微生物系统中种类结构的研究。

1980 年，Torsvik 率先从土壤中提取了细菌 DNA，这为现代分子生物技术在土壤微生物群落功能评价和方法研究上的应用提供了途径（Smalla et al., 2001；王岳坤和洪葵，2005）。土壤微生物在基因水平上的多样性可以通过微生物中 DNA 组成的复杂性表现出来。这种方法首先要从土壤微生物中有效提取 DNA 或 RNA，经过纯化后结合 PCR 扩增、克隆等分子生物技术进行分析。DNA 可以从土壤中直接提取，也可以先从土壤中提取出微生物细胞，然后从这些细胞中进一步提取 DNA。DNA 提取后，通过 PCR 扩增，再通过分子指纹技术，能够快速地对微生物群落结构进行比较和监测等分析。李顺鹏等（2004）曾在研究中详细介绍了该过程。PCR 核酸技术能够避免传统培养方法造成的大量信息丢失，分析结果更为全面和客观，更精确地揭示土壤微生物种类和遗传多样性，并且从原理上揭示土壤中微生物的种群结构。但是，该方法也存在一定不确定性。首先，由于微生物细胞的组成以及细胞在土壤复合体中存在位置的差异，而使土壤中各种微生物细胞的溶解效率不同，导致不同类型微生物之间 DNA 提取效率不同。其次，土壤含有大量影响分析的杂质，因而容易造成结果偏差。在土壤中占非主导地位、含量较低的微生物种群，经过提取得到的 DNA 也相对很少，往往不够后续表达分析，因而这类微生物种群容易在结果中被忽视。再次，在扩增上存在偏差，因为引物对不同样品的扩增效率不同，导致 PCR 的效率不同，因此微生物群落的某些组成相对于其他组成极有可能更容易被扩增。

10.2 毛竹扩张对土壤微生物数量的影响

毛竹具有较高的生物碳储量和地上净初级生产力，是重要的碳汇林。由于生长速度快、繁殖及扩鞭能力强，极易向周边林扩张并逐渐形成毛竹纯林。土壤微生物作为分解者参与多种生化反应过程，是土壤生态系统中最活跃的生态因子之一。微生物生长所需的养分和能量由土壤提供，毛竹入侵后土壤性质的变化，将通过改变土壤环境影响土壤微生物的群落特征导致微生物数量的变化。Xu 等（2014）发现毛竹入侵天然针阔叶林后，土壤微生物生物量发生显著变化，生物群落结构也发生改变。其中土壤总微生物量、细菌所占的相对百分比显著上升，但真菌的相对百分比下降，放线菌则没有显著变化。李永春等（2016）调查毛竹入侵阔叶林时，同样发现真菌数量显著降低。Chang 和 Chiu（2015）研究发现毛竹入侵柳杉林后革兰氏阳性菌和阴性菌的数量显著下降，其他的土壤真菌、丛枝菌根真菌和放线菌则没有明显变化。

10.2.1 毛竹扩张对土壤微生物总量的影响

磷脂脂肪酸（PLFA）总量可以被用来作为土壤微生物生物量的一个指标。土壤中磷脂脂肪酸的组成可以反映土壤微生物群落结构和组成，进而了解土壤微生物种类。有研究表明，毛竹林海拔的高低影响土壤微生物活动和土壤微生物量以及酶的活性，细菌与真菌群落结构也发生相关变化（Chang et al.，2016）。刘喜帅（2018）选取庐山地区典型毛竹入侵地带为试验样地，沿毛竹扩张方向依次设置毛竹纯林、竹针混交林和针叶纯林样地，通过对不同毛竹林分土壤进行磷脂脂肪酸种类分析，检测出可被命名种类 60 余种。数据结果表明，土壤微生物 PLFA 生物标记种类数依次为针叶林＞混交林＞毛竹林。PLFA 总量显示了土壤微生物群落中微生物细胞磷脂含量，其与微生物含量存在相对稳定的关系，可以反映土壤微生物量的多少。毛竹林土壤微生物 PLFA 总量最低，混交林最高（表 10-1）（刘喜帅，2018）。

表 10-1　不同扩张林分土壤微生物磷脂脂肪酸分析（刘喜帅，2018）

指标	毛竹林	竹针混交林	针叶纯林
PLFA 类型数	35.67±2.18	36.67±3.21	37.83±2.99
PLFA 总量/(ng·g⁻¹)	2936.75±421.68	3900.60±677.71	2575.3±13554

10.2.2　毛竹扩张对土壤细菌和真菌数量的影响

土壤微生物的种类繁多，功能多样，数量庞大。真菌和细菌在土壤有机质的分解过程中扮演着十分重要的角色。不同的生境中，有机质被分解的难易程度不同。相比真菌，细菌对土壤有机质的降解更快，更利于养分的转化与供应，而真菌更有利于有机质的存储，转化能量则较慢。革兰氏阴性菌（G–）主要含有羟基、单烯和环丙烷脂肪酸，而革兰氏阳性菌（G+）主要含有支链脂肪酸（Zelles，1999；钟文辉和蔡祖聪，2004；吴愉萍，2009）。

革兰氏阴性菌、革兰氏阳性菌和细菌三类的磷脂脂肪酸含量显著高于其他几类，占所测全量比值分别为针叶林 86.39%、混交林 87.08%和毛竹林 85.99%。而真菌磷脂脂肪酸含量在针叶林、混交林和毛竹林中分别占 7.05%、7.61%和 8.48%，毛竹林＞混交林＞针叶林，但差异不显著（表 10-2）（刘喜帅，2018）。

表 10-2　毛竹入侵对土壤微生物不同种群磷脂脂肪酸含量的影响（刘喜帅，2018）

指标	针叶林	竹针混交林	毛竹林
革兰氏阴性菌/(ng·g⁻¹)	2775.22±446.54	3718.94±756.44	2462.36±147.77
革兰氏阳性菌/(ng·g⁻¹)	2594.34±321.55	3606.73±521.28	2289.73±70.28
细菌/(ng·g⁻¹)	2258.39±285.55	2855.16±431.25	1905.42±104.20
真菌/(ng·g⁻¹)	622.70±97.24	890.20±177.69	656.70±59.25
G+：G–	0.96±0.05	1.00±0.08	0.95±0.04
细菌：真菌	3.72±0.21	3.29±0.21	2.99±0.12

刘喜帅（2018）将土壤微生物中的细菌和真菌作为土壤养分循环的一个指标，反映土壤食物网的结构和功能对不同土壤条件的响应。针叶林细菌真菌比率高于混交林和毛竹林，而 3 种林分革兰氏阳性菌与革兰氏阴性菌比率并无明显差异。说明在 3 种林分中革兰氏阳性菌与革兰氏阴性菌种群结构相对稳定，受植被类型的影响较小。以上数据可以得出毛竹入侵庐山地区后，不同类型的土壤微生物磷脂脂肪酸（PLFA）总含量及种群数无显著差异，其中只有革兰氏阳性菌磷脂脂肪酸含量出现显著变化。真菌、细菌、革兰氏阳性菌、革兰氏阴性菌、放线菌依旧是土壤中主要的优势菌种群。孙棣棣（2010）于临安市天目山国家级自然保护区

设置样地探究毛竹入侵天然林后土壤微生物群落结构演变规律。沿毛竹扩张方向依次设置 20m×20m 的样地，选择纯毛竹林、竹阔混交林、常绿阔叶林 3 个样带并采集土样进行相关分析。毛竹入侵阔叶林后，阔叶林细菌的 PLFA（46.03nmol·g^{-1}）和毛阔混交林地的 PLFA（70.17nmol·g^{-1}）比较，上升了 52.4%，而阔叶林全部被毛竹（109.79nmol·g^{-1}）替代后上升 138.5%（表 10-3）。真菌和放线菌的 PLFA 的总量也在变大，但是其群落结构没有明显变化，土壤微生物磷脂脂肪酸总量呈上升趋势。

表 10-3 毛竹入侵阔叶林土壤各类微生物 PLFA 响应（孙棣棣，2010）

群落类型	细菌/(nmol·g^{-1})	真菌/(nmol·g^{-1})	放线菌/(nmol·g^{-1})
毛竹林	109.788	11.255	16.389
竹阔混交林	70.167	7.039	10.737
阔叶林	46.033	6.037	6.730

10.2.3 毛竹扩张对丛枝菌根真菌生物量的影响

丛枝菌根真菌（AMF）是土壤共生真菌中分布最广泛的一类真菌，能够将植物光合作用产物的碳转运到土壤中，对土壤碳汇有重要作用。除此之外，AMF 还有稳定生态系统、增加生物多样性和提高生态系统生产力等功能。AMF 生物量主要由菌丝体和孢子构成。可以采用 PLFA 及高通量测序技术，研究毛竹入侵针阔叶林土壤 AMF 群落的演变趋势及其影响因素，分析得到 AMF 生物量变化及其对土壤碳汇的影响。牛利敏（2017）实验得出 AMF 的孢子密度（spore density）分别为混交林（177.4±69.7）孢子·g^{-1}、毛竹林（163.4±30.79）孢子·g^{-1}、阔叶林（63.44±24.00）孢子·g^{-1}。毛竹入侵阔叶林后，毛竹林土壤 AMF 孢子密度显著高于阔叶林（$p<0.05$）。同样土壤 AMF 生物量（16/1ω5NLFA）的结果依然是在毛竹林和混交林中显著高于阔叶林（牛利敏，2017）。

10.3 毛竹扩张对土壤微生物多样性的影响

土壤微生物多样性是指土壤生态系统中所有的微生物种类、它们拥有的基因以及这些微生物与环境之间相互作用的多样化程度及生命体在遗传、种类和生态系统层次上的变化。土壤微生物多样性包括微生物类型多样性、遗传多样性以及生态多样性。

地上植物可通过根系分泌物及凋落物等方式向土壤提供养分，毛竹入侵改变了地上植被多样性，从而改变了土壤环境，影响土壤微生物的多样性。Yang

等（2000）研究表明，土壤有机碳与土壤微生物功能多样性存在显著相关性，土壤有机碳含量对维持微生物多样性有不可代替的作用。Staddon 等（1998）在加拿大西部不同气候带分别进行了土壤微生物多样性与土壤 pH 相关性研究，结果呈正相关且随纬度增加而降低。吴家森等（2008）对天目山毛竹扩张的研究表明，毛竹扩张对林地表层土壤的基本理化性质产生了影响，随着毛竹的扩张，土壤 pH 和全氮含量变化不大，水解氮的含量增加了 11.9%，而有效磷和速效钾的含量分别下降了 21.7% 和 29.4%，相关变化可能会显著影响土壤和微生物多样性。在森林生态系统中，微生物结构相对简单，容易受土壤环境条件的影响而发生变异，产生快速而敏感的应答反应。Xu 等（2014）研究表明，毛竹入侵显著影响土壤微生物的群落结构，微生物总量和多样性有不同程度增加。对于各类型微生物多样性的研究也同样不少。对于细菌的多样性变化，王奇赞等（2009）开展了天目山毛竹入侵阔叶林土壤细菌群落变化研究，发现自然保护区内土壤中的细菌群落结构和多样性均未受到显著影响，不同林分下的土壤细菌有各自的特征种，但优势种有所不同。在真菌多样性方面，李永春等（2016）研究表明天目山自然保护区内毛竹入侵阔叶林导致土壤真菌群落结构及多样性发生显著变化。

10.3.1　毛竹扩张对土壤细菌和真菌多样性的影响

毛竹入侵，改变了原有微生物群落特征，也改变了原生阔叶林地的养分循环。土壤微生物优势种在毛竹入侵后也有可能发生变化。陈志豪（2018）的研究结果显示，武夷山的 T-RFLP 图谱表明毛竹林入侵后，细菌和真菌群落组分发生显著变化，说明毛竹入侵阔叶林改变了微生物菌群落组分。

丰富度（Shannon）指数表示微生物群落物种丰富度，优势度（Simpson）指数表征优势物种，均匀度（evenness）指数表征物种均一性。通过计算分类单位（operational taxonomic units，OTU）的种类、数量和丰度，得到不同林分土壤细菌多样性指数图。毛竹入侵阔叶林，土壤细菌丰富度、均匀度指数分别显著升高，而优势度指数则显著降低。而毛竹入侵阔叶林后土壤真菌丰富度、优势度、均匀度指数均无显著差异（陈志豪，2018）。

10.3.2　毛竹扩张对土壤丛枝菌根真菌群落多样性的影响

毛竹入侵日本柳杉后，凋落物的组成发生改变，土壤理化性质也发生变化。毛竹叶子分解速率快于日本柳杉的凋落物分解，进而影响物质输入和土壤有机质含量。有机质含量往往与阳离子交换量有密切关系，其变化将进一步改变土壤 pH。生境变化引起 AMF 群落组成的变化。毛竹林地的土壤微生物中 AMF 较为丰富，毛竹向日本柳杉扩张过程中，AMF 的丰富度和群落多样性均有显著提高（邹贵武，2017）。然而 AMF 群落多样性对天目山国家级自然保护区阔叶林的毛竹入侵的响应与上述结果不同。天目山毛竹林土壤 AMF 谱系多样性和 OTU 数目低于混交林和阔叶林，但是总体上混交林 AMF 群落多样性明显高于毛竹林和阔叶林，毛竹林与阔叶林多样性则没有显著区别（图 10-1）（牛利敏，2017）。牛利敏（2017）研究表明，AMF 的 OTU 数目和丰富度指数与土壤 pH 显著负相关，表明土壤 pH 升高可能会使 AMF 物种丰富度降低。

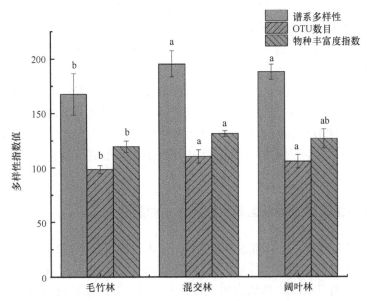

图 10-1　不同森林类型土壤 AMF 群落多样性（牛利敏，2017）

相同字母代表不同林分间差异不显著

10.3.3　毛竹扩张对阔叶林土壤固碳菌群落多样性的影响

自养微生物固定 CO_2 是生物固碳力量不可或缺的一部分，所以研究自养微生物的固碳能力具有现实意义。毛竹入侵改变地上森林植被类型，由于植物凋落物和分泌物特征的差异，将直接影响到土壤特性，从而影响固碳功能细菌群落结构和丰度的变异。根据 T-RFLP 图谱中 OTU 的数量、种类和丰度，梁雪（2017）分别计算了三种林分土壤样品的固碳功能菌多样性指数（表 10-4）。丰富度指数、优势度指数和均匀度指数分别从微生物群落物种丰富度、常见物种和物种均匀性 3 个方面反映了微生物群落功能多样性。

进山门实验点毛竹入侵造成均匀度指数显著增加，而优势度指数则显著降低（表 10-4），结果与上述土壤 AMF 群落多样性具有相似性（梁雪，2017），与方韬

（2021）的研究成果一致。毛竹林土壤真菌群落多样性低于阔叶林，原因在于毛竹入侵以后，地上植物多样性降低导致了真菌群落多样性减少。

表 10-4　天目山进山门不同林分土壤固碳菌群落多样性指数（梁雪，2017）

群落类型	丰富度指数	均匀度指数	优势度指数
毛竹林	1.89±0.06a	5.91±0.46a	0.17±0.01b
竹阔混交林	1.82±0.05a	4.47±0.35ab	0.22±0.02ab
阔叶林	1.83±0.06a	4.14±0.44b	0.24±0.02a

注：同列相同小写字母表示不同林分的显著不差异。

10.4　毛竹扩张林生态系统演替与土壤微生物群落响应

土壤微生物是森林生态系统的重要组成部分，在土壤有机质的矿化和碳氮循环过程中具有十分重要的作用（Falkowski et al.，2008；何容等，2009；Douterelo et al.，2010；戴雅婷等，2017；靳新影等，2020）。土壤细菌和真菌是微生物群落的重要组成部分，它们在能量转化和物质循环过程中具有重要意义（Rousk et al.，2009；Zhang et al.，2019）。在生态系统中，细菌和真菌是土壤养分循环的主要驱动因素，但也存在一些非生物因素（Siles et al.，2017）。不同的环境条件对土壤真菌和细菌的丰度和多样性有一定的影响（Fox and Macdonald，2003）。因此，不同环境的变化和植被的变化均可改变微生物群落结构和功能（Burton et al.，2010；Lin et al.，2014）。地上植被的变化会引起地下群落结构组成和植物根系分泌物、凋落物数量、质量的变化以及土壤有效性的变化。因此，土壤微生物群落结构组成对植被变化的响应已成为生态领域的研究热点（Li et al.，2020）。

在全球气候背景下，生物入侵对森林生态系统的稳定性造成极大影响（Bradley et al.，2010）。在一些生物和非生物因素作用下，使入侵植物具有很快的适应性和生长优势（Zou et al.，2007）。外来植物引入新的环境中，经驯化、定植和不断扩散，与本地物种形成竞争，打破了原来的生态平衡（Yang et al.，2013；Xiao et al.，2016），造成环境恶化，生物多样性降低等一系列现象（牛红榜，2007）。因此，生物入侵也会引起植物群落的结构和多样性的变化。

毛竹扩张是指毛竹在当地大量快速生长繁殖，而且由于自身根茎的特殊性，不断向周边森林蔓延，不断挤压土著植物的正常生长，并且最终替代当地土著植物的过程，严重影响当地的生物多样性、生态系统的平衡和农林牧渔业的正常发展（李星和金荷仙，2013）。毛竹扩张改变了林地植被的组成，地上植被物种的变化进而引起地下土壤环境的系列变化；而土壤作为微生物栖息的场所，土壤环境的变化都会引起微生物能量代谢和生长繁殖的正常进行，从而可能引起微生物群落多样性、结构和丰度等的变化。毛竹扩张非常严峻,在我国亚热带地区均存在大量的毛竹扩张现象。而在江西庐山自然保护区高海拔地区有大量的毛竹林向日本柳杉林扩张,使大量的日本柳杉纯林演变为日本柳杉和毛竹混交林,甚至毛竹纯林,对自然保护区生态系统平衡造成严重的危害,同时也阻碍日本柳杉林产业的发展(刘喜帅,2018;周燕,2018)。

毛竹扩张对土壤微生物群落结构产生很大的影响。Lin 等(2014)研究发现毛竹向杉木林扩张时,土壤细菌多样性随着毛竹的不断扩张呈现上升趋势。Xu 等(2015)研究发现,随着毛竹向阔叶林扩张,土壤总微生物量和细菌相对数量显著上升,而土壤真菌的相对数量呈下降趋势。Chang 和 Chiu(2015)研究发现毛竹向柳杉林扩张后毛竹林地土壤微生物碳含量、革兰氏阳性菌和革兰氏阴性菌显著下降,微生物量氮显著增加,土壤真菌和放线菌没有显著变化。李永春等(2016)发现毛竹向阔叶林扩张后,土壤真菌数量显著降低。王奇赞等(2009)通过土壤微生物测定发现,毛竹向阔叶林扩张,土壤细菌多样性和群落结构均没有显著变化。

江西庐山自然保护区海拔 800m 以上的地区有大量毛竹林向日本柳杉林扩张。本团队率先对日本柳杉纯林、日本柳杉和毛竹混交林与毛竹纯林的土壤、凋落物和细根理化性质进行研究。毛竹向日本柳杉林扩张过程中土壤养分和凋落物养分含量发生明显的变化(表 10-5)。土壤和凋落物理化性质和养分循环的变化主要由植被类型的转变造成(Jiang et al.,2010)。因此,毛竹扩张会打破原来的生态平衡,导致土壤碳氮循环的变化、生物多样性改变、土壤微生物群落的变化等。

表 10-5 毛竹扩张区域土壤、凋落物和细根理化性质(李超,2019;方海富,2021;Pan et al.,2022)

指标	日本柳杉	混交林	毛竹
土壤有机碳/(g·kg^{-1})	72.73±4.50A	55.38±4.99B	55.77±1.88B
土壤全氮/(g·kg^{-1})	3.03±0.25A	2.80±0.16AB	2.64±0.20B
土壤铵态氮/(mg·kg^{-1})	9.75±1.87B	14.39±1.74A	17.04±2.99A
土壤硝态氮/(mg·kg^{-1})	5.58±0.82B	8.65±1.08A	5.70±1.18B
可溶性有机碳/(mg·kg^{-1})	382.0±20.40A	236.5±19.90B	373.6±12.00A
土壤 pH	4.05±0.14B	4.88±0.14A	4.78±0.10A
凋落物有机碳/(g·kg^{-1})	510.47±11.27A	—	399.70±7.68B
凋落物全氮/(g·kg^{-1})	14.56±0.42A	—	15.47±0.32A
细根有机碳/(g·kg^{-1})	461.54±10.37B	—	508.67±3.15A
细根全氮/(g·kg^{-1})	12.47±0.21A	—	9.58±0.37B

注:表中数据为平均值±标准误,下同。同行相同字母代表不同林分之间差异不显著。"—"表示无数据。

本团队通过对 4 种林分类型:日本柳杉纯林、混交林 1(70%日本柳杉+30%毛竹)、混交林 2(40%日本柳杉+60%毛竹)和毛竹纯林土壤微生物进行高通量测序,结果表明,土壤细菌 OTU 数量在门和科水平上差异不显著,在目、科和属水平上均存在显著差异（表 10-5）。在目、科和属水平上，随着毛竹向日本柳杉林扩张，土壤细菌 OTU 数量有明显增长的趋势。4 种林分类型在土壤细菌 α 多样性指数和物种丰度方面均有不同的变化（表 10-6、表 10-7）。随着毛竹林的不断扩张，土壤细菌群落 α 多样性、Simpson（辛普森）指数（表 10-7）和 3 个细菌门之间出现极显著差异，而日本柳杉纯林和混交林 1 显著高于毛竹纯林和混交林 2（表 10-8）。土壤细菌群落 α 多样性（Chao 1，observed species，Shannon-Wiener，Pielou，goods coverage）指数虽有不同的变化趋势，但是差异不显著。土壤细菌是土壤变化的敏感指标（雍太文等，2012）。Lin 等（2014）通过毛竹向杉木林扩张发现，随着毛竹的不断扩张，物种丰度和多样性有显著降低的趋势，这与本团队的研究结果相吻合。该结果可能是由于毛竹扩张导致植物多样性显著降低，植物间的竞争作用减弱，根际分泌物和群落生产力下降等导致细菌群落结构发生明显的变化，也可能是因为毛竹叶片产生化感物质而导致细菌群落结构多样性降低（Laughlin and Stevens，2002；Fang et al.，2022b）。

表 10-6　不同森林类型对土壤细菌 OTU 数量的影响（方海富，2021）

林分	门	纲	目	科	属
日本柳杉	19.00±0.58A	136.67±2.60A	674.00±27.30A	575.00±32.23C	3139.00±33.15A
混交林 1	17.67±3.84A	118.67±9.87A	737.00±81.00A	648.67±47.21BC	3038.33±257.86A
混交林 2	19.67±2.60A	129.33±5.84A	434.33±37.78B	814.33±57.81A	2522.33±88.27B
毛竹	18.67±3.28A	125.67±2.33A	641.67±18.81A	723.67±35.80AB	2545.00±72.86B

注：同列相同大写字母表示在不同林分之间差异不显著，下同。

表 10-7　不同森林类型对土壤细菌 α 多样性指数的影响（方海富，2021）

林分	Chao1 指数	observed species 指数	goods coverage 指数	Pielou 指数	Shannon-Wiener 指数	辛普森指数
日本柳杉	5472.56±181.50A	4782.10±79.43A	0.96±0.003A	0.90±0.001A	11.01±0.019A	0.998819±0.001A
混交林 1	5611.31±617.85A	4796.87±407.35A	0.96±0.007A	0.90±0.001A	11.01±0.019A	0.998809±0.001A
混交林 2	4492.47±295.02A	4128.53±180.46A	0.97±0.004A	0.90±0.001A	11.01±0.019A	0.998296±0.001C
毛竹	5472.50±181.50A	4307.23±104.75A	0.970.002A	0.90±0.001A	10.89±0.037A	0.998473±0.001B

表 10-8　在门水平上不同林分类型对土壤细菌物种丰度的影响（方海富，2021）

林分	放线菌门	绿弯菌门	变形菌门	疣微菌门	酸杆菌门	拟杆菌门	芽单胞菌门
日本柳杉	0.07±0.006C	0.09±0.009A	0.32±0.012C	0.018±0.001C	0.42±0.005A	0.002±0.001C	0.011±0.0008A
混交林 1	0.10±0.001A	0.09±0.004A	0.33±0.007C	0.013±0.001C	0.40±0.007A	0.002±0.001C	0.012±0.0001A
混交林 2	0.08±0.002BC	0.04±0.002B	0.50±0.007A	0.067±0.010A	0.23±0.009C	0.009±0.006A	0.007±0.0005B
毛竹	0.08±0.002B	0.03±0.002B	0.43±0.004B	0.046±0.006B	0.35±0.015B	0.006±0.001B	0.006±0.0002B

　　4 种林分类型的土壤真菌群落结构有不同的变化。随着毛竹林的不断扩张，土壤真菌 OTU 数量在门、纲、目、科、属 5 个水平上均呈显著增长的趋势（表 10-9）。

随着毛竹林的不断扩张，土壤真菌 α 多样性（Chao1 和 Shannon-Wiener）指数有明显降低的趋势，observed species、goods coverage、Pielou 指数和辛普森指数无显著差异（表 10-10）。随着毛竹林的扩张，土壤真菌担子菌亚门（Basidiomycota）和毛霉亚门（Mucoromycota）丰度有显著增加的趋势（表 10-11）。因此，毛竹的扩张显著增加土壤真菌多样性结构，导致土壤病原体和共养微生物类群数量的增加，改变土壤真菌群落组成结构和酶活性（Lejon et al.，2005；Fang et al.，2022b）。

表 10-9　不同森林类型对土壤真菌 OTU 数量的影响（方海富，2021）

林分	门	纲	目	科	属
日本柳杉	19.33±2.19B	23.33±1.33B	20.67±1.20B	9.00±1.15C	78.00±1.53B
混交林 1	30.33±0.33AB	26.67±4.06B	23.67±3.84B	16.00±2.00BC	107.67±7.69A
混交林 2	41.67±4.41A	52.00±1.73A	46.00±3.06A	24.00±2.00AB	115.33±9.35A
毛竹	31.00±2.65A	41.33±1.45A	53.33±0.67A	27.33±3.48A	103.33±1.45A

表 10-10　不同森林类型对土壤真菌 α 多样性指数的影响（方海富，2021）

林分	Chao1 指数	observed species 指数	goods coverage 指数	Pielou 指数	Shannon-Wiener 指数	辛普森指数
日本柳杉	341.25±7.60B	338.90±7.27C	0.99±0.001A	0.90±0.001A	5.19±0.14B	0.93±0.006A
混交林 1	461.62±38.22AB	458.80±37.18B	0.99±0.001A	0.90±0.001A	5.89±0.22AB	0.95±0.012A
混交林 2	623.26±64.31A	605.07±49.25A	0.99±0.001A	0.90±0.001A	5.91±0.13AB	0.95±0.009A
毛竹	565.49±6.46A	561.83±6.17A	0.97±0.002A	0.99±0.001A	6.30±0.15A	0.96±0.006A

表 10-11　在门水平上不同森林类型对土壤真菌物种丰度的影响（方海富，2021）

林分	子囊菌门	担子菌亚门	被孢霉门	毛霉亚门
日本柳杉	0.66±0.03A	0.13±0.05AB	0.02±0.002BC	0.0005±0.0001B
混交林 1	0.67±0.03A	0.09±0.02B	0.01±0.001C	0.0002±0.0001B
混交林 2	0.27±0.05B	0.20±0.02AB	0.04±0.003A	0.0005±0.0001B
毛竹	0.33±0.02B	0.25±0.05A	0.03±0.012B	0.0015±0.0001A

随着时间推移，植被演替对土壤微生物群落结构变化具有至关重要的作用（Grayston and Campbell，1996；方韬等，2021）。这主要与植被凋落物和根系分泌物以及相关土壤底物浓度有关，相关因子均可改变土壤微生物活性和群落结构组成（Singh et al.，2004；Rousk et al.，2009）。

第 11 章　毛竹扩张与生态系统生物多样性

11.1　毛竹扩张林植物生长响应

毛竹是我国特有的乔木状散生竹种，广泛分布于亚热带地区，其株高可达20m，胸径可达20cm，具有生长繁殖速度快、适应改造能力强的特点（耿伯介和王正平，1996）。毛竹作为南方重要的经济竹种，在我国林农增收、竹产业经济发展中起着重要的作用。目前我国毛竹林地面积已达400多万公顷，且呈持续增长的趋势。毛竹作为一种拓展型克隆植物，有较高的形态可塑性以及诸多相应生长策略的灵活性，向周围森林生态系统扩展的能力较强（施建敏等，2014）。毛竹依仗强大的地下竹鞭系统，极易入侵邻近的植物群落进而不断纯林化，严重危害周围原有植被。在入侵过程中，毛竹利用自身生长优势快速发展，并造成如群落结构破坏（Okutomi et al.，1996）、生物多样性丧失（白尚斌等，2013a；林倩倩等，2014）等诸多严峻后果。毛竹扩张的过程中毛竹种群会通过掠夺林地养分和水分、分泌化学物质、争取更充足的光照等方式影响原生地植物的生存能力，对植物正常生长造成一定的威胁（童冉等，2019）。此外，毛竹向邻近生态系统扩张的过程中，林地土壤的理化性质会发生改变（童冉等，2019）、林地土壤的微生物优势种群也可能随之消失（田甜，2011），这些变化在一定程度上会影响到植被的正常生长（欧阳明，2015）。

11.1.1　毛竹扩张林光照对植物生长的影响

植物正常的生长发育受温度、光照、水分、土壤养分等多方面因素的影响。毛竹扩张会破坏原生态系统的平衡，并改变林地内的光照条件、土壤理化性质，从而影响林地植被的生长发育。

光照是植物生长发育的基本环境因素。一方面，光通过代谢作用影响植物生长，以及通过抑制细胞伸长、促进细胞分化对植物的器官分化和形态建成产生直接影响。光影响植物的器官分化、形态建成、光合作用等，是植物生长发育的重要调节因子。植物能够察觉生长环境中光质、光强、光照时间长短和方向的微妙变化，并随之调整自身的生理活动和形态结构（许大全等，2015）。毛竹在扩张过程中利用地下竹鞭快速繁殖，并在2~3个月内发笋成林，使得林分郁闭度在短时间内大大提升（Lima et al.，2012）。林地内光照骤降导致部分植物缺少足够的光照而饥饿死亡（杨清培等，2015；Suzaki and Nakatatsubo，2001）。光照环境的变化对阳性植物，如拟赤杨、金钱松等的影响则最为深远，这使得它们在与毛竹竞争中非常容易处于劣势，甚至威胁到它们的生存（杨清培等，2015）。此外，随着扩张加剧，毛竹比例不断提高，相对光强（竹冠下光强/竹冠上的光强）的下降增快，这导致林下幼苗、幼树的死亡率增加，植被的更新受到阻碍（杨清培等，2015；Caccia et al.，2009）。

11.1.2 毛竹扩张林土壤氮素对植物生长的影响

氮素不仅是植物生长发育所必需的大量营养元素（Raven et al.，2004），而且是植物体内蛋白质、核酸、酶、叶绿素以及许多内源激素或其前提的组成部分（张福锁，1993）。在植物生长发育过程中氮素的需求量一般高于其他大量营养元素（Cruz et al.，2003）。除了部分植物通过固氮微生物固定大气中的 N_2 作为氮源，大多数植物主要通过根系吸收和利用土壤中有机态和无机态的氮素（邢瑶和马兴华，2015）。植物吸收的氮素主要是硝态氮（NO_3^--N）和铵态氮（NH_4^+-N），其次是尿素和氨基酸等（邢瑶和马兴华，2015）。一般而言，外来植物入侵会造成原生态系统土壤氮素循环过程发生变化，或者对氮输入更为敏感，进而实现成功入侵（邓邦良等，2017；郑翔等，2018；方海富等，2021）。陆建忠等（2005）研究指出，加拿大一枝黄花能够促进土壤氨化速率和矿化速率，加拿大一枝黄花入侵后土壤富铵态氮的条件更加有利于其生长。相应地，土壤中无机氮含量也会发生改变。例如，在美国加利福尼亚州外来植物草裂稃燕麦入侵后土壤 NO_3^--N 含量增加，土壤总无机氮含量增加（Parker and Schimel，2010）。物种入侵会造成生态系统内的植被组成发生改变，植被变化又会影响土壤矿化过程，使得土壤内养分平衡被破坏，并逐渐趋向于一个新的养分平衡。

人们按照植物对两种氮源的喜好程度分为喜铵植物和喜硝植物，毛竹则是典型的喜铵植物。宋庆妮等（2013）研究指出，毛竹在向常绿阔叶林入侵过程中全年都以吸收土壤中 NH_4^+-N 为主。毛竹扩张会造成原林地的氮素循环过程发生变化。Song 等（2016）在研究毛竹入侵过程中发现毛竹入侵会改变凋落物 C/N 值并降低凋落物的产量和质量，导致土壤矿化速率降低，土壤氮素周转速率降低。此外，研究也指出毛竹向常绿阔叶林扩张会增强土壤氮素氨化作用、减弱硝化作用，这造成被入侵林地土壤中 NH_4^+-N 含量增加，而 NO_3^--N 含量明显减少（宋庆妮等，2013）。刘喜帅（2018）研究发现毛竹向针叶林扩张后，毛针混交林和毛竹林土壤铵态氮含量显著高于针叶林。显然，毛竹扩张改变了林分对氮素形态的吸收比例。研究表明，较多的 NH_4^+ 会导致根系植被根冠比变小、根系变短、侧根减少、颜色加深，甚至会导致根系活力下降，进而影响植株根系吸收水分的状况以及其他相关生理代谢功能，最终妨碍植株的正常生长发育（樊明寿等，2005；严君等，2010）。此外，常绿阔叶林的正常生长需要大量的 NO_3^--N 供应，毛竹扩张所导致的土壤氮素变化则严重削弱了林木的竞争力（童冉等，2019）。由此可见毛竹对铵态氮的偏向性不仅妨碍了林地内喜硝植物的正常生长，而且也提高了毛竹入侵成功的概率，与入侵植物的氮素利用机制类似（郑翔等，2018；方海富等，2021）。

11.1.3　毛竹扩张对不同林分植物生长的影响

常绿阔叶林是亚热带地区的地带性植被，具有生物资源丰富、群落结构较复杂和生产力高等特征（包维楷等，2000；宋永昌等，2005）。常绿阔叶林生长的适宜生境与毛竹林较为相似（吴征镒，1980）。常绿阔叶林生态系统有着极强的稳定性，但是在受到干扰的情况下容易被生物入侵。毛竹向常绿阔叶林扩张是我国常有的生态现象。Okutomi 等（1996）分析毛竹入侵阔叶林的原因时，发现毛竹竹秆能够轻易对邻近生态系统中的阔叶树造成机械损害。毛竹各器官潜在的化感作用也可能使林木种子萌发困难，根系难以伸长（白尚斌等，2013b）。林倩倩等（2014）研究表明，毛竹扩张造成了常绿阔叶林、针叶林、针阔混交林等森林类型树种立木数的降低。

杉木是我国南方主要的速生用材树种（陈龙池等，2004），也是我国重要的经济林木。刘烁等（2011）发现毛竹入侵会使杉木林逐渐退化，林分中光照强度增强，而杉木幼苗喜阴的特性，在一定程度上会造成杉木幼苗更新受阻。陈珺等（2021）的研究发现，毛竹杉木混交林中杉木的树高与胸径均低于杉木纯林，而去除毛竹一年后杉木树高和胸径略大于混交林。一方面，毛竹向杉木林的扩张破坏了原来杉木林分稳定的生长状态（陈珺等，2021）。另一方面，毛竹群落利用其超强的扩鞭能力快速生长、不断侵占杉木林地，这导致了毛竹与杉木对土壤养分、水分等资源的竞争变得更加激烈。毛竹通过克隆整合（史纪明等，2013）、改变林地土壤理化性质等策略，争夺杉木的养分，抑制杉木幼苗生长，从而在竞争中占据显著优势。

11.2　毛竹扩张对生物多样性的影响

11.2.1　森林生态系统生物多样性

生物多样性最初由 Fisher 等（1943）在研究昆虫物种多度时提出，随着研究的深入，其概念和内涵也在不断发展。生物多样性可分为 4 个层次进行讨论：物种多样性、遗传多样性、景观多样性和生态系统多样性（葛宝明等，2012）。物种多样性是 4 个层次中最明显、最容易测定和研究最多的，是生态学研究的热点课题。物种多样性是生物多样性在物种水平上的具体表现形式，是生物多样性研究的核心内容之一（蒋有绪，2000）。物种多样性主要包括两个方面：①一定区域内物种多样性的总和，主要是从分类学、系统学和生物地理学角度对一个区域内物种的状况进行研究，也可称为区域物种多样性；②生态学方面物种分布的均匀度，常常是在群落组织水平上进行研究，也称为群落多样性或生态多样性（蒋志刚等，1997）。物种多样性的研究既是遗传多样性研究的基础，又是生态系统多样性研究的重要方面。大部分研究都是通过物种丰富度、均匀度、生态优势度和多样性等指数共同说明群落物种多样性（王永健等，2006）。根据取样尺度的不同，物种多样性的计算方法分成 α 多样性、β 多样性和 γ 多样性。α 多样性指的是局域尺度上的群落内多样性（within-community diversity），受到区域物种库、种间竞争、环境条件和环境承载量等多方面的影响，通常指群落和生境内部的物种多样性（马克平，1994）。β 多样性指的是群落之间物种组成的相异性，即群落间多样性（between-community diversity），受环境异质性和扩散限制的影响（马克平等，1995）。β 多样性的生态意义在于可以指示生境被物种分隔的程度，可比较不同地段的生境多样性（郑世群，2013）。γ 多样性指的是地理区域（如一个岛屿）尺度上的多样性（regional diversity），主要受到历史和生态过程的影响。α 多样性是生物多样性研究的重点内容，揭示了物种随环境因子的变化规律（马克平，1994），包含的内容有 3 个，包括物种均匀度指数、物种丰富度指数以及物种多样性指数（郭华等，2015）。不同的内容会使用相应的测度指数来表示多样性的大小，目前常用的 α 多样性测度包含 Simpson 指数、Pielou 指数、Margalef 丰富度指数、Shannon-Wiener 指数等。Simpson 指数和 Pielou 指数侧重于评价物种分布均匀度，Simpson 指数数值越小说明物种分布越均匀，相反 Pielou 指数越大表明均匀度越好。Margalef 指数、Shannon-Wiener 指数主要用来评价物种的多度，指数越高说明群落物种多样性越丰富。

生物多样性研究手段主要是传统的生态学调查研究方法，即通过野外实地调查，进行物种多样性编目和群落学研究，利用生物统计理论和方法计算各种多样性指数。在调查方法中，研究群落物种多样性的组成和结构多采用典型取样法，研究群落多样性的动态变化和功能采用固定样地法，研究物种多样性的梯度变化特征一般采用样带法或样线法（汪殿蓓等，2001；郑世群，2013）。近年来，新的技术手段在生物多样性研究领域逐渐受到重视，如遥感已成为区域或全球生物多样性研究的重要方法（郑世群，2013）。遥感在生物多样性监测和保护方面具有广泛的应用前景（徐文婷和吴炳方，2005；李文杰和张时煌，2010）。随着科技不断进步，遥感技术在物种多样性上的应用将会更加普遍。

近年来的研究表明，物种生物多样性对生态系统的稳定性、生产力、营养动态、入侵敏感性等功能都起决定作用（郑超超，2014）。而植物多样性则是生态系统其他生物多样性的基础（晓峰和林业，1999）。植物多样性的调查方法介绍如下。

乔木层：起测胸径大于 5cm，记录物种、胸径、高度、多度、枝下高和冠幅等。

灌木层：测定胸径小于 5cm 的植株，包括乔木的幼树和灌木，记录种名、地径、高度和多度等。

草本层：记录种名、株数（丛数）、高度和盖度等。

物种多样性测度方法如下（马克平和刘玉明，1994）。

物种丰富度 Margalef 指数（D_m）：

$$D_m = \frac{S-1}{\ln N}$$

式中，S 为物种个数；N 为小区内所有物种的个数。

Shannon-Wiener 指数：

$$H' = -\sum_{i=1}^{S} P_i \ln P_i$$

式中，S 为物种数；P_i 为某一特定小区内物种 i 的相对丰度，可由以下公式计算：

$$P_i = \frac{n_i}{N}$$

式中，n_i 为物种 i 的个体数；N 为对应小区内所有物种的个数。

Pielou 指数（E）：

$$E = \frac{H'}{\ln S}$$

式中，S 为特定小区内物种的个数。

11.2.2 毛竹扩张对生物多样性的影响

生物多样性是地球生命多元化的基础，也是优良基因遗传进化的重要保障（马克平，1993）。而外来入侵植物会充分利用自身的生长优势（Pattison et al.，1998），影响光照、土壤养分和水分等环境因子（Mclean and Parkinsoon，1997；彭少麟和向言词，1999），打破原生态系统的平衡状态。部分入侵植物亦会通过化感作用（Meghann and Bradley，2009；Zhang et al.，2014b）、干扰（Smith and Knapp，1999）等方式成功实现入侵（白尚斌等，2013a）。大部分的外来植物成功入侵后，会逐渐排挤本地其他物种，从而成为群落优势种，甚至形成单一优势群落，最终导致生态系统生物多样性的下降（Vila et al.，2011；白尚斌等，2013a）。例如，洪思思等（2008）研究发现阔叶丰花草的入侵降低了群落的物种多样性且在群落中生态位宽度最大，其强大的适应能力对原生态系统造成严重威胁。张修玉等（2010）

以及贾桂康和薛跃规（2011）的研究表明，随着紫茎泽兰入侵程度加重，植物多样性降低。刘君（2017）研究发现加拿大一枝黄花的入侵，尤其是高强度入侵显著降低了植物群落的物种多样性。毛竹作为我国重要的经济林木，一直以来被人们忽略了其强大的侵略性。近年来，毛竹作为国内重要的本土入侵物种，受到了越来越多的关注，其在森林生物多样性方面的影响也是学者们的研究重点之一（Mack et al.，2000；Ramula and Pihlaja，2012）。

白尚斌等（2013a）在天目山开展了 7 年毛竹扩张定位观测，发现遭到入侵的针阔混交林乔木层和灌木层的物种丰富度、Simpson 指数和 Pielou 指数均显著降低，草本层的物种丰富度显著提高。欧阳明（2015）、杨怀等（2010）研究也得出了类似的结论。郑成洋等（2003）的研究结果略有不同，毛竹扩张导致常绿阔叶林中大量乔木树种退出群落，乔木层的物种多样性下降，灌木层物种多样性却有所提升，草本层物种多样性增加得更为明显。杨清培等（2017）研究了毛竹和肿节少穗竹对常绿阔叶林群落结构和物种多样性影响的叠加效应，研究结果表明，毛竹、肿节少穗竹扩张不同程度地减小了阔叶林群落物种丰富度。徐道炜等（2019b）调查了戴云山的毛竹扩张现象并发现毛竹向杉木林扩张过程中，灌木层和草本层的物种数量呈增加趋势，当杉木林完全演替为毛竹林后，物种数量显著增加。

由图 11-1 可以看出，毛竹向常绿阔叶林扩张过程中，乔木层物种丰富度、Margalef 指数、Simpson 指数、种间相遇率、Shannon-Wiener 指数、Pielou 指数等均为常绿阔叶林＞竹阔混交林＞毛竹林，且以上指数在毛竹林中均显著小于常绿阔叶林。而生态优势度指数则为毛竹林＞竹阔混交林＞常绿阔叶林，且差异均达

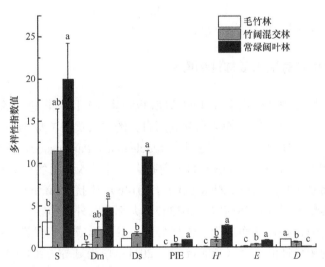

图 11-1　毛竹扩张对常绿阔叶林乔木层物种多样性的影响（欧阳明，2015）

S 表示物种丰富度；Dm 表示 Margalef 指数；Ds 表示 Simpson 指数；PIE 表示种间相遇率；H' 表示 Shannon-Wiener 指数；E 表示 Pielou 指数；D 表示生态优势度；相同小写字母表示不同林分间指标差异不显著

到显著水平。以上说明，随着毛竹向常绿阔叶林扩张，乔木层的物种种类逐渐减少、物种分布趋向不均匀，毛竹逐步占据主导地位（欧阳明，2015），显著降低了阔叶林乔木层物种的多样性。

由图 11-2 可以看出，毛竹向常绿阔叶林扩张过程中，不同群落灌木层的物种多样性指数表现不同，其中物种丰富度为常绿阔叶林＞竹阔混交林＞毛竹林，且阔叶林与毛竹林的差异显著（欧阳明，2015）。Simpson 指数表现为竹阔混交林＞阔叶林＞毛竹林，且差异显著。而 Margalef 指数、种间相遇率、Shannon-Wiener 指数和 Pielou 指数则在 3 群落中差异均不显著（欧阳明，2015），说明毛竹扩张在一定程度上降低了灌木层物种的多样性。

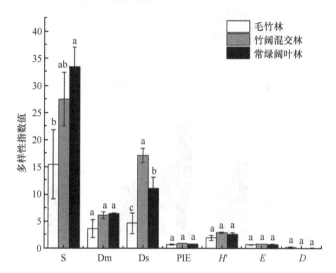

图 11-2　毛竹扩张对常绿阔叶林灌木层物种多样性的影响（欧阳明，2015）

S 表示物种丰富度；Dm 表示 Margalef 指数；Ds 表示 Simpson 指数；PIE 表示种间相遇率；H'表示 Shannon-Wiener 指数；E 表示 Pielou 指数；D 表示生态优势度；相同小写字母表示不同林分间指标差异不显著

由图 11-3 可以看出，毛竹向杉木林扩张过程中，灌木层物种丰富度指标 Margalef 指数和 Shannon-Wiener 指数均为毛竹林＞竹杉混交林＞杉木林，其中毛竹林和杉木林间达到显著差异（徐道炜等，2019b）。Simpson 指数和 Pielou 指数为毛竹林＞杉木林＞混交林，但未达到显著差异水平。在毛竹向杉木林扩张过程中，灌木层物种种类呈增加趋势，当杉木林完全演替成毛竹林后，物种种类显著增加（徐道炜等，2019b）。

毛竹向杉木林扩张过程中，草本层物种多样性的 4 个指标均表现为毛竹林＞竹杉混交林＞杉木林，均达到显著差异水平（图 11-4）。在毛竹向杉木林扩张过程中，草本层的物种种类和物种分布均匀度均呈增加趋势，当杉木林完全演替成毛竹林后，草本层物种多样性显著增加（徐道炜等，2019b）。

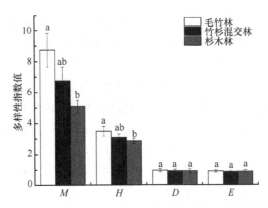

图 11-3   毛竹向杉木林扩张林分灌木层物种多样性（徐道炜等，2019b）

M 表示 Margalef 指数；*H* 表示 Shannon-Wiener 指数；*D* 表示 Simpson 指数；*E* 表示 Pielou 指数；

相同小写字母表示不同林分间指标差异不显著

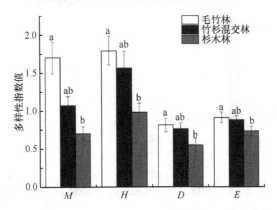

图 11-4   毛竹向杉木林扩张林分草本层物种多样性（徐道炜等，2019b）

M 表示 Margalef 指数；*H* 表示 Shannon-Wiener 指数；*D* 表示 Simpson 指数；*E* 表示 Pielou 指数；

相同小写字母表示不同林分间指标差异不显著

　　毫无疑问，毛竹扩张显著降低了乔木层的物种多样性，但是对灌木层与草本层物种多样性的影响较小，甚至会有增加的趋势。林下灌木层与草本层植被作为森林群落的重要组成部分，在水土保持、促进森林生态系统的物质循环、维护群落的生物多样性和稳定性以及揭示植物演替特征等方面具有独特的功能和作用（于立忠等，2005；刘彤等，2010；陈阳和王新杰，2014）。陈阳和王新杰（2014）对比了闽西北丘陵地中 5 种不同类型的毛竹林林下物种组成、多样性及其差异，结果表明灌木层与草本层物种多样性最高的毛竹类型均为 7 毛竹 3 木油桐，这表明毛竹与木油桐混交这种模式一定程度上可使空间利用多元化并丰富混交林中生物多样性。陈慈禄（2003）在泡桐毛竹混交试验中也得出了相似结论，说明合理的毛竹混交林模式能够促进毛竹林内灌草层植物多样性的恢复和改善，并促进毛竹林生态系统功能的恢复。

毛竹入侵邻近生态系统后，首先会在乔木层取得主导权，使得乔木层物种多样性普遍降低，这与毛竹自身的生长优势息息相关。毛竹的地下鞭根系统具有强大的横向穿透性与繁衍能力，毛竹幼竹在 2~3 个月内就能完成高生长，快速到达林冠层（白尚斌等，2013a），这使毛竹群落在与其他树种的竞争过程中毫无疑问处于绝对优势的地位（洪伟等，2004）。灌木层处于森林群落的中间层，其物种多样性主要受光照、降雨等环境因子影响较大。毛竹林群落在灌木层的物种多样性较低，此外，由于灌木的根系范围远小于乔木，养分需求低，所以灌木层受到毛竹的竞争压力较小。毛竹扩张会提升草本层物种多样性可能与毛竹扩鞭繁殖有关，研究证明毛竹在扩鞭繁殖过程中会改善林地的土壤理化性质，从而促进植物生长（吴家森等，2008；杨清培等，2011）。此外，毛竹竹秆高且较细，随风摆动的幅度较大，使得草本层与阳光、降雨等直接接触的概率较大，这在一定程度上有助于毛竹林群落草本层物种多样性的提高。

当然，毛竹扩张不单单会影响原生态系统内的植被，其他物种的多样性也会受到一定程度的干扰。杨淑贞等（2008）研究了毛竹扩张对鸟类多样性的影响，结果表明毛竹向常绿阔叶林扩张对鸟类生物多样性造成较大的负面影响，大大降低了鸟类的种类与数量。

11.2.3　毛竹扩张对生态系统群落结构的影响

群落结构主要包括群落的垂直结构与水平结构两个方面。群落的垂直结构指群落在垂直方面的配置状态，其最显著的特征是成层现象（宋永昌，2001）。一般按生长型把森林群落从顶部到底部划分为乔木层、灌木层、草本层和地被层（苔藓地衣）4 个基本层次（宋永昌，2001）。群落的成层性保证了植物在单位空间中更充分利用自然环境条件。群落的水平结构是指组成群落的各种植物在水平空间上的分化，主要包括种群个体的径级分布和种群密度结构及其分布格局（宋永昌，2001）。径级分布主要反映种群的年龄结构，小径级代表了幼年阶段，较大径级则表示成年时期（Tilman et al.，1997）。径级结构和高度结构不仅可以反映一个森林群落的空间结构和群落的实际外貌，也能够更加充分地展示某一群落的结构特点。

毛竹向不同生态系统入侵的过程中，会采取不一样的扩张策略。在向阔叶林扩张的过程中，毛竹在扩张前期通过调节个体胸径来实现对新环境的占领，随着毛竹比例的增加，毛竹胸径逐渐减小；在向杉木林扩张的过程中，毛竹在扩张的初期胸径最小，随着资源竞争逐渐加剧，毛竹胸径在扩张中期最大并在竞争中取得优势地位；毛竹向荒地扩张的过程中其胸径逐渐增加，这可能与荒地的立地和光照条件有关（刘希珍等，2016）。白尚斌等（2012）对毛竹向阔叶林扩张对林分结构变化的影响研究发现，竹阔混交林中立竹的平均胸径、立竹高度均大于毛竹林。徐道炜等（2019b）研究指出毛竹向杉木林扩张过程中，毛竹通过增大立竹胸径以及增加立竹高度来获得更多的养分和光照等资源，从而促进毛竹的快速生长和扩张。欧阳明（2015）在其研究中指出毛竹扩张减少了群落的分层现象，造成群落垂直结构单一，主要集中于 12～14m；随着毛竹入侵的加剧，大径级的毛竹个体数量逐渐减少，群落径级结构变窄，使得群落径级主要分布在 5～10cm，造成群落正常更新受到阻碍。

从表 11-1 可以看出，不同群落的垂直结构差异明显，毛竹林的物种高度主要集中于 8～16m，其多度百分比为 76%；竹阔混交林的物种高度主要分布在 2～6m 和 12～18m 的区间，多度百分比分别为 33%和 47%；常绿阔叶林的物种高度分布在 2～4m 和 4～6m 间分别高达 53%和 24%，乔木层物种的高度分布较均匀，上层 7 个区间的高度分布百分比差别不大（欧阳明，2015）。毛竹向邻近阔叶林扩张过程中，会逐渐降低群落的分层现象，造成群落垂直结构单一化。

表 11-1　毛竹向阔叶林扩张对群落垂直结构的影响（欧阳明，2015）

群落	多度百分比/%										
高度/m	0～2	2～4	4～6	6～8	8～10	10～12	12～14	14～16	16～18	18～20	20～22
毛竹林		9.47	4.66	5.52	10.78	22.76	33.48	11.68	2.68		
竹阔混交林	1.67	20.49	13.80	4.60	4.60	5.44	15.47	17.98	15.89	1.46	0.42
常绿阔叶林	2.52	53.71	24.34	4.20	2.10	3.15	3.78	2.10	2.94	3.15	

从表 11-2 可以看出，毛竹林物种径级主要集中于 5～10cm 区间，多度百分比高达 90%。竹阔混交林的物种径级主要分布在 5～10cm 和 10～15cm，百分比分别为 59.46%和 28.93%。而常绿阔叶林物种径级分布范围较广（欧阳明，2015）。毛竹向邻近阔叶林扩张，会迫使大径级的物种个体逐渐退出群落，导致群落物种径级变窄。当扩张不断加剧，群落逐渐趋于毛竹纯林，最终群落径级主要集中于 5～10cm。

表 11-2　毛竹向阔叶林扩张对群落径级结构的影响（欧阳明，2015）

群落	多度百分比/%							
胸径/cm	0～5	5～10	10～15	15～20	20～25	25～30	30～35	35～40	40～45
毛竹林		90.54	8.57		0.54	0.54			
竹阔混交林		59.46	28.93	2.68	4.29	1.07	1.07	1.07	
常绿阔叶林		45.00	10.18	11.25	11.25	11.25	6.96	2.68	0.54

毛竹向周边的生态系统扩张打破了原林分内的平衡状态。毛竹必须获得足够的养分和光照才能维持其快速生长与扩张，这引起了毛竹与本土植被对土壤养分、水分等资源的激烈竞争。通过增加立竹高度快速到达林冠层，增大毛竹胸径来获得更多的养分成为行之有效的扩张策略（徐道炜，2018）。不同于混交林内毛竹与原优势树种激烈的种间竞争，毛竹纯林中主要表现为立竹之间的种内竞争（徐道炜等，2019b）。处于同一基株的立竹能够通过克隆整合作用达到资源共享，资源丰富的分株可以向资源匮乏的分株传递养分（柯世朕等，2008；汤俊兵等，2010）。所以毛竹纯林中的种内竞争不是非常激烈，这也就解释了毛竹在扩张的中后期其立竹高度和胸径等形态特征均有所下降的现象。

11.2.4　毛竹扩张对物种组成的影响

物种组成是构成群落结构和生物多样性的基础，是决定群落性质的重要因素，也是鉴别不同群落类型的基本特征。物种组成能够反映群落内部的生活状况、空间联系和生境特征，是影响森林生态系统变化的根本原因（Tilman et al.，1997）。研究表明，群落物种丧失和群落物种数量减少会造成森林生产力和抵抗力下降，增加系统的不稳定性（Lavorel and Garnier，2002）等诸多负面影响，甚至影响整个生态系统的组成、结构与功能（Ellison et al.，2005）。毛竹扩张不仅改变原生态系统的物种组成，而且还影响物种在群落中的地位（表 11-3）（杨怀等，2010；林倩倩等，2014；欧阳明等，2016）。

表 11-3　毛竹扩张对不同地区的森林生态系统群落物种组成的影响

地区	层次	群落	物种（排名根据重要值由高至低）	结果
井冈山国家级自然保护区	乔木层	常绿阔叶林	红楠、杉木、赤杨叶、青榨槭、黄丹木姜子、交让木	原常绿阔叶林优势树种红楠被毛竹取代并最终退出生态系统；鹿角杜鹃逐渐退出灌木层优势种；扩张过程中部分群落物种丧失（欧阳明等，2016）
		竹阔混交林	毛竹、红楠、杉木、青榨槭	
		毛竹林	毛竹、杉木、黄丹木姜子	
	灌木层	常绿阔叶林	鹿角杜鹃、黄丹木姜子、油茶、红楠	
		竹阔混交林	鹿角杜鹃、油茶、红楠、香港四照花	
		毛竹林	毛竹、赤杨叶、青榨槭、香港四照花	
鸡公山国家级自然保护区	乔木层	常绿落叶阔叶混交林	麻栎、栓皮栎、枫香、化香、黄檀、青冈、五角枫	毛竹林在扩张过程不仅使物种丰富度降低，而且使群落中乔灌各层次的物种组成发生改变（杨怀等，2010）
		毛竹混交林	麻栎、毛竹、杉木、马尾松、落羽杉	
		毛竹纯林	毛竹、野樱桃、杉木、柳杉	
	灌木层	常绿落叶阔叶混交林	山胡椒、盐肤木、白鹃梅、鼠李、油桐、三叶槭、胡枝子	
		毛竹混交林	山胡椒、盐肤木、十大功劳、悬钩子	
		毛竹纯林	山胡椒、悬钩子、野珠兰	

续表

地区	层次	群落	物种（排名根据重要值由高至低）	结果
天目山国家级自然保护区	乔木层	常绿阔叶林	浙江樟、红枝柴、细叶青冈、浙江尖连蕊茶、槲树	毛竹向临近生态系统扩张并形成毛竹混交林；毛竹在混交林生态系统中排挤原优势树种并最终取得优势地位。毛竹纯林化后，系统内物种多样性大幅下降，群落结构趋于单一（林倩倩等，2014）
		毛竹－常绿阔叶林	毛竹、天目木姜子、马尾松、柳杉、浙江尖连蕊茶	
		针叶林	马尾松、枫香、油茶、杉木、杜仲	
		毛竹－针叶林	毛竹、马尾松、枫香、杉木、老鸦糊	
		针阔混交林	杉木、浙江尖连蕊茶、槲树、柳杉、小叶青冈	
		毛竹－针阔混交林	毛竹、青冈、山杨、黄檀、化香	
		毛竹林	毛竹	
	灌木层	常绿阔叶林	细叶青冈、浙江尖连蕊茶、香樟、青风藤	
		毛竹－常绿阔叶林	中国绣球、钓樟木、茶、三花莓、毛鸡爪槭	
		针叶林	小果蔷薇、白杜、杜仲、冬青、油茶	
		毛竹－针叶林	青榨槭、蜡莲绣球、茶、南天竹	
		针阔混交林	浙江尖连蕊茶、青风藤、菝葜、红楠、雷公鹅耳枥	
		毛竹－针阔混交林	化香、黄檀、短柄枹、浙江尖连蕊茶、油茶	
		毛竹林	中国金菊花、华桑	

11.3　毛竹扩张对生物多样性的影响机制

　　毛竹扩张影响森林生态系统内植物多样性的机制无疑是复杂的。总的来看，毛竹首先会利用自身优势向邻近生态系统扩张，当扩张达到一定程度，毛竹与原生态系统内其他植被的资源竞争变得愈加激烈。毛竹通过地上遮阴、机械损伤等物理作用和地下根系、养分竞争等生物化学过程联合淘汰了乔木层其他树种，并逐步占据其空间生态位（杨清培等，2015）。毛竹扩张的过程阻碍群落正常更新，进一步加剧森林生态系统群落结构单一化。群落结构简单化会改变植物竞争关系、植物与微生物的互利共生以及适宜的环境因子，进而影响森林生态系统的物质循环、能量流动和信息传递等过程（欧阳明等，2016）。毛竹扩张扰乱了森林内能量流动的动态平衡，造成森林生态系统物种多样性下降，而多样性的降低又进一步加剧毛竹扩张。

第 12 章 毛竹扩张与生态系统碳氮库

12.1 毛竹林碳库

森林是陆地生态系统中重要的组成部分，其中植被部分碳库占全球植被碳库的 70%以上，森林土壤碳库储存了全球土壤碳储量的约 40%（陈先刚等，2008；李海奎等，2011；Chen and Chen，2018）。森林在增加碳汇和减缓全球气候变化等方面所发挥的作用越来越重要。研究表明，森林碳储量及固碳能力与植被类型、物种组成、森林生产力、林龄及人类活动等有着密切的关系（赵敏和周广胜，2004；周国模等，2006a；陈茂铨等，2010；唐学君等，2019）。毛竹属禾本科竹亚科刚竹属，是一种高大散生乔木状克隆植物，具有对气候和土壤条件广泛的耐受性，这使得其在热带和亚热带地区广泛分布。此外，毛竹是我国分布最广、覆盖面积最大的竹种，毛竹林是我国南方重要的森林资源。一直以来，中国素有"竹子王国"的美称，我国各种竹林面积达 641 万 hm^2。我国竹林碳储量为 1.99 亿 t，占中国森林资源碳储量总量的 2.54%（李海奎和雷渊才，2010）。竹林生态系统在碳循环过程中起着不容忽视的作用。

竹林生态系统的总碳储量包括了地上碳、地下碳以及土壤碳。Isagi 等（1997）选取一处百年未经使用的自然毛竹纯林进行研究，测定了毛竹林中碳固定和循环，将竹林生态系统内碳通量和碳储量之间的关系分析后得出，竹林土壤碳储量约为毛竹根系碳储量的 5 倍（Isagi et al.，1997）。通过将竹林生态系统分区，能够更清晰地了解竹林生态系统碳库组成。地上碳库主要由竹竿、枝和叶组成，地下碳库则主要由根茎和根系、凋落物层和腐殖质矿物土壤等组成（Düking et al.，2011）。一般来说，毛竹叶片利用自身光合作用将大气中的二氧化碳吸收、储存并固定至森林生态系统。同时，地上部分毛竹通过呼吸作用，地下部分经过土壤呼吸、根系呼吸以及凋落物层降解等多过程将碳素消耗并释放至陆地生态系统，这构成了竹林生态系统内的碳素循环。

Isagi（1994）研究指出，在成熟的竹林中，二氧化碳的摄入和释放大致相等。当新的竹林在数年后达到其最终大小，林内立木不再增加高度、秆厚或密度时，这片森林已达到生物平衡状态。从统计学的角度来看，每一个新的秆或叶，对应着一个旧秆或旧叶的死亡并被分解，从而将储存在生物量中的二氧化碳释放到大气中（Düking et al.，2011）。因此，理论上进入稳态阶段的竹林处于碳平衡的状态（Düking et al.，2011）。相比于一般的自然森林，毛竹林具有许多独特之处。例如，多数乔木的寿命要高于毛竹（通常每个毛竹的正常寿命只有 8～10 年），且多数乔木在生长周期内树干不断生长，变粗变厚，并积累大量的碳素（Isagi，1994）。相比之下，毛竹竹竿是中空的，且不能进行二次生长。因此，在竹林生态系统中植物体内的碳储量通常比类似的自然森林生态系统小（Düking et al.，2011）。一直以来，竹林生态系统的固碳潜力具有较大的不确定性。Buckingham 等（2011）研究指出，毛竹（竹竿）具有明显的高生长率的特点，在生长高峰期每天可增长 7.5～10cm。一方面，一些研究学者认为毛竹的快速生长速率有利于其通过光合作用在地上秆、秆枝以及鞘叶、地下根和持久的鞭根网络中积累有机碳（Lobovikov et al.，2012）。Nath 等（2015）指出毛竹林的平均碳储存和封存率分别为 30～121Mg·hm^{-2} 和 6～13Mg·hm^{-2}·a^{-1}。毛竹生长旺盛，生长周期为 120～150 天。毛竹快速的生物量积累和 CO_2 的有效固定，赋予了毛竹很高的固碳能力。另一方面，毛竹还具有较高的净初级生产力（12～26Mg·hm^{-2}·a^{-1}），即使定期对毛竹林进行选择性收获，竹林生态系统依旧是长期存在的自然碳库（Nath et al.，2015）。因此乐观的观点认为，毛竹的大面积扩张和覆盖似乎可以吸收储存大量碳素，从而有助于缓解气候变化的影响。另外，毛竹快速生长的特点可能使得毛竹林作为二氧化碳吸收池的潜力被人们所高估。一些研究学者认为，毛竹无叶茎秆的生长并非源于其自身持续的光合作用，而是源于前一年产生并储存在根茎系统和老茎秆中的有机物质的分配（Magel et al.，2005；Liese，2009）。与多数乔木相比，步入生长后期的老竹竿不再变得更厚、更高，而是将其大部分的有机物质用于新竹竿的生长，新秆的生长只是碳水化合物从植物的一部分重新分配到另一部分（Liese，2009；Düking et al.，2011）。总的来说，尽管毛竹储存碳的效率存在不确定性，但毛竹的碳储存潜力依旧不容忽视。竹林生态系统碳库在土地覆盖变化或全球气候变化等重要问题上扮演着重要角色。

当然，由于毛竹林的经济价值巨大，因此在讨论毛竹林碳库储量时不能够忽略其作为经济产品所带来的效益。如果对自然毛竹林不施加人为的干预，那么成熟的毛竹林便是处于碳平衡状态，竹林在生长和分解之间达到自然稳定的水平。而通过对竹林进行定期采伐，并将毛竹原材料加工成为竹制品，储存在产品池中的碳素则成为真正的二氧化碳汇。据估计，竹子的商业利用量约为 2000 万 t 每年（Scurlock et al.，2000）。竹子利用的主要领域是建筑、家具、竹基板材等。制浆造纸行业也是竹子生物质的一大消费者，然而不到一半的竹材用于生产高质量、高耐用性的产品（Düking et al.，2011）。一般来说，竹制品中碳的储存与生态系统中碳的储存相对应。由于产品池碳库的大小并不是由生产率所决定，只有在分解或焚烧损失速率（产品中碳的停留时间）等于或高于毛竹生产速率的情况下增加产品数量，才能扩大竹产品池中的碳汇。因此，优化提升竹产品的耐久性成为扩大竹林碳汇的渠道之一。

12.2　毛竹扩张与生态系统碳储量

植物入侵将对森林生态系统的结构和功能造成一定的负面影响是曾被广泛接受的概念。但在森林碳储量方面，入侵植物相较于本土植物繁殖能力更强且生长更快，在短时期内能够维持较高的生长速率。当入侵群落的高速生长带来的碳增长能够抵消原有群落的碳损失时，该区域的植物入侵过程可能不会导致森林碳损失，甚至可能引起碳储量在短时期内升高。入侵植物的不同，以及被入侵生态系统的差异，使得植物入侵对原有植被碳储量的影响具有复杂性。例如，桉树（*Eucalyptus robusta*）引进我国广东、云南等地后，虽然被列为入侵植物之一，但是相比原有植被却有着更高的碳储量（侯学会等，2012）。

毛竹具有强大的地下竹鞭系统，可以向邻近较脆弱的常绿阔叶林、针阔混交林等森林蔓延入侵，形成竹阔混交林甚至是毛竹纯林（白尚斌等，2013a）。入侵后，由于群落结构、土壤性质的改变以及毛竹自身无法二次生长等原因，不可避免地会影响原有森林的碳储量。研究表明，毛竹入侵常绿阔叶林后，总碳储量、植被碳储量和土壤碳储量等均在降低，但植被年固碳量却上升（杨清培等，2011）。然而，毛竹入侵常绿阔叶林导致森林生态功能的综合水平呈下降趋势，竹阔混交林的碳储量却大于毛竹林和阔叶林（赵雨虹，2015）。因此研究区的气候、土壤、林分以及研究方法等的差异，使得关于毛竹入侵对阔叶林生态系统碳储量变化的影响还具有不确定性。

森林生态系统的碳储量是研究森林生态系统与大气圈之间碳交换的基本参数（Dixon et al.，1994），也是估算森林生态系统向大气吸收与排放含碳气体的关键因子，是碳循环研究的基础（王如松，1995）。森林生态系统的碳储量主要由森林植被碳储量和森林土壤碳储量两大部分组成（杜满义，2010）。地上和地下活的植物有机体内所固定的碳构成了森林植被碳储量（周玉荣等，2000）。土壤中微小型动物、微生物和腐殖质矿质土壤等所含的碳素构成了森林土壤的碳储量（杜满义，2010）。

12.2.1　毛竹扩张与常绿阔叶林生态系统碳储量

杜满义（2010）以江西安福不同类型毛竹林生态系统（毛竹纯林、竹阔混交林、竹杉混交林）为研究对象，采取野外观测与室内分析相结合的方法，揭示了毛竹林生态系统碳库特征，为衡量毛竹扩张对土壤碳、氮循环的影响提供了依据（杜满义，2010）。采用典型样地法和随机区组设计布置相关的试验，即选择条件基本一致、坡度相当且具有代表性的毛竹人工林、竹阔混交林、竹杉混交林，设置标准地各 3 个。研究结果表明，不同生态系统碳储量及分布格局不同，混交林生态系统现存碳储量要高于毛竹纯林，同时发现毛竹与阔叶树、杉木混交可以提高植被层的年均固碳量（植被层年均碳储量），更有利于发挥森林的固碳功能（杜满义，2010）。毛竹混交类型的生态系统（竹阔混交林、竹杉混交林）其植被层年均固碳量明显高于纯林，可能与林木冠幅、林分密度及林下植被生物多样性有关，混交林由于不同的树种处于不同的层次，避免争夺养分空间的同时能够最大限度利用光资源，从而增大了整个生态系统的光合速率，实现强大的碳汇功能。土壤层碳储量占生态系统总碳储量的比例最大，相比之下，毛竹纯林土壤层碳储量高于混交林分，这可能是由于毛竹鞭根一方面改善了土壤质量，另一方面也向土壤输入了较多的碳素（杜满义，2010）。

宋超等（2020）在午潮山林场通过样地调查与取样测定，研究了毛竹扩张对常绿阔叶林生物量及碳储量的影响。收集了常绿阔叶林和竹阔混交林内优势树种的各器官样品，在65℃下烘至恒重，测量干重以及碳含量。灌木层、草本层生物量测量分别在相应固定样地外相邻区域随机设置 5 个 2m×2m 的小样方，采用收获法将样方内灌木草本，包括根系全部收集称重。凋落物生物量在样地内每100m^{2}设立 1 个 1m×1m 的凋落物采集器。每季（1 月、4 月、7 月、11 月）采集所有凋落物，在烘箱中 65℃下烘至恒重，用于测量凋落物层生物量及碳含量。森林总碳储量为乔木层碳储量、灌草层碳储量、凋落物碳储量与土壤层碳储量之和。结果表明，随着毛竹扩张，不同林分间土壤碳储量存在明显的差异（表 12-1）（宋超等，2020）。毛竹林土壤碳储量最低，常绿阔叶林最高，竹阔混交林土壤碳储量略低于常绿阔叶林。3 种林分土壤碳储量随土壤深度的变化规律相似，随土壤深度增加呈降低的趋势（表 12-1）（宋超等，2020）。同一土层深度 3 种林分间存在差异，其中 0~20cm 的土层深度，常绿阔叶林土壤碳储量＞竹阔混交林＞毛竹林，在 20~40cm 土层深度范围，竹阔混交林土壤碳储量＞常绿阔叶林＞毛竹林（宋超等，2020）。

表 12-1 不同林分土壤碳储量（t·hm^{-2}）分布格局（宋超等，2020）

群落类型	0~20cm	20~40cm	40~60cm	总计
常绿阔叶林	71.21±4.37a	45.58±2.62a	33.92±1.75a	141.86±3.50a
竹阔混交林	57.90±5.25b	48.49±2.63a	33.68±2.65b	139.52±4.37a
毛竹林	54.34±2.62b	32.72±1.62c	19.98±0.88c	106.59±2.63b

注：同列不同的小写字母表示同一土层不同林分间差异显著。

毛竹纯林的总碳储量显著低于其他两种林分，其中植被碳储量差异最大（宋超等，2020）。毛竹林土壤碳储量显著低于常绿阔叶林及竹阔混交林，常绿阔叶林与竹阔混交林间差异不显著（宋超等，2020）。竹阔混交林生态系统碳储量最大，与阔叶林间差异不显著，但两者均显著高于毛竹林（宋超等，2020）。毛竹扩张致使生态系统碳储量发生变化，虽然竹阔混交林生态系统碳储量略高于常绿阔叶林，但是毛竹纯林化后生态系统碳储量显著低于常绿阔叶林。原生态系统碳储量在受到毛竹入侵后发生了改变，这可能与毛竹入侵会导致阔叶林群落组成和结构简单化、物种多样性下降有关（刘烁等，2011；欧阳明等，2016）。

宋超等（2020）估算结果指出竹阔混交林生态系统碳储量最高，但是这并不意味着竹阔混交林优于常绿阔叶林。因为在竹阔混交林中，毛竹的生长速率远远高于阔叶乔木，而且成熟的毛竹一般要高于林内乔木，这导致了阔叶林的树冠被大面积遮盖，减少了阔叶树种对光资源的吸收（Okutomi et al.，1996）。同时毛竹的化感作用抑制了阔叶林乔木种子的萌发和根系发育（白尚斌等，2013b），导致竹阔混交林中部分优势乔木树种的幼苗数量低于常绿阔叶林。鉴于毛竹的这些特性，随着时间的推移毛竹可能会对竹阔混交林中拥有较强固碳能力的阔叶树种产生胁迫作用，并导致森林碳储量下降。

12.2.2　毛竹扩张与土壤活性有机碳

毛竹向邻近的森林生态系统，如次生阔叶林、次生针叶林等不断扩张，造成森林土地覆盖发生变化，并改变了林地环境的生物与非生物因素（Bai et al.，2016）。相应地，林地内的碳氮循环也会间接地受到毛竹扩张的影响。森林群落演替、土地利用方式变化以及土壤碳库的管理等均会引起土壤对碳元素吸收、储存、利用以及释放等过程的改变（Wang et al.，2016b）。在陆地生态系统中土壤有机碳储量巨大，一般来说，由外界环境变化所引起的土壤有机碳的改变具有一定的滞后性，在短期内无法表现出来；而与土壤有机碳相比，土壤微生物量碳、土壤可溶性有机碳等活性有机碳稳定性较差，更易产生氧化和矿化反应，能够灵敏地反映出由外界环境变化所引起的土壤有机质的微小变化（徐道炜等，2019a）。

Bai 等（2016）为了量化毛竹入侵对土壤 C 库和 N 库的影响，在天目山国家级自然保护区内选择了沿毛竹入侵路径排列的 3 个地块：纯毛竹林（BF）、过渡地块（MF，2005 年为未开垦地块的过渡区地块，2014 年几乎完全被侵占）以及健康完整的原生阔叶林（BLF）。Bai 等（2016）通过比较 BF 和 BLF 之间的土壤 C 和 N 来监测毛竹入侵的影响，同时，为了进一步确认入侵后果并弥补时间序列法的不足，另外比较了 2005 年和 2014 年过渡带（MF）中的土壤 C 和 N。此外，为了消除气候因素等其他因素的影响，Bai 等（2016）还比较了 2005 年和 2014 年 BF 和 BLF 中的土壤 C 和 N。结果表明，毛竹扩张影响了表层土壤的有机碳含量（表 12-2）。在 0～20cm 土层，毛竹向阔叶林扩张造成土壤有机碳含量下降（Bai et al.，2016）。相比于常绿阔叶林，毛竹纯林内土壤有机碳含量显著减少（表 12-2）。此外，与 2005 年毛竹开始扩张的土壤相比，2014 年土壤有机碳总量大幅减少（表 12-2）（Bai et al.，2016）。土壤碳储量的减少与土壤呼吸的增加相耦合。研究指出，中亚热带东部区域毛竹林的土壤呼吸相比于阔叶林高出 25%（黄承才等，1999），天目山自然保护区的毛竹林土壤呼吸高出常绿阔叶林 98%（刘源月等，2009）。随着毛竹扩张程度不断加深，林地土壤中的有机碳库呈下降的趋势。

表 12-2   不同林分土壤有机碳含量（g·cm^{-2}）（Bai et al.，2016）

土层	林分类型	2005 年	2014 年
	纯毛竹林（BF）	1.79±0.13bA	1.59±0.11cA
0～60cm	过渡地块（MF）	2.33±0.09aA	1.92±0.08bB
	原生阔叶林（BLF）	2.28±0.11aA	2.40±0.13aA

注：同列不同的小写字母表示不同林分间差异显著；同行不同大写字母表示同一林分不同年份土壤有机碳库之间存在显著差异，下同。

土壤微生物量碳与水溶性有机碳都主要集中在表层土（0～20cm）中。随着阔叶林向毛竹林的转化，土壤微生物生物量碳与土壤水溶性有机碳发生了变化，尽管它们只占土壤总有机库的小部分，不同森林间的微生物量碳差异显著（Bai et al.，2016）。微生物量碳在 BF 中最高，在 BLF 中最低，在 BF 中比 BLF 高出约 19%。毛竹扩张在 0～20cm 深度显著改变了林地土壤微生物量碳（表 12-3）（Bai et al.，2016）。

表 12-3   不同林分的土壤微生物量碳含量（mg·cm^{-2}）（Bai et al.，2016）

土层	林分类型	2005 年	2014 年
	纯毛竹林（BF）	12.71±0.57aA	13.07±0.50aA
0～60cm	过渡地块（MF）	11.50±0.64bB	12.57±0.50aA
	原生阔叶林（BLF）	10.57±0.71cA	10.36±0.71cA

随着时间的推移，MF 的水溶性有机碳总量显著增加，2014 年比 2005 年增加了 23%，但 BF 和 BLF 在 2005 年和 2014 年之间没有显著差异（表 12-4）（Bai et al.，2016）。在 2005 年和 2014 年，BF 的水溶性有机碳最高，BLF 最低。毛竹向阔叶林扩张显著提高了林地土壤水溶性有机碳（表 12-4）（Bai et al.，2016）。

表 12-4   不同林分的土壤水溶性有机碳含量（mg·cm^{-2}）（Bai et al.，2016）

土层	林分类型	2005 年	2014 年
	纯毛竹林（BF）	14.13±0.71aA	15.29±0.98aA
0～60cm	过渡地块（MF）	12.00±0.80bB	14.67±0.71aA
	原生阔叶林（BLF）	11.56±0.98bA	10.76±0.80bA

随着毛竹入侵，微生物量碳增加，这可能是由于毛竹入侵改变了土壤微生物群落和多样性（Xu et al.，2015）。微生物群落数量和活性的增加进一步促进了有

机质的分解，加快了土壤呼吸速率，进而降低了土壤有机碳（Bai et al.，2016）。Wardle（1998）证实，较低的 pH 会加速微生物生物量的周转，较高的 pH 会降低微生物生物量周转率，延长周转时间。研究指出毛竹扩张能够提高森林土壤的 pH（Ouyang et al.，2022），更多的 C 通过同化作用暂时进入微生物体内，使得林地土壤微生物量碳增加。此外，由毛竹扩张引起的真菌定殖根系增加也可能是微生物生物量碳增加的原因（潘璐等，2015）。

研究发现，土壤微生物分解凋落物和根系所产生的分泌物是土壤活性有机碳来源之一（徐侠等，2008）。毛竹向阔叶林扩张改变了凋落物输入的速率和类型，间接影响了土壤水溶性有机碳浓度。林地土壤水溶性有机碳浓度增加也意味着毛竹扩张促进了土壤呼吸，有机物的分解速率加快，并使得土壤的有机碳库减小。

12.2.3　毛竹扩张与土壤有机质

土壤有机质是陆地生态系统中最大的碳库。土壤有机质的稳定性和可分解性在调节区域或局部碳循环以及大气和土壤之间的 CO_2 交换等方面起着重要作用（Stockmann et al.，2013）。土壤有机质的稳定性与当地植被类型、气候、土壤养分状况和土地利用方式密切相关（Stockmann et al.，2013）。在陆地碳通量的背景下，植被变化对土壤有机质的影响以及其对土壤碳库的生态影响具有重要意义。

毛竹拥有强大的繁殖潜力，通过利用自身强大的地下竹鞭系统横向扩张到周边较脆弱的次生林。毛竹对邻近生态系统的扩张会带来诸多复杂的影响。例如，毛竹与本地树种竞争光照、养分等资源导致林内幼树高死亡率（杨清培等，2015）；在毛竹扩张过程中，本地树种逐渐被淘汰，原生态系统的植被多样性（尤其是乔木层与灌木层）与群落物种组成发生巨大改变（欧阳明等，2016）。在陆地生态系统中，植被类型的变化将改变凋落物质量，并影响土壤有机质的组成和结构及其积累（Jien et al.，2011）。凋落物叶与根系是向森林土壤输入有机质的主要来源，对土壤有机质库具有重要贡献（Van Do et al.，2015）。Wang 等（2016a）对比研究了毛竹林凋落物与日本雪松林凋落物的化学组分，指出毛竹凋落物中含氧烷基碳与二氧烷基碳（在可水解多糖，如纤维素与半纤维素，中占主导地位）占比显著高于日本雪松凋落物；从日本雪松林到毛竹林，土壤有机质的降解加速，土壤有机碳的含量也随之减少。

此外，毛竹扩张所造成的植被变化亦会引起土壤微生物群落结构和活性的改变，从而间接影响生态系统中土壤有机质的数量和组成。土壤有机质以及微生物组成的变化会影响土壤呼吸速率与土壤 CO_2 排放。

此外，毛竹的集约经营也会对土壤碳库造成负面影响。例如，频繁收获竹笋会造成毛竹林土壤侵蚀与黏土流失加剧，对土壤有机质的保护与存储能力大幅下降，造成土壤有机质的加速分解（Telles et al.，2003）。Li 等（2013）研究发现长期耕作加速了土壤有机质的分解速率，并削减了毛竹林土壤中的有机碳储量。另外，集约经营一般会利用整地、施肥等操作改善土壤结构，促进苗木生长。而这些土壤扰动则会破坏有机碳的物理保护，导致土壤剖面不同深度的有机碳以不同的速率分解，加剧林地土壤的碳氮损失（Wang et al.，2011）。

12.3　毛竹扩张与土壤氮库

氮是植物生长和发育所需的大量营养元素之一，在所有必需营养元素中，氮是限制植物生长和最终产出的首要因素（Vitousek and Howarth，1991）。氮的有效性和氮素的不同形态共同作用，影响着植物对氮素的吸收和利用。施用氮素的形态不同，植物的生长发育和产量也会有较大的差异。硝态氮和铵态氮作为植物利用的两种主要氮素形态，植被对它们的吸收和同化显著影响植株的生长（李安亮，2016）。铵态氮和硝态氮因地区差异、季节变化、植被类型的不同，会有较大的差异（Zhang et al.，2008；Yan et al.，2009；Tong et al.，2012）。外来植物入侵对土壤铵态氮和硝态氮含量的影响同样存在争议，如研究表明日本小檗入侵硬木林后，导致土壤硝态氮含量增加，而硝态氮含量的增加可能抑制了原生态系统内其他优势种的生长（Kourtev et al.，1999）。另有研究则表明，草木犀入侵落基山脉草地导致土壤氮素的有效性下降，并且提高了入侵地土壤碳氮比（Wolf et al.，2004）。除此之外也有研究报道了外来植物入侵没有改变土壤无机氮含量，土壤铵态氮、硝态氮含量与入侵前无显著差异（Windham and Ehrenfeld，2003）。土壤氮素作为植物生长发育所必需的和从土壤中获取最多的营养元素之一，与毛竹的出笋、成竹过程有着密切的关系（高培军等，2014）。毛竹入侵对土壤的氮库、氮素形态等都会产生影响，如碱解氮含量和土壤总氮含量均上升（吴家森等，2008；宋庆妮，2013）。

土壤中有机碳和有机氮在全球碳、氮循环中发挥重要的作用，森林土壤有机碳和有机氮也是陆地生态系统碳库和氮库的重要组成部分。毛竹入侵类似于植物入侵，入侵后原有植被和土壤微生物的组成都发生改变，进而改变凋落物分解速率，最后对土壤碳、氮循环产生影响（Liao et al.，2008）。在现实情况中，国家保护区内森林具有相对稳定的有机碳、氮组成，有机碳和有机氮含量就难以直观判断毛竹入侵对土壤的碳库、氮库动态的影响（Zhang et al.，2013d）。土壤活性有机碳、氮在土壤有机碳库和氮库中的比例不大，但却有不可替代的作用，活性有机碳、氮易被分解、矿化或被植物吸收，其改变更容易对土壤碳、氮的转化过程产生重大影响（Jaffrain et al.，2007）。其中，土壤水溶性有机碳、土壤水溶性有机氮、土壤微生物生物量碳与微生物生物量氮是土壤活性有机碳、氮库的常用指标（Chantigny，2003）。土壤水溶性有机氮是土壤中氮素由有机转变为无机的中间形态，影响土壤养分的转换过程。同为有机碳、氮库中一部分的土壤微生物生物量碳、氮是环境变化最为敏感的生命指标，可以直接与水溶性有机碳、氮相互作用并参与到土壤生物化学转化过程（徐道炜等，2019a）。因此，深入了解土壤活性有机碳、氮的变化，有助于理解植物入侵对土壤有机碳、氮的影响。

池鑫晨等（2020）在浙江省余杭区午潮山国家森林公园开展了相关研究。研究地点处中亚热带，气候属亚热带类型，该区年平均温度为 16.1℃，其中 1 月平均温度最低，约为 3.9℃，7 月平均气温最高，约为 28.3℃，年平均相对湿度约为 79.5%，年平均降水量为 1509mm，年平均日照时数约为 1527h。由于毛竹种群扩张，现在该地区已经存在较多的毛竹入侵地段，分布有竹阔混交林和毛竹纯林等林分。样地于 2018 年 3 月设置在午潮山，海拔约为 350m，建设毛竹入侵长期样地，在毛竹入侵地段上选择地形、坡度、坡位、坡向、海拔等初始条件基本一致的 3 条样带，样带上连续分布 3 种林分类型：天然常绿阔叶林、阔叶毛竹混交林、毛竹林，每种林分内各设置 3 个 20m×20m 标准样地，共 9 个，并进行样地调查。结果表明，阔叶林被入侵后，常绿阔叶林土壤有机氮＞竹阔混交林＞毛竹纯林，土壤年平均氮含量不断下降（表 12-5）。土壤年平均水溶性有机碳下降幅度更大，年平均土壤水溶性氮含量在被入侵为混交林后降低了 29.71%，在被完全入侵为毛竹纯林后下降了 38.48%（池鑫晨等，2020）。毛竹扩张对土壤微生物生物量氮含量的影响显著，呈现为阔叶林（128.99mg·kg^{-1}）＞竹阔混交林（101.59mg·kg^{-1}）＞毛竹纯林（68.64mg·kg^{-1}）（池鑫晨等，2020）。毛竹入侵导致土壤有机氮库的减少，可能是随着毛竹入侵程度加深，微生物结构与活性的改变，不断消耗了更多的水溶性有机碳、氮，改变了原有阔叶林土壤 N_2O 和 CO_2 排放模式，随着时间的推移，量变引起质变，最终导致土壤有机碳、氮库降低（Xu et al.，2015）。

表 12-5　不同林分年均土壤有机氮、水溶性有机氮和微生物量氮含量（池鑫晨等，2020）

群落类型	土壤有机氮/(g·kg^{-1})	水溶性有机氮/(mg·kg^{-1})	微生物量氮/(mg·kg^{-1})
常绿阔叶林	4.13±0.08a	27.57±1.31a	128.99±3.46a
竹阔混交林	4.02±0.03a	19.38±0.77b	101.59±1.89b
毛竹纯林	3.22±0.12b	16.96±2.48b	68.64±2.58c

注：同列不同小写字母表示不同林分间存在显著差异。

Bai 等（2016）为量化毛竹扩张对土壤 C 库和 N 库的影响，在天目山自然保护区进行了毛竹扩张研究。毛竹扩张影响了林地土壤的全氮含量，并且随着毛竹

成功完成对阔叶林的入侵，0～20cm 土层的土壤全氮含量比初期显著降低（表
12-6）。在 MF 中，2014 年林地土壤全氮含量显著低于 2005 年（表 12-6）。

表 12-6　不同林分的土壤全氮含量（g·cm^{-2}）（Bai et al., 2016）

土层	林分类型	2005 年	2014 年
	纯毛竹林（BF）	0.091±0.005bA	0.094±0.007bA
0～60cm	过渡地块（MF）	0.110±0.005aA	0.099±0.006bB
	原生阔叶林（BLF）	0.112±0.008aA	0.111±0.006aA

注：同列不同的小写字母表示不同林分间差异显著；同行不同大写字母表示同一林分不同年份土壤全氮库之间存在显著差异；下同。

土壤中的活性氮也由于毛竹扩张发生了变化。土壤微生物量氮随着毛竹不断扩张而不断降低，2005 年与 2014 年毛竹林土壤微生物量氮含量均显著低于BLF（$p<0.05$）（表 12-7）。2005 年与 2014 年阔叶林土壤水溶性有机氮含量均显著高于毛竹纯林（表 12-8）。就 MF 而言，2014 年的土壤总氮、微生物量氮、水溶性有机氮含量均显著低于 2005 年，可见毛竹扩张对土壤氮库的负面影响随时间延长却并未有所缓解。毛竹作为本土扩张植物，因为具有生长迅速、繁殖能力强等特点逐渐向周边脆弱的森林生态系统入侵。在其扩张繁殖的过程中，需要消耗大量的氮素用于自身的生长，这加速了土壤中氮素的消耗（Bai et al., 2016）。

表 12-7　不同林分土壤微生物量氮含量（mg·cm^{-2}）（Bai et al., 2016）

土层	林分类型	2005 年	2014 年
	纯毛竹林（BF）	1.06±0.09bA	0.97±0.06cA
0～60cm	过渡地块（MF）	1.14±0.05aA	1.06±0.04bB
	原生阔叶林（BLF）	1.14±0.10aA	1.19±0.09aA

表 12-8　不同林分的土壤水溶性有机氮含量（mg·cm^{-2}）（Bai et al., 2016）

土层	林分类型	2005 年	2014 年
	纯毛竹林（BF）	2.41±0.07bA	2.27±0.06bA
0～60cm	过渡地块（MF）	2.74±0.10aA	2.46±0.07bB
	原生阔叶林（BLF）	2.74±0.09aA	2.81±0.07aA

12.4　毛竹林土地利用变化对土壤碳氮储量的影响

土地利用变化是继化石燃料燃烧后的第二个导致碳排放增加的主要原因，是土壤有机碳和土壤氮动态的重要驱动力。毛竹作为我国重要的经济林，分布广泛。

毛竹具有生长迅速、生物量累积快等特点，并且能够在 4～5 年内成熟并加以收获利用。次生林向毛竹人工林的转变代表了中国亚热带地区最重要的土地利用变化之一（Guan et al.，2015）。

Guan 等（2015）在中国安徽省南部石台县选择了立地条件相似的次生林和毛竹人工林（不同林分之间的距离小于 1km）进行研究，探究次生林向毛竹林转变的土地利用变化对土壤有机碳和氮储量的影响。次生林起源于 20 世纪 60 年代原始森林采伐后的自然更新。毛竹人工林于 1995 年在次生林（与所选次生林类型相同）被砍伐后，在没有重型机械的情况下，人工种植。毛竹人工林生长稳定后，人们会每年进行六分之一的择伐，每年冬天和早春都会挖竹笋。Guan 等（2015）在次生林和 18 年生毛竹人工林样地内采集土壤样本，测量总有机碳和氮浓度并计算土壤碳氮储量。结果表明，次生林与毛竹林中的土壤有机碳与氮浓度均随着土层深度的增加而降低（Guan et al.，2015）。土壤有机碳与氮均富集在土壤表层，天然次生林向毛竹林转化后，表层土壤的有机碳损失与氮损失最为严重（表 12-9）。此外，亚表层土壤的碳氮含量也受到了一定的影响。总的来说，次生林转换为毛竹林降低了 0～50cm 土层土壤有机碳、氮浓度（Guan et al.，2015）。

表 12-9　次生林向毛竹林转变对土壤有机碳与氮的影响（Guan et al.，2015）

林分类型	土层/cm	有机碳/（g·kg^{-1}）	全氮/（g·kg^{-1}）
次生林	0～10	60.36±3.57A	2.89±0.27A
	10～20	38.90±3.16A	1.87±0.22A
	20～30	28.33±3.50A	1.21±0.14A
	30～50	20.50±2.80A	0.86±0.13A
毛竹林	0～10	35.94±4.79B	2.33±0.29AB
	10～20	26.40±3.50B	1.37±0.17AB
	20～30	14.26±2.34B	0.74±0.10AB
	30～50	10.70±1.79B	0.43±0.08B

注：同列相同土层的数据后相同大写字母代表不同森林类型间差异不显著。

表层土壤（0～10cm）储存了总有机碳与总氮储量的三分之一，次生林向毛竹林转变使得土壤总有机碳储量与总氮储量显著下降（表 12-10）。研究指出，自然森林向人工林转化会造成林地土壤碳氮储量下降，而导致这一变化的因素是复杂的。例如，森林转化将使林分林龄变小，冠层关闭前凋落物的输入会显著减少。森林转化前的场地准备，如整地、砍伐、燃烧等，是降低碳氮储量的一个重要影响因素。此外，当人工林经历 30～40 年的过渡期后，森林生态系统将逐渐趋于新的稳定的平衡动态，土壤的碳氮储量将随种植年限增加而增加。

表 12-10　次生林向毛竹林转变对土壤有机碳与氮储量的影响（Guan et al.，2015）

林分类型	土层深度/cm	有机碳库/(t·hm^{-2})	氮库/(t·hm^{-2})
次生林	0～10	66.06±2.89A	3.16±0.25A
	10～20	46.96±3.11A	2.25±0.25A
	20～30	36.25±4.07A	1.55±0.16A
	30～50	54.41±6.33A	2.27±0.32B
	合计	203.68±14.27A	9.24±0.78A
毛竹林	0～10	40.98±5.34B	2.66±0.35B
	10～20	31.50±4.46B	1.63±0.21AB
	20～30	17.86±2.46B	0.93±0.11B
	30～50	27.91±3.98B	1.14±0.26B
	合计	118.25±14.79B	6.35±0.77B

注：同列相同土层的数据后相同大写字母代表不同森林类型间差异不显著。

　　综上所述，毛竹扩张对生态系统碳氮库的影响不容忽视。一般来说，稳定成熟的自然林一般不易受到毛竹的入侵，而一些次生林或废弃的经济林则是毛竹入侵的合适目标。此外，部分森林被人工破坏，并改造成为毛竹经济林。对于常绿阔叶林而言，其作为顶级的森林生态系统，在稳定性、自然资源储存、生态效益等诸多方面均优于毛竹林。因此，毛竹林成功入侵阔叶林所带来的影响极有可能负面多于正面，如生物多样性降低、森林碳氮储量缩减、土壤质量下降等。而对于部分脆弱的次生林，由于原林分的结构简单、土壤质量较差等问题极易受到外来干扰的影响，毛竹的入侵则有可能带来一定的正面效应。从毛竹林生态系统功能的角度来看，毛竹广泛的纤维状鞭根系统可以减少地表土壤的侵蚀，降低浅层滑坡的风险，并稳定河岸（Song et al.，2011）。宋庆妮等（2015）的研究指出，毛竹林的水文涵养效益优于阔叶林，竹林凋落物层能够保护表层土壤免受雨水的直接冲刷（Song et al.，2011）。生长在退化土地上的竹子能够通过回收土壤剖面更深层次土地中储存的养分来改良并恢复土壤（Christanty et al.，1996）。此外，毛竹林凋落物层缓慢的降解速率与高密度的地下细根均有助于恢复土壤的物理和化学性质（Christanty et al.，1996）。徐道炜等（2019a）研究毛竹入侵杉木林对土壤碳库管理指数的影响，其结果显示毛竹林碳储量更丰富，毛竹向杉木林扩张可以在一定程度上增加土壤有机碳储量。毛竹扩张能够加快土壤不稳定有机碳的更新速度，并增加其通量。同时毛竹凋落物与其特殊的鞭根系统能够提高土壤腐殖质和优化土壤孔隙度以及土壤通气性（徐道炜等，2019a）。毛竹向杉木林扩张在一定程度上有助于群落植被生长和土壤质量改善。未来对毛竹扩张的研究中，一方面需要更加关注不同入侵时期林分碳氮库的变化，扩展研究区域，设置长期定位观测。另一方面，也需要人们更加重视毛竹入侵现象，科学管理毛竹林以避免造成森林生态系统退化的严重后果。

第 13 章　毛竹扩张机制研究与管理展望

13.1　毛竹扩张潜在机制

毛竹林作为我国重要的森林类型，其扩张机制研究对科学、合理利用毛竹资源至关重要。随着毛竹扩张现象日趋严峻，其扩张机制（白尚斌等，2013a；杨清培等，2015；Canavan et al.，2017；Chen et al.，2021）和生态学效应（Song et al.，2011；Lin et al.，2014；Chang and Chiu，2015；Fukushima et al.，2015；Xu et al.，2015；Guan et al.，2017；Liu et al.，2019；Ni et al.，2021；Ouyang et al.，2022）也得到越来越多生态学者的关注。随着毛竹林的保育发展及其不断扩张，我国毛竹林面积已接近 500 万 hm^2（国家林业和草原局，2019），其扩张造成的生态学效应不可忽略。目前，对毛竹扩张现象的研究积累证实了多种不同方面的扩张机制，可以作为毛竹扩张管理和利用理论依据。虽然并非严格意义上的植物入侵，但是毛竹扩张与植物入侵在理论上有相似之处，可基于植物入侵理论对扩张毛竹林进行科学有效的管理（Xu et al.，2015；Li et al.，2017a，2017b）。基于近年来的系列毛竹扩张机制研究以及生物入侵理论，毛竹成功扩张机制包含多个方面，但总体上可归纳为以下三大类。

1）资源竞争能力

与扩张林分物种相比，毛竹竞争能力具有显著优势。毛竹生长迅速，同时可通过发达的地下鞭根系统向邻近区域扩张，并完成繁殖（刘骏等，2013a）。扩张中，毛竹地上部分极为迅速地生长，占据绝佳位置，获取光资源，实现对伴生物种光资源的掠夺（杨清培等，2015）。同时，其发达的地下鞭根系统在土壤养分吸收以及与伴生物物种根系生长竞争方面也占据绝对优势。毛竹通过对地上、地下生态位的掠夺，完成自身的繁殖和扩张，实现了对扩张区域物种的生长抑制。该扩张过程的核心机制即为其突出的竞争能力，助力了毛竹的不断扩张。

2）表型可塑性与环境适应性

毛竹对环境的适应能力和可塑性均较强，两者结合可有效促进扩张。在土壤养分资源限制环境中，毛竹可调控微生物群落（Chang and Chiu，2015；Zuo et al.，2022），如调控溶磷微生物群落构成以满足自身磷需求（祁红艳，2014），改变氮循环功能微生物群落（Zuo et al.，2022），或者改变氮素转化过程，"增铵抑硝"

以及增加氧化亚氮排放等过程（宋庆妮等，2013；Li et al.，2017b）；改变土壤理化性质，调控根系分泌物以提高养分可利用性（Chen et al.，2016；Ni et al.，2021；Ouyang et al.，2022）；输入不同养分周转特征的地上、地下凋落物，以调控养分周转速率等（Song et al.，2016；Liu et al.，2019；Pan et al.，2020；Pan et al.，2022）。以上过程均基于毛竹突出的表型可塑性和环境适应性，实现自身的生长和繁殖，进而实现顺利扩张。

3）全球变化因子正反馈

目前在控制条件下开展的全球变化因子效应研究，如氮沉降、增温等，证实毛竹可与全球变化因子形成正反馈，充分获得氮沉降、增温等因子的促进作用（Li et al.，2017b；Fang et al.，2022a）。此外，当前极端气候事件引起的干扰，包含台风，极端高温导致的野火，极端降水和低温导致的雨雪冰冻等，所引起的森林生态系统自然干扰（如形成林窗），均潜在促进毛竹进一步扩张。在全球变化以及封山育林背景下，与本地伴生物种相比，毛竹更易在各种全球变化因子及其导致的干扰中获得正反馈，进而实现持续性扩张（Zhang et al.，2017）。

毛竹扩张的机制研究目前存在诸多不同的理论解释，多数与毛竹自身竞争能力、可塑性、适应能力以及干扰正反馈相关。相关机制对毛竹的研究、开发和管理至关重要，有利于制定毛竹的科学管理方案。

13.2　毛竹扩张生态学效应及其管理展望

毛竹扩张作为一种重要的生态学现象，在毛竹分布区域显著改变了扩张生态系统的生态学过程。基于近年来不同生态系统研究，毛竹扩张主生态学效应主要包含改变物质输入和输出（李超等，2019；Liu et al.，2019），调控土壤理化性质和微生物群落（李永春等，2016a；Wang et al.，2016a；池鑫晨等，2020），影响入侵生态系统的物种组成（欧阳明等，2016）等方面。未来开展毛竹的管理、开发利用和研究，应在扩张机制指导下，基于其重要生态学效应开展。在全球变化背景下，基于目前对毛竹扩张的相关研究结果，毛竹扩张的管理应注重以下几个方面。

1）基于扩张区域类型，制定防控预案

对自然保护区，尤其是分布有古树名木或者重点保护物种的区域，应提前制定毛竹扩张防控措施，对已出现的扩张性毛竹应尽早进行科学伐除。对于集约型经营的农田、果园等脆弱生态系统，如周边分布有毛竹林，应制定防控预案，避免形成扩张后开展伐除导致进一步的生态系统损害，提高管控成本。此外，分布有毛竹的重点建筑周边应建立防控区域，严防扩张性毛竹在防控区出现。

2）评估毛竹扩张生态学效应，合理清除已扩张林分

根据毛竹扩张的生态学效应，对确定出现负效应的扩张毛竹，应进行合理清除。例如，毛竹扩张导致生物多样性降低，而且可能促进林地土壤温室气体（如二氧化碳、氧化亚氮）排放，这对生态系统保护和缓解全球气候变化不利。基于对应的负效应，在不影响扩张区域生态系统稳定性和功能的基础上，可进行科学清理，以避免负效应进一步增强。

3）立足国家"碳达峰、碳中和"目标，挖掘毛竹林固碳潜力

在国家"碳达峰、碳中和"目标背景下，应充分利用毛竹的快速生长优势，挖掘其在增加森林碳库方面的巨大潜力，提高毛竹林"碳中和"贡献。因而，可以因地制宜适当开发荒山等，在保证安全的前提下开展毛竹林营造，积极参与固碳，融入"碳贸易"，提高林农积极性，树立"绿水青山就是金山银山"地方品牌，可有效促进当地经济社会发展。

4）基于全球变化因子互作，开展毛竹防控研究，降低生态系统干扰

扩张毛竹的伐除一方面需要较高的用工成本，另一方面可能会导致较严重的生态系统和土壤干扰，极易导致水土流失等。因而，应基于全球变化因子互作，探讨全球变暖、二氧化碳浓度增加、氮沉降加剧等因子对毛竹扩张的深层影响。深入研究毛竹生理生态学特性，借助分子生物学、生物化学等手段，开展毛竹的科学防控，逐步替代目前成本较高的物理防控。开发环境友好、绿色经济的毛竹防控方法，将极大缓解毛竹扩张带来的生态学负效应及其防控导致的高投入。

总之，应给予毛竹扩张足够重视，科学论证其生态学效应，并积极应对其无序扩张。在全球变化加剧以及"碳达峰、碳中和"背景下，应基于具体生态系统，制定科学的毛竹资源开发和管理利用方案，以实现生态系统高效保护和生态系统功能的充分利用。

参 考 文 献

白尚斌, 周国模, 王懿祥, 等, 2012. 天目山国家级自然保护区毛竹扩散过程的林分结构变化研究[J]. 西部林业科学, 41(1): 77-82.

白尚斌, 周国模, 王懿祥, 等, 2013a. 天目山保护区森林群落植物多样性对毛竹入侵的响应及动态变化[J]. 生物多样性, 21(3): 288-295.

白尚斌, 周国模, 王懿祥, 等, 2013b. 毛竹入侵对常绿阔叶林主要树种的化感作用研究[J]. 环境科学, 34(10): 4066-4072.

白潇, 张世熔, 钟钦梅, 等, 2018. 中国东部区域土壤活性有机碳分布特征及其影响因素[J]. 生态环境学报, 29(9): 1625-1631.

包维楷, 刘照光, 刘朝禄, 等, 2000. 中亚热带原生和次生湿性常绿阔叶林种子植物区系多样性比较[J]. 云南植物研究, (4): 408-418.

蔡亮, 张瑞霖, 李春福, 等, 2003. 基于竹鞭状态分析的抑制毛竹林扩散的方法[J]. 东北林业大学学报, 31(5): 68-70.

蔡燕飞, 廖宗文, 2002. 土壤微生物生态学研究方法进展[J]. 生态环境学报, 11(2): 167-171.

曹登超, 高霄鹏, 李磊, 等, 2019. 氮磷添加对昆仑山北坡高山草地 N_2O 排放的影响[J]. 植物生态学报, 43(2): 165-173.

曹慧丽, 樊丹丹, 姚敏杰, 等, 2021. 土壤反硝化过程速率测定方法[J]. 应用与环境生物学报, 27(4): 1102-1109.

曹文超, 宋贺, 王娅静, 等, 2019. 农田土壤 N_2O 排放的关键过程及影响因素[J]. 植物营养与肥料学报, 25(10): 1781-1798.

常玉, 余新晓, 陈丽华, 等, 2014. 模拟降雨条件下林下枯落物层减流减沙效应[J]. 北京林业大学学报, 36(3): 69-74.

车荣晓, 邓永翠, 吴伊波, 等, 2017. 生物固氮与有效氮的关系: 从分子到群落[J]. 生态学杂志, 36(1): 224-232.

陈慈禄, 2003. 泡桐毛竹混交林混交效果试验研究[J]. 西南林学院学报, 23(2): 31-33.

陈法霖, 江波, 张凯, 等, 2011. 退化红壤丘陵区森林凋落物初始化学组成与分解速率的关系[J]. 应用生态学报, 22(3): 565-570.

陈洪连, 张彦东, 孙海龙, 等, 2015. 东北温带次生林采伐干扰对土壤氮矿化的影响[J]. 生态与农村环境学报, 31(1): 88-93.

陈珺, 张庆晓, 顾娇, 等, 2021. 毛竹入侵对杉木林生长和植被组成的初期影响[J]. 福建农林大学学报(自然科学版), 50(4): 517-523.

陈龙池, 汪思龙, 陈楚莹, 2004. 杉木人工林衰退机理探讨[J]. 应用生态学报, (10): 1953-1957.

陈茂铨, 金晓春, 吴林森, 等, 2010. 竹林碳汇功能及其影响因子研究进展[J]. 竹子研究汇刊, 29(3): 5-9.

陈秋会, 2014. 设施菜地土壤硝化作用的特征及其微生物学机制[D]. 杭州: 浙江大学博士学位论文.

陈全胜, 李凌浩, 韩兴国, 等, 2004. 典型温带草原群落土壤呼吸温度敏感性与土壤水分的关系[J]. 生态学报, (4): 831-836.

陈书涛, 刘巧辉, 胡正华, 等, 2013. 不同土地利用方式下土壤呼吸空间变异的影响因素[J]. 环境科学, 34(3): 1017-1025.

陈四清, 崔骁勇, 周广胜, 等, 1999. 内蒙古锡林河流域大针茅草原土壤呼吸和凋落物分解的 CO_2 排放速率研究[J]. 植物学报, (6): 86-91.

陈先刚, 张一平, 张小全, 等, 2008. 过去 50 年中国竹林碳储量变化[J]. 生态学报, (11): 5218-5227.

陈阳, 王新杰, 2014. 闽西北丘陵地毛竹林下植物多样性的研究[J]. 中南林业科技大学学报, 34(1): 84-88.

陈志豪, 2018. 毛竹入侵阔叶林对土壤氮素矿化的影响及其微生物学机制[D]. 杭州: 浙江农林大学硕士学位论文.

程明圣, 邹娜, 2021. 毛竹扩张对森林生态的影响及其管控研究进展[J]. 江汉大学学报, 03-0049-07.

程淑兰, 方华军, 于贵瑞, 等, 2012. 森林土壤甲烷吸收的主控因子及其对增氮的响应研究进展[J]. 生态学报, 32(15): 4914-4923.

程艳艳, 2014. 化学计量内稳性与毛竹入侵生态系统稳定性关系的研究[D]. 杭州: 浙江农林大学硕士学位论文.

池鑫晨, 2020. 毛竹入侵常绿阔叶林对土壤呼吸及活性有机碳氮的影响[D]. 杭州: 浙江农林大学硕士学位论文.

池鑫晨, 宋超, 朱向涛, 等, 2020. 毛竹入侵常绿阔叶林对土壤活性有机碳氮的动态影响[J]. 生态学杂志, 39(7): 2263-2272.

崔诚, 2018. 毛竹扩张对土壤结构组成及碳氮磷化学计量特征的影响研究[D]. 南昌: 江西农业大学硕士学位论文.

崔东, 肖治国, 赵玉, 等, 2017. 不同土地利用类型对伊犁地区土壤活性有机碳库和碳库管理指数的影响[J]. 水土保持研究, 24(1): 61-67.

戴雅婷, 闫志坚, 解继红, 等, 2017. 基于高通量测序的两种植被恢复类型根际土壤细菌多样性研究[J]. 土壤学报, 54(3): 735-748.

邓邦良, 刘倩, 刘喜帅, 等, 2017. UV-B 辐射增强和氮沉降对入侵植物乌桕生长的影响[J]. 植物生态学报, 41(3): 471-479.

邓华平, 王光军, 耿赓, 2010. 樟树人工林土壤氮矿化对改变凋落物输入的响应[J]. 北京林业大学学报, 32(3): 47-51.

邓琦, 刘世忠, 刘菊秀, 等, 2007. 南亚热带森林凋落物对土壤呼吸的贡献及其影响因素[J]. 地球科学进展, (9): 976-986.

杜满义, 2010. 不同类型毛竹林碳库特征研究[D]. 北京: 中国林业科学研究院硕士学位论文.

杜满义, 范少辉, 刘广路, 等, 2016. 中国毛竹林碳氮磷生态化学计量特征[J]. 植物生态学报, 40(8): 760-774.

囤兴建, 曲宏辉, 田野, 等, 2013. 间伐对长江滩地杨树人工林土壤有效氮素的影响[J]. 南京林业大学学报(自然科学版), 37(4): 45-50.

樊明寿, 孙亚卿, 邵金旺, 等, 2005. 不同形态氮素对燕麦营养生长和磷素利用的影响[J]. 作物学报, (1): 114-118.

范辉华, 1999. 新造毛竹林竹鞭生长规律的研究[J]. 福建林学院学报, 19(1): 30-32.

范少辉, 马祥庆, 陈绍栓, 等, 2000. 多代杉木人工林生长发育效应的研究[J]. 林业科学, 36(4): 9-15.

范少辉, 申景昕, 刘广路, 等, 2019. 毛竹向杉木林扩展对土壤养分含量及计量比的影响[J]. 西北植物学报, 39(8): 1455-1462.

方海富, 2021. 毛竹扩张对日本柳杉土壤 N_2O 排放的影响及微生物机制研究[D]. 南昌: 江西农业大学硕士学位论文.

方海富, 冯为迅, 罗来聪, 等, 2021. 氮沉降背景下土壤微生物对入侵植物乌桕叶绿素荧光特征的影响[J]. 生态学报, 41(23): 9377-9387.

方华军, 程淑兰, 于贵瑞, 等, 2014. 大气氮沉降对森林土壤甲烷吸收和氧化亚氮排放的影响及其微生物学机制[J]. 生态学报, 34(17): 4799-4806.

方慧云, 2019. 生物质炭输入对毛竹林固碳量及土壤温室气体排放的影响[D]. 杭州: 浙江农林大学硕士学位论文.

方韬, 2021. 毛竹入侵替代阔叶林后土壤有机碳矿化与微生物群落特征的演变[D]. 杭州: 浙江农林大学硕士学位论文.

方韬, 李永春, 姚泽秀, 等, 2021. 种植阔叶树种和毛竹对土壤有机碳矿化与微生物群落结构的影响[J]. 应用生态学报, 32(1): 82-92.

方运霆, 莫江明, 周国逸, 等, 2004. 南亚热带森林土壤有效氮含量及其对模拟氮沉降增加的初期响应[J]. 生态学报, 24(11): 2353-2359.

费鹏飞, 2009. 森林凋落物对林地土壤肥力的影响[J]. 安徽农学通报, 15(13): 55-56.

冯虎元, 程国栋, 安黎哲, 2004. 微生物介导的土壤甲烷循环及全球变化研究[J]. 冰川冻土, 26(4): 411-419.

高培军, 邱永华, 周紫球, 等, 2014. 氮素施肥对毛竹生产力与光合能力的影响[J]. 浙江农林大学学报, 31(5): 697-703.

高三平, 李俊祥, 徐明策, 等, 2007. 天童常绿阔叶林不同演替阶段常见种叶片 N、P 化学计量学特征[J]. 生态学报, 27(3): 947-952.

高升华, 张旭东, 汤玉喜, 等, 2013. 滩地美洲黑杨人工林皆伐对地表甲烷通量的短期影响[J]. 林业科学, 49(1): 7-13.

葛宝明, 李振兴, 张代臻, 等, 2012. 盐城 5 种绿地春季大型土壤动物群落的生物多样性[J]. 动物学杂志, 47(2): 1-7.

葛晓改, 周本智, 肖文发, 2014. 马尾松人工林凋落物产量、养分含量及养分归还量特性[J]. 长江流域资源与环境, 23(7): 996-1003.

耿伯介, 王正平, 1996. 中国植物志第九卷第一分册[M]. 北京: 科学出版社.

龚伟, 胡庭兴, 王景燕, 等, 2008. 川南天然常绿阔叶林人工更新后土壤碳库与肥力的变化[J]. 生态学报, 28(6): 2536-2545.

顾红梅, 邓光华, 黄玲, 等, 2016. 毛竹幼苗对不同氮含量及形态的营养响应[J]. 竹子学报, 2016, 35(3): 44-49+54.

郭宝华, 范少辉, 杜满义, 等, 2014a. 土地利用方式对土壤活性碳库和碳库管理指数的影响[J]. 生态学杂志, 33(3): 723-728.

郭宝华, 刘广路, 范少辉, 等, 2014b. 不同生产力水平毛竹林碳氮磷的分布格局和计量特征[J]. 林业科学, 50(6): 1-9.

郭华, 张桂萍, 铁军, 等, 2015. 太行山南段油松群落物种多样性研究[J]. 植物科学学报, 33(2): 151-157.

郭剑芬, 杨玉盛, 陈光水, 等, 2006. 森林凋落物分解研究进展[J]. 林业科学, 42(4): 93-100.

郭亮, 2018. 氮沉降对长白山天然次生林土壤呼吸的影响[D]. 哈尔滨: 黑龙江大学硕士学位论文.

国家林业和草原局, 2019. 中国森林资源报告(2014-2018)[M]. 北京: 中国林业出版社.

何容, 汪家社, 施政, 等, 2009. 武夷山植被带土壤微生物量沿海拔梯度的变化[J]. 生态学报, 29(9): 5138-5144.

何震, 张礼宏, 连珍珍, 等, 2015. 植物入侵对河口湿地土壤碳循环影响研究进展[J]. 亚热带水土保持, 27(3): 6-10.

贺纪正, 张丽梅, 2013. 土壤氮素转化的关键微生物过程及机制[J]. 微生物学通报, 40(1): 98-108.

贺金生, 韩兴国, 2010. 生态化学计量学: 探索从个体到生态系统的统一化理论[J]. 植物生态学报, 34(1): 2-6.

贺淑霞, 李叙勇, 莫菲, 等, 2011. 中国东部森林样带典型森林水源涵养功能[J]. 生态学报, 31(12): 3285-3295.

洪思思, 缪崇崇, 方本基, 等, 2008. 浙江省阔叶丰花草入侵群落物种多样性、生态位及种间联结研究[J]. 武汉植物学研究, (5): 501-508.

洪伟, 胡喜生, 吴承祯, 等, 2004. 福建省毛竹混交林群落结构特征的比较[J]. 植物资源与环境学报, (1): 37-42.

侯海军, 秦红灵, 陈春兰, 等, 2014. 土壤氮循环微生物过程的分子生态学研究进展[J]. 农业现代化研究, 35(5): 588-594.

侯利涵, 黄孝风, 陈慧晶, 等, 2019. 水培条件下毛竹幼苗的氮响应研究[J]. 西北林学院学报,

34(6): 49-54.

侯学会, 牛铮, 黄妮, 等, 2012. 广东省桉树碳储量和碳汇价值估算[J]. 东北林业大学学报, 40(8): 13-17.

胡启武, 吴琴, 李东, 等, 2005. 不同土壤水分含量下高寒草地 CH_4 释放的比较研究[J]. 生态学杂志, (2): 118-122.

胡霞, 吴宁, 王乾, 等, 2012. 青藏高原东缘雪被覆盖和凋落物添加对土壤氮素动态的影响[J]. 生态环境学报, 21(11): 1789-1794.

胡艳玲, 韩士杰, 李雪峰, 等, 2009. 长白山原始林和次生林土壤有效氮含量对模拟氮沉降的响应[J]. 东北林业大学学报, 37(5): 36-38.

胡肄慧, 陈灵芝, 陈清朗, 等, 1987. 几种树木枯叶分解速率的试验研究[J]. 植物生态学与地植物学学报, (2): 124-132.

胡肄慧, 陈灵芝, 孔繁志, 等, 1986. 两种中国特有树种的枯叶分解速率[J]. 植物生态学与地植物学丛刊, (1): 35-43.

黄昌勇, 2000. 土壤学[M]. 北京: 中国农业出版社.

黄承标, 尹华田, 王凌晖, 等, 2010. 毛竹林不同经营管理措施对土壤理化性质的影响[J]. 竹子研究汇刊, 29(3): 35-41.

黄承才, 葛滢, 常杰, 等, 1999. 中亚热带东部三种主要木本群落土壤呼吸的研究[J]. 生态学报, 19(3): 324-328.

黄锦学, 黄李梅, 林智超, 等, 2010. 中国森林凋落物分解速率影响因素分析[J]. 亚热带资源与环境学报, 5(3): 56-63.

黄玲, 2018. 毛竹和栲树幼苗生长铵硝响应差异的生理机制研究[D]. 南昌: 江西农业大学硕士学位论文.

黄启堂, 陈爱玲, 贺军, 2006. 不同毛竹林林地土壤理化性质特征比较[J]. 福建林学院学报, (4): 299-302.

黄树辉, 吕军, 2004. 农田土壤 N_2O 排放研究进展[J]. 土壤通报, (4): 516-522.

黄张婷, 2014. 雷竹生态系统植硅体封存有机碳汇研究[D]. 杭州: 浙江农林大学硕士学位论文.

贾桂康, 薛跃规, 2011. 紫茎泽兰和飞机草在广西的入侵生境植物多样性分析[J]. 生态环境学报, 20(5): 819-823.

蒋有绪, 2000. 国际森林可持续经营问题的进展[J]. 资源科学, (6): 77-82.

蒋志刚, 马克平, 韩兴国, 1997. 保护生物学[M]. 杭州: 浙江科技出版社.

焦燕, 黄耀, 2003. 影响农田氧化亚氮排放过程的土壤因素[J]. 气候与环境研究, 8(4): 457-466.

金宝石, 闫鸿远, 王维奇, 等, 2017. 互花米草入侵下湿地土壤碳氮磷变化及化学计量学特征[J]. 应用生态学报, 28(5): 1541-1549.

靳新影, 张肖冲, 金多, 等, 2020. 腾格里沙漠东南缘不同生物土壤结皮细菌多样性及其季节动态特征[J]. 生物多样性, 28(6): 718-726.

柯世朕, 李德志, 范旭丽, 等, 2008. 克隆植物中的劳动分工及其生态学效应[J]. 热带亚热带植物学报, (6): 586-594.

雷云飞, 张卓文, 苏开君, 等, 2007. 流溪河森林各演替阶段凋落物层的水文特性[J]. 中南林业科技大学学报, 27(6): 38-43.

李安亮, 2016. 不同油茶品种对氮素形态的响应研究[D]. 长沙: 中南林业科技大学硕士学位论文.

李波成, 邬奇峰, 张金林, 等, 2014. 真菌及细菌对毛竹及阔叶林土壤氧化亚氮排放的贡献[J]. 浙江农林大学学报, 31(6): 919-925.

李超, 2019. 模拟氮沉降下毛竹扩张对凋落物分解及土壤 N_2O 和 CO_2 排放的影响[D]. 南昌: 江西农业大学硕士学位论文.

李超, 刘苑秋, 王翰琨, 等, 2019. 庐山毛竹扩张及模拟氮沉降对土壤 N_2O 和 CO_2 排放的影响[J]. 土壤学报, 56(1): 146-155.

李翀, 2015. 经营措施对毛竹林生态系统净碳汇功能的影响研究[J]. 杭州: 浙江农林大学硕士学位论文.

李翀, 周国模, 施拥军, 等, 2017, 不同经营措施对毛竹林生态系统净碳汇能力的影响[J]. 林业科学, 53(2): 1-9.

李贵才, 韩兴国, 黄建辉, 等, 2001. 森林生态系统土壤氮矿化影响因素研究进展[J]. 生态学报, (7): 1187-1195.

李海奎, 雷渊才, 2010. 中国森林植被生物量和碳储量评估[M]. 北京: 中国林业出版社.

李海奎, 雷渊才, 曾伟生, 2011. 基于森林清查资料的中国森林植被碳储量[J]. 林业科学, 47(7): 7-12.

李明峰, 董云社, 耿元波, 等, 2004. 草原土壤的碳氮分布与 CO_2 排放通量的相关性分析[J]. 环境科学, (2): 7-11.

李淑兰, 陈永亮, 2004. 不同落叶林林下凋落物的分解与养分归还[J]. 南京林业大学学报(自然科学版), (5): 59-62.

李顺鹏, 张瑞福, 崔中利, 2004. 土壤微生物群落结构研究方法进展[J]. 土壤, (5): 476-480.

李思琦, 臧昆鹏, 宋伦, 2020. 湿地甲烷代谢微生物产甲烷菌和甲烷氧化菌的研究进展[J]. 海洋环境科学, 39(3): 488-496.

李文杰, 张时煌, 2010. GIS 和遥感技术在生态安全评价与生物多样性保护中的应用[J]. 生态学报, 30(23): 6674-6681.

李星, 金荷仙, 2013. 植物入侵研究[J]. 农学学报, 3(3): 39-43.

李雪峰, 韩士杰, 胡艳玲, 等, 2008. 长白山次生针阔混交林叶凋落物中有机物分解与碳、氮和磷释放的关系[J]. 应用生态学报, 19(2): 245-251.

李永春, 梁雪, 李永夫, 等, 2016. 毛竹入侵阔叶林对土壤真菌群落的影响[J]. 应用生态学报, 27(2): 585-592.

李玉敏, 冯鹏飞, 2019. 基于第九次全国森林资源清查的中国竹资源分析[J]. 世界竹藤通讯, 17(6): 45-48.

李渊, 2016. 黄土高原苜蓿草地 N_2O 排放及生产性能对氮添加的响应[D]. 兰州: 兰州大学硕士学位论文.

李真真, 2017. 武功山三种植被类型凋落物—土壤 C/N/P 化学计量特征[D]. 南昌: 江西农业大学硕士学位论文.

李志安, 邹碧, 丁永祯, 等, 2004. 森林凋落物分解重要影响因子及其研究进展[J]. 生态学杂志, (6): 77-83.

梁雪, 2017. 毛竹入侵阔叶林对土壤固碳功能菌群落特征的影响及其机制[D]. 杭州: 浙江农林大学硕士学位论文.

廖利平, Lindley D K, 杨永辉, 1997. 森林叶凋落物混合分解的研究 I.缩微(Microcosm)实验[J]. 应用生态学报, (5): 12-17.

廖旭祥, 2010. 武夷山毛竹纯林和竹阔混交林凋落物动态[J]. 林业勘察设计, (1): 61-63.

林波, 刘庆, 吴彦, 等, 2004. 森林凋落物研究进展[J]. 生态学杂志, (1): 60-64.

林成芳, 高人, 陈光水, 等, 2007. 凋落物分解模型研究进展[J]. 福建林业科技, (3): 227-233.

林倩倩, 王彬, 马元丹, 等, 2014. 天目山国家级自然保护区毛竹林扩张对生物多样性的影响[J]. 东北林业大学学报, 42(9): 43-47+71.

刘超, 王洋, 王楠, 等, 2012. 陆地生态系统植被氮磷化学计量研究进展[J]. 植物生态学报, 36(11): 1205-1216.

刘峰, 2017. 不同施肥处理下三种典型旱地土壤 N_2O 排放特征和微生物机理的研究[D]. 太原: 山西大学硕士学位论文.

刘广路, 范少辉, 唐晓鹿, 等, 2017. 毛竹向杉木林扩展过程中叶功能性状的适应策略[J]. 林业科学, 53(8): 17-25.

刘君, 2017. 不同入侵程度的加拿大一枝黄花对本地植物群落物种多样性和功能多样性的影响[D]. 镇江: 江苏大学硕士学位论文.

刘骏, 杨清培, 宋庆妮, 等, 2013a. 毛竹种群向常绿阔叶林扩张的细根策略[J]. 植物生态学报,

37(3): 230-238.

刘骏, 杨清培, 余定坤, 等, 2013b. 细根对竹林-阔叶林界面两侧土壤养分异质性形成的贡献[J]. 植物生态学报, 37(8): 739-749.

刘瑞鹏, 毛子军, 李兴欢, 等, 2013. 模拟增温和不同凋落物基质质量对凋落物分解速率的影响[J]. 生态学报, 33(18): 5661-5667.

刘实, 王传宽, 许飞, 2010. 4 种温带森林非生长季土壤二氧化碳、甲烷和氧化亚氮通量[J]. 生态学报, 30(15): 4075-4084.

刘烁, 2010. 毛竹蔓延过程中林内光环境变化对其他树种的影响[J]. 杭州: 浙江农林大学硕士学位论文.

刘烁, 周国模, 白尚斌, 2011. 基于光照强度变化的毛竹扩张对杉木影响的探讨[J]. 浙江农林大学学报, 28(4): 550-554.

刘彤, 胡丹, 魏晓雪, 等, 2010. 红松人工林下植物物种多样性分析[J]. 东北林业大学学报, 38(5): 28-29.

刘万德, 苏建荣, 李帅锋, 等, 2010. 云南普洱季风常绿阔叶林演替系列植物和土壤 C、N、P 化学计量特征[J]. 生态学报, (23): 6581-6590.

刘希珍, 范少辉, 刘广路, 等, 2016. 毛竹林扩展过程中主要群落结构指标的变化特征[J]. 生态学杂志, 35(12): 3165-3171.

刘希珍, 封焕英, 蔡春菊, 等, 2015. 毛竹向阔叶林扩展过程中的叶功能性状研究[J]. 北京林业大学学报, 37(8): 8-17.

刘喜帅, 2018. 毛竹扩张对凋落物-土壤碳氮磷含量的影响及其微生物学机制研究[D]. 南昌: 江西农业大学硕士学位论文.

刘小玉, 2020. 毛竹向常绿阔叶林扩张对碳氮磷硅储量及其化学计量特征影响研究[D]. 福州: 福建农林大学硕士学位论文.

刘效东, 乔玉娜, 周国逸, 等, 2013. 鼎湖山 3 种不同演替阶段森林凋落物的持水特性[J]. 林业科学, 49(9): 8-15.

刘源月, 江洪, 邱忠平, 等, 2009. 亚热带典型森林生态系统土壤呼吸[J]. 西南交通大学学报, 44(4): 590-594.

刘远, 朱继荣, 吴丽晨, 等, 2017. 施用生物质炭对采煤塌陷区土壤氨氧化微生物丰度和群落结构的影响[J]. 应用生态学报, 28(10): 3417-3423.

柳敏, 宇万太, 姜子绍, 等, 2006. 土壤活性有机碳[J]. 生态学杂志, 25(11): 1412-1417.

卢广超, 邵怡若, 薛立, 2014. 氮沉降对凋落物分解的影响研究进展[J]. 世界林业研究, 27(1): 35-42.

卢洪健, 李金涛, 刘文杰, 2011. 西双版纳橡胶林枯落物的持水性能与截留特征[J]. 南京林业大学学报(自然科学版), 35(4): 67-73.

卢俊培, 刘其汉, 1989. 海南岛尖峰岭热带林凋落叶分解过程的研究[J]. 林业科学研究, (1): 25-33.

陆建忠, 裘伟, 陈家宽, 等, 2005. 入侵种加拿大一枝黄花对土壤特性的影响[J]. 生物多样性, 13(4): 347-356.

罗来聪, 赖晓琴, 白健, 等, 2023. 氮添加背景下土壤真菌和细菌对不同种源入侵植物乌桕生长特征的影响[J]. 植物生态学报, 47(2): 206-215.

罗献宝, 梁瑞标, 王亚欣, 2014. 森林表层土壤微生物碳氮库对大气氮沉降增加的响应[J]. 生态环境学报, 23(3): 365-370.

骆土寿, 陈步峰, 李意德, 等, 2001. 海南岛尖峰岭热带山地雨林土壤和凋落物呼吸研究[J]. 生态学报, (12): 2013-2017.

马克平, 1993. 试论生物多样性的概念[J]. 生物多样性, (1): 20-22.

马克平, 1994. 生物群落多样性的测度方法 I α 多样性的测度方法(上)[J]. 生物多样性, (3): 162-168.

马克平, 刘灿然, 刘玉明, 1995. 生物群落多样性的测度方法 II β 多样性的测度方法[J]. 生物多样性, (1): 38-43.

马克平, 刘玉明, 1994. 生物群落多样性的测度方法 I α 多样性的测度方法(下)[J]. 生物多样性, (4): 231-239.

马任甜, 方瑛, 安韶山, 2016. 云雾山草地植物地上部分和枯落物的碳、氮、磷生态化学计量特征[J]. 土壤学报, 53(5): 1170-1180.

马元丹, 江洪, 余树全, 等, 2009. 不同起源时间的植物叶凋落物在中亚热带的分解特性[J]. 生态学报, 29(10): 5237-5245.

毛新伟, 程敏, 徐秋芳, 等, 2016. 硝化抑制剂对毛竹林土壤 N_2O 排放氨氧化微生物的影响硕士[J]. 土壤学报, 53(6): 1528-1540.

孟海月, 刘强, 吴伟光, 2014. 不同经营类型毛竹林经营效益及固碳能力分析[J]. 浙江农林大学学报, 31(6): 959-964.

牛红榜, 2007. 外来植物紫茎泽兰入侵的土壤微生物学机制[D]. 北京: 中国农业科学院硕士学位论文.

牛杰慧, 2020. 模拟氮沉降下毛竹扩张及其砍伐管控对土壤温室气体排放的影响[D]. 南昌: 江西农业大学硕士学位论文.

牛利敏, 2017. 毛竹入侵及经营方式对土壤丛枝菌根真菌群落的影响及其机理研究[D]. 杭州: 浙江农林大学硕士学位论文.

欧阳林梅, 王纯, 王维奇, 等, 2013. 互花米草与短叶茳芏枯落物分解过程中碳氮磷化学计量学特征[J]. 生态学报, 33(2): 389-394.

欧阳明, 2015. 毛竹扩张影响森林植物多样性的氮磷化学计量学机制[D]. 南昌: 江西农业大学硕士学位论文.

欧阳明, 杨清培, 陈昕, 等, 2016. 毛竹扩张对次生常绿阔叶林物种组成、结构与多样性的影响[J]. 生物多样性, 24(6): 649-657.

潘俊, 2020. 毛竹扩张与氮沉降对细根分解及土壤 N_2O 和 CO_2 排放的影响[D]. 南昌: 江西农业大学硕士学位论文.

潘璐, 牟溥, 白尚斌, 等, 2015. 毛竹林扩张对周边森林群落菌根系统的影响[J]. 植物生态学报, 39(4): 371-382.

彭少麟, 刘强, 2002. 森林凋落物动态及其对全球变暖的响应[J]. 生态学报, (9): 1534-1544.

彭少麟, 向言词, 1999. 植物外来种入侵及其对生态系统的影响[J]. 生态学报, (4): 560-568.

漆良华, 刘广路, 范少辉, 等, 2009. 不同抚育措施对闽西毛竹林碳密度、碳贮量与碳格局的影响[J]. 生态学杂志, 28(8): 1482-1488.

齐玉春, 董云社, 章申, 2002. 华北平原典型农业区土壤甲烷通量研究[J]. 农村生态环境, (3): 56-58.

祁承经, 桂小杰, 石道良, 等, 2005. 长江中游(以湖北湖南为主)的植物生物多样性及其保护对策[J]. 热带亚热带植物学报, 13(3): 185-197.

祁红艳, 2014. 氮磷根际效应: 毛竹扩张的潜在策略[D]. 南昌: 江西农业大学硕士学位论文.

秦大河, 2014. 第五次评估报告第工作组一报告的亮点结论[J]. 气候变化研究进展, 10(1): 1-6.

邱明红, 岑选才, 陈毅青, 等, 2017. 森林生态系统凋落物的生产与分解[J]. 中国野生植物资源, 36(5): 45-52.

任立宁, 刘世荣, 蔡春菊, 等, 2018. 川南地区毛竹和林下植被芒箕细根分解特征[J]. 生态学报, 38(21): 7638-7646.

任书杰, 于贵瑞, 陶波, 等, 2007. 中国东部南北样带 654 种植物叶片氮和磷的化学计量学特征研究[J]. 环境科学, 28(12): 2665-2673.

邵珊璐, 2018. 氮沉降和干旱胁迫对毛竹实生苗生长及氮代谢的影响[D]. 杭州: 浙江农林大学硕士学位论文.

申卫军, 彭少麟, 周国逸, 等, 2001. 马占相思(*Acacia mangium*)与湿地松(*Pinus elliotii*)人工林枯落物层的水文生态功能[J]. 生态学报, 21(5): 846-850.

沈宏, 曹志洪, 胡正义, 1999. 土壤活性有机碳的表征及其生态效应[J]. 生态学杂志, 18(3): 33-39.

沈菊培, 贺纪正, 2011. 微生物介导的碳氮循环过程对全球气候变化的响应[J]. 生态学报, 31(11):

2957-2967.

沈秋兰, 2015. 毛竹林土壤氨氧化和固氮微生物特征及其演变规律[D]. 杭州: 浙江农林大学硕士学位论文.

沈秋兰, 何冬华, 徐秋芳, 等, 2016. 阔叶林改种毛竹(Phyllostachys pubescens)后土壤固氮细菌 nifH 基因多样性的变化[J]. 植物营养与肥料学报, 22(3): 687-696.

沈蕊, 白尚斌, 周国模, 等, 2016. 毛竹种群向针阔林扩张的根系形态可塑性[J]. 生态学报, 36(2): 326-334.

施建敏, 叶学华, 陈伏生, 等, 2014. 竹类植物对异质生境的适应: 表型可塑性[J]. 生态学报, 34(20): 5687-5695.

史方颖, 张风宝, 杨明义, 2021. 基于文献计量分析的土壤有机碳矿化研究进展与热点[J]. 土壤学报, 1(14): 1-14.

史纪明, 张纪林, 教忠意, 等, 2013. 毛竹对杉木林入侵效应初步调查研究[J]. 江苏林业科技, 40(1): 7-9.

宋长春, 王毅勇, 2006. 湿地生态系统土壤温度对气温的响应特征及对 CO_2 排放的影响[J]. 应用生态学报, 17(4): 4625-4629.

宋超, 2019. 毛竹林向阔叶林扩张过程中的群落结构及碳储量[D]. 杭州: 浙江农林大学硕士学位论文.

宋超, 池鑫晨, 王晓雨, 等, 2020. 毛竹入侵对常绿阔叶林碳储量的影响[J]. 福建农林大学学报(自然科学版), 49(6): 809-815.

宋蒙亚, 李忠佩, 刘明, 等, 2014. 不同林地凋落物组合对土壤速效养分和微生物群落功能多样性的影响[J]. 生态学杂志, 33(9): 2454-2461.

宋庆妮, 2013. 毛竹向常绿阔叶林扩张对土壤氮素矿化及有效性的影响[D]. 南昌: 江西农业大学硕士学位论文.

宋庆妮, 杨清培, 刘骏, 等, 2013. 毛竹扩张对常绿阔叶林土壤氮素矿化及有效性的影响[J]. 应用生态学报, 24(2): 338-344.

宋庆妮, 杨清培, 欧阳明, 等, 2015. 毛竹扩张的生态后效: 凋落物水文功能评价[J]. 生态学杂志, 34(8): 2281-2287.

宋维峰, 余新晓, 张颖, 2008. 坡度和刺槐覆盖对黄土坡面产流产沙影响的模拟降雨研究[J]. 中国水土保持科学, 6(2): 15-18.

宋新章, 江洪, 张慧玲, 等, 2008. 全球环境变化对森林凋落物分解的影响[J]. 生态学报, (9): 4414-4423.

宋永昌, 2001. 植被生态学[M]. 上海: 华东师范大学出版社.

宋永昌, 陈小勇, 王希华, 2005. 中国常绿阔叶林研究的回顾与展望[J]. 华东师范大学学报(自然科学版), (1): 1-8.

苏静, 王智慧, 李仕伟, 等, 2017. pH 对酸性紫色土中硝化作用与硝化微生物的影响[J]. 西南大学学报(自然科学版), 39(3): 142-148.

孙波, 郑宪清, 胡锋, 等, 2009. 水热条件与土壤性质对农田土壤硝化作用的影响[J]. 环境科学, 30(1): 206-213.

孙棣棣, 2010. 应用磷脂脂肪酸方法研究毛竹林土壤微生物群落结构演变规律[D]. 杭州: 浙江农林大学硕士学位论文.

孙文义, 郭胜利, 2011. 黄土丘陵沟壑区小流域土壤有机碳空间分布及其影响因素[J]. 生态学报, 31(6): 1604-1616.

汤俊兵, 肖燕, 安树青, 2010. 根茎克隆植物生态学研究进展[J]. 生态学报, 30(11): 3028-3036.

唐美玲, 魏亮, 祝贞科, 等, 2018. 稻田土壤有机碳矿化及其激发效应对磷添加的响应[J]. 应用生态学报, 29(3): 857-864.

唐学君, 肖舜祯, 王伟峰, 等, 2019. 中亚热带典型杉阔混交林碳储量分配特征[J]. 地域研究与开发, 38(4): 111-114.

田甜, 2011. 毛竹林土壤氨氧化微生物功能基因多样性[D]. 杭州: 浙江农林大学硕士学位论文.

童冉, 周本智, 姜丽娜, 等, 2019. 毛竹入侵对森林植物和土壤的影响研究进展[J]. 生态学报, 39(11): 3808-3815.

涂利华, 陈刚, 彭勇, 等, 2014. 华西雨屏区苦竹细根分解对模拟氮沉降的响应[J]. 应用生态学报, 25(8): 2176-2182.

汪殿蓓, 暨淑仪, 陈飞鹏, 2001. 植物群落物种多样性研究综述[J]. 生态学杂志, (4): 55-60.

王兵, 杨清培, 郭起荣, 等, 2011. 大岗山毛竹林与常绿阔叶林碳储量及分配格局[J]. 广西植物, 31(3): 342-348.

王洪帆, 2008. 毛竹纯林留养阔叶树后土壤理化性质的研究[J]. 安徽农学通报, 14(17): 170-173.

王晶苑, 张心昱, 温学发, 等, 2013. 氮沉降对森林土壤有机质和凋落物分解的影响及其微生物学机制[J]. 生态学报, 33(5): 1337-1346.

王奇赞, 徐秋芳, 姜培坤, 等, 2009. 天目山毛竹入侵阔叶林后土壤细菌群落 16S rDNA V3 区片段 PCR 的 DGGE 分析[J]. 土壤学报, 46(4): 662-669.

王清奎, 汪思龙, 冯宗炜, 等, 2005. 土壤活性有机质及其与土壤质量的关系[J]. 生态学报, 25(3): 513-519.

王庆礼, 代力民, 许广山, 1996. 简易森林土壤容重测定方法[J]. 生态学杂志, (3): 68-69.

王如松, 1995. 现代生态学热点[M]. 北京: 中国科学与技术出版社.

王维奇, 仝川, 贾瑞霞, 等, 2010. 不同淹水频率下湿地土壤碳氮磷生态化学计量学特征[J]. 水土保持学报, 24(3): 238-242.

王卫霞, 史作民, 罗达, 等, 2016. 南亚热带格木和红椎凋落叶及细根分解特征[J]. 生态学报, 36(12): 3479-3487.

王鑫, 同小娟, 张劲松, 等, 2021. 太行山南麓栓皮栎人工林光合作用对土壤呼吸的影响[J]. 北京林业大学学报, 43(1): 66-76.

王星星, 刘琳, 张洁, 等, 2012. 毛竹出笋后快速生长期内茎秆中光合色素和光合酶活性的变化[J]. 植物生态学报, 36(5): 456-462.

王雪芹, 2011. 毛竹林地土壤养分动态变化及微生物特性研究[D]. 杭州: 浙江大学硕士学位论文.

王燕, 刘苑秋, 杨清培, 等, 2009. 江西大岗山常绿阔叶林群落特征研究[J]. 江西农业大学学报, 31(6): 1055-1062.

王永健, 陶建平, 彭月, 2006. 陆地植物群落物种多样性研究进展[J]. 广西植物, (4): 406-411.

王佑民, 2000. 中国林地枯落物持水保土作用研究概况[J]. 水土保持学报, 14(4): 108-113.

王岳坤, 洪葵, 2005. 红树林土壤细菌群落 16S rDNA V3 片段 PCR 产物的 DGGE 分析[J]. 微生物学报, 45(2): 198-201.

王跃思, 薛敏, 黄耀, 等, 2003. 内蒙古天然与放牧草原温室气体排放研究[J]. 应用生态学报, 14(3): 372-376.

王铮屹, 2019. 天目山毛竹林皆伐后自然更新群落组成与多样性研究[D]. 杭州: 浙江农林大学硕士学位论文.

王政, 刘国涛, 徐成, 等, 2020. 农业土壤氧化亚氮排放研究进展[J]. 环境工程, 38: 573-578.

温丽燕, 王连峰, 2007. 侵蚀及土地利用管理方式改变对土壤有机碳的影响[J]. 中国农学通报, 23(7): 362-365.

文都日乐, 李刚, 杨殿林, 等, 2011. 呼伦贝尔草原土壤固氮微生物 nifH 基因多样性与群落结构[J]. 生态学杂志, 30(4): 790-797.

吴家森, 姜培坤, 王祖良, 2008. 天目山国家级自然保护区毛竹扩张对林地土壤肥力的影响[J]. 江西农业大学学报, 30(4): 689-692.

吴鹏, 崔迎春, 赵文君, 等, 2015. 改变凋落物输入对喀斯特森林主要演替群落土壤呼吸的影响[J]. 北京林业大学学报, 37(9): 17-27.

吴鹏, 王襄平, 张新平, 等, 2016. 东北地区森林凋落叶分解速率与气候、林型、林分光照的关系[J]. 生态学报, 36(8): 2223-2232.

吴愉萍, 2009. 基于磷脂脂肪酸(PLFA)分析技术的土壤微生物群落结构多样性的研究[D]. 杭州: 浙江大学硕士学位论文.

吴征镒, 1980. 中国植被[M]. 北京: 科学出版社.

武海涛, 吕宪国, 杨青, 2007. 分解袋法在湿地枯落物分解研究中存在的问题与对策[J]. 东北林业大学学报, (2): 82-85.

武启骞, 吴福忠, 杨万勤, 等, 2013. 季节性雪被对高山森林凋落物分解的影响[J]. 植物生态学报, 37(4): 296-305.

夏湘婉, 黄云峰, 周明兵, 2014. 毛竹生物资源多样性[J]. 竹子研究汇刊, 33(4): 6-15.

向元彬, 黄从德, 胡庭兴, 等, 2016. 模拟氮沉降对常绿阔叶林土壤有效氮形态和含量的影响[J]. 西北农林科技大学学报(自然科学版), 44(12): 73-80.

肖博, 周文, 刘万学, 等, 2014. 紫茎泽兰入侵地土壤微生物对紫茎泽兰和本地植物的反馈[J]. 中国农业科技导报, 16(4): 151-158.

肖复明, 2007. 毛竹林生态系统碳平衡特征的研究[D]. 北京: 中国林业科学研究院博士学位论文.

谢龙莲, 陈秋波, 王真辉, 等, 2004. 环境变化对土壤微生物的影响[J]. 热带农业科学, 2004(3): 39-47.

谢馨瑶, 李爱农, 靳华安, 2018. 大尺度森林碳循环过程模拟模型综述[J]. 生态学报, 38(1): 41-54.

谢迎新, 张淑利, 冯伟, 等, 2010. 大气氮素沉降研究进展[J]. 中国生态农业学报, 18(4): 897-904.

邢瑶, 马兴华, 2015. 氮素形态对植物生长影响的研究进展[J]. 中国农业科技导报, 17(2): 109-117.

徐道炜, 2018. 戴云山自然保护区毛竹向杉木扩张对林分土壤质量及其凋落物分解的影响[D]. 福州: 福建农林大学博士学位论文.

徐道炜, 刘金福, 何中声, 等, 2019a. 毛竹向杉木林扩张对土壤活性有机碳及碳库管理指数影响[J]. 西部林业科学, 48(5): 22-28.

徐道炜, 刘金福, 何中声, 等, 2019b. 毛竹向杉木林扩张后的群落物种多样性特征[J]. 森林与环境学报, 39(1): 37-41.

徐洪文, 卢妍, 2014. 土壤碳矿化及活性有机碳影响因子研究进展[J]. 江苏农业科学, 42(10): 4-7.

徐文彬, 刘维屏, 刘广深, 2002. 温度对旱田土壤 N_2O 排放的影响研究[J]. 土壤学报, (1): 4-5.

徐文婷, 吴炳方, 2005. 遥感用于森林生物多样性监测的进展[J]. 生态学报, (5): 1199-1204.

徐侠, 王丰, 栾以玲, 等, 2008. 武夷山不同海拔植被土壤易氧化碳[J]. 生态学杂志, 27(7): 1115-1121.

许大全, 高伟, 阮军, 2015. 光质对植物生长发育的影响[J]. 植物生理学报, 51(8): 1217-1234.

许浩, 2018. 外来植物入侵对土壤氮状态的影响[D]. 天津: 天津大学硕士学位论文.

许浩, 胡朝臣, 许士麒, 等, 2018. 外来植物入侵对土壤氮有效性的影响[J]. 植物生态学报, 42(11): 1120-1130.

闫宗平, 仝川, 2008. 外来植物入侵对陆地生态系统地下碳循环及碳库的影响[J]. 生态学报, 28(9): 4440-4450.

严君, 韩晓增, 祖伟, 2010. 不同形态氮肥对大豆根系形态及磷效率的影响[J]. 大豆科学, 29(6): 1003-1007.

杨怀, 李培学, 戴慧堂, 等, 2010. 鸡公山毛竹扩张对植物多样性的影响及控制措施[J]. 信阳师范学院学报(自然科学版), 23(4): 553-557.

杨开良, 2012. 我国竹产业发展现状与对策[J]. 经济林研究, 30(2): 140-143.

杨清培, 郭英荣, 兰文军, 等, 2017. 竹子扩张对阔叶林物种多样性的影响: 两竹种的叠加效应[J]. 应用生态学报, 28(10): 3155-3162.

杨清培, 王兵, 郭起荣, 等, 2011. 大岗山毛竹扩张对常绿阔叶林生态系统碳储特征的影响[J]. 江西农业大学学报, 33(3): 529-536.

杨清培, 王兵, 郭起荣, 等, 2012. 大岗山毛竹林中主要树种生态位及 DCA 排序分析[J]. 江西农业大学学报, 34(6): 1163-1170.

杨清培, 杨光耀, 宋庆妮, 等, 2015. 竹子扩张生态学研究: 过程、后效与机制[J]. 植物生态学报, 39(1): 110-124.

杨淑贞, 杜晴洲, 陈建新, 等, 2008. 天目山毛竹林蔓延对鸟类多样性的影响研究[J]. 浙江林业科技, 28(4): 43-46.

杨顺尧, 2018. 庐山毛竹扩张及其伐除防控对日本柳杉林细根的影响[D]. 南昌: 江西农业大学硕士学位论文.

杨顺尧, 刘苑秋, 郭圣茂, 等, 2019. 毛竹扩张对庐山日本柳杉林细根生物量空间分布的影响[J]. 江苏农业科学, 47(14): 178-181.

杨玉盛, 邱仁辉, 何宗明, 等, 1998. 不同栽杉代数 29 年生杉木林净生产力及营养元素生物循环的研究[J]. 林业科学, 34(6): 3-11.

姚贤良, 1965. 土壤结构的肥力意义(文献综述)[J]. 土壤学报, 13(1): 111-120.

叶静雯, 2019. 毛竹扩张过程中不同阶段对凋落物分解的影响[D]. 杭州: 浙江农林大学硕士学位论文.

雍太文, 杨文钰, 向达兵, 等, 2012. 不同种植模式对作物根系生长、产量及根际土壤微生物数量的影响[J]. 应用生态学报, 23(1): 125-132.

尤泽胜, 2016. 毛竹种群向常绿阔叶林扩张的细根策略探讨[J]. 绿色科技, (3): 21-22.

游巍斌, 刘勇生, 何东进, 等, 2010. 武夷山风景名胜区不同天然林凋落物分解特征[J]. 四川农业大学学报, 28(2): 141-147.

于法展, 张忠启, 陈龙乾, 等, 2016. 庐山不同森林植被类型土壤碳库管理指数评价[J]. 长江流域资源与环境, 25(3): 470-475.

于立忠, 朱教君, 史建伟, 等, 2005. 辽东山区人工阔叶红松林植物多样性与生产力研究[J]. 应用生态学报, (12): 2225-2230.

俞益武, 吴家森, 姜培坤, 等, 2002. 湖州市不同森林植被枯落物营养元素分析[J]. 浙江林学院学报, 19(2): 43-46.

曾德慧, 陈广生, 2005. 生态化学计量学: 复杂生命系统奥秘的探索[J]. 植物生态学报, 29(6): 141-153.

詹敏, 窦云鹏, 郭培培, 等, 2010. 天目山不同森林类型林冠对酸雨的缓冲作用[J]. 浙江林业科技, 30(2): 26-30.

张东秋, 石培礼, 张宪洲, 2005. 土壤呼吸主要影响因素的研究进展[J]. 地球科学进展, 20(7): 778-785.

张福锁, 1993. 环境胁迫与植物营养[M]. 北京: 北京农业大学出版社.

张华珍, 徐恒玉, 2011. 植物氮素同化过程中相关酶的研究进展[J]. 北方园艺, (20): 180-183

张晶, 林先贵, 尹睿, 2009. 参与土壤氮素循环的微生物功能基因多样性研究进展[J]. 中国生态农业学报, 17(5): 1029-1034.

张俊丽, Sikander Khan Tanveer, 温晓霞, 等, 2012. 不同耕作方式下旱作玉米田土壤呼吸及其影响因素[J]. 农业工程学报, 28(18): 192-199.

张珂彬, 王毅, 刘新亮, 等, 2020. 茶园氧化亚氮排放机制及减排措施研究进展[J]. 生态与农村环境学报, 36(4): 413-424.

张萌, 卢杰, 任毅华, 2021. 土壤呼吸影响因素及测定方法的研究进展[J]. 山东林业科技, 51(2): 100-106.

张庆晓, 2021. 毛竹入侵及采伐对杉木林土壤温室气体排放的短期影响[D]. 杭州: 浙江农林大学硕士学位论文.

张庆晓, 陈珺, 朱向涛, 等, 2021. 杉木林土壤温室气体排放对毛竹入侵及采伐的短期响应[J]. 浙江农林大学学报, 38(4): 703-711.

张树兰, 杨学云, 吕殿青, 等, 2002. 温度、水分及不同氮源对土壤硝化作用的影响[J]. 生态学报, 22(12): 2147-2153.

张炜, 莫江明, 方运霆, 等, 2008. 氮沉降对森林土壤主要温室气体通量的影响[J]. 生态学报, 28(5): 2309-2319.

张新生, 卢杰, 2021. 森林水文模型的研究进展[J]. 黑龙江农业科学, 8: 129-136.

张修玉, 许振成, 宋巍巍, 等, 2010. 紫茎泽兰(*Eupatorium adenophorum*)入侵地的生物多样性[J]. 生态环境学报, 19(7): 1525-1531.

张秀娟, 2019. 模拟氮沉降对图们湿地温室气体排放及植物多样性的影响. 长春: 东北师范大学硕士学位论文.

张秀娟, 梅莉, 王政权, 等, 2005. 细根分解研究及其存在的问题[J]. 植物学通报, (2): 246-254.

张雪莹, 陈小梅, 危晖, 等, 2017. 城市化对珠江三角洲存留常绿阔叶林土壤有机碳组分及其碳库管理指数的影响[J]. 水土保持学报, 31(4): 184-190.

张于光, 王慧敏, 李迪强, 等, 2005. 三江源地区不同植被土壤固氮微生物的群落结构研究[J]. 微生物学报, 45(3): 420-425.

张智婷, 宋新章, 高宝嘉, 2009. 全球环境变化对森林土壤呼吸的影响[J]. 江西农业大学学报, 31(2): 292-299.

张卓文, 廖纯燕, 邓先珍, 等, 2004. 森林水文学研究现状及发展趋势[J]. 湖北林业科技, 129(3): 34-37.

赵金金, 黄显怀, 钱婧, 2021. 酸雨对土壤有机碳转化和固持的研究进展[J]. 安徽建筑大学学报, 29(4): 52-57.

赵满兴, 白二磊, 刘慧, 等, 2019. 黄土丘陵区人工林土壤可溶性氮组分季节变化[J]. 水土保持学报, 33(2): 258-263.

赵敏, 周广胜, 2004. 中国森林生态系统的植物碳贮量及其影响因子分析[J]. 地理科学, (1): 50-54.

赵明水, 刘亮, 陆森宏, 等, 2009. 天目山自然保护区毛竹林扩张对植物多样性影响研究[C]. 第二届中国林业学术大会—S8 野生动物、湿地与自然保护区. 中国南宁.

赵鹏武, 宋彩玲, 苏日娜, 等, 2009. 森林生态系统凋落物研究综述[J]. 内蒙古农业大学学报(自然科学版), 30(2): 292-299.

赵彤, 蒋跃利, 闫浩, 等, 2014. 土壤氨化过程中微生物作用研究进展[J]. 应用与环境生物学报, 20(2): 315-321.

赵文君, 崔迎春, 吴鹏, 等, 2017. 森林土壤氮矿化研究进展[J]. 贵州林业科技, 45(2): 51-57.

赵雨虹, 2015. 毛竹扩张对常绿阔叶林主要生态功能影响[D]. 北京: 中国林业科学研究院博士学位论文.

赵雨虹, 范少辉, 罗嘉东, 2017. 毛竹扩张对常绿阔叶林土壤性质的影响及相关分析[J]. 林业科学研究, 30(2): 354-359.

郑超超, 2014. 江山市公益林群落结构特征、种间关系及其影响因素研究[D]. 杭州: 浙江农林大学硕士学位论文.

郑成洋, 何建源, 罗春茂, 等, 2003. 不同经营强度条件下毛竹林植物物种多样性的变化[J]. 生态学杂志, (6): 1-6.

郑成洋, 刘增力, 方精云, 2004. 福建黄岗山东南坡和西北坡乔木物种多样性及群落特征的垂直变化. 生物多样性, 12(1): 63-74.

郑鹏飞, 余新晓, 贾国栋, 等, 2019. 北京山区不同植被类型的土壤呼吸特征及其温度敏感性[J]. 应用生态学报, 30(5): 1726-1734.

郑世群, 2013. 福建戴云山国家级自然保护区植物多样性及评价研究[D]. 福州: 福建农林大学博士学位论文.

郑宪志, 张星星, 林伟盛, 等, 2018. 不同树种对土壤可溶性有机碳和微生物生物量碳的影响[J]. 福建师范大学学报(自然科学版), 34(6): 86-93.

郑翔, 江亮波, 邓邦良, 等, 2018. UV-B辐射增强和氮沉降对不同种源地乌桕叶绿素荧光参数的影响[J]. 浙江农业学报, 30(2): 248-254.

郑郁善, 梁鸿燊, 游兴早, 1997. 绿竹生物量模型研究[J]. 竹子研究汇刊, 16(4): 43-46.

钟文辉, 蔡祖聪, 2004. 土壤微生物多样性研究方法[J]. 应用生态学报, (5): 899-904.

周国模, 吴家森, 姜培坤, 2006a. 不同管理模式对毛竹林碳贮量的影响[J]. 北京林业大学学报, 28(6): 51-55.

周国模, 徐建明, 吴家森, 等, 2006b. 毛竹林集约经营过程中土壤活性有机碳库的演变[J]. 林业科学, (6): 124-128.

周巧红, 吴振斌, 付贵萍, 等, 2005. 人工湿地基质中酶活性和细菌生理群的时空动态特征[J]. 环境科学, (2): 108-112.

周松文, 2013. 不同气候带森林凋落物的变化[J]. 现代园艺, (12): 15.

周晓峰, 1999. 中国森林与生态环境[M]. 北京: 中国林业出版社.

周燕, 2018. 毛竹入侵对土壤氮循环主要微生物群落结构和丰度的影响[D]. 杭州: 浙江农林大学硕士学位论文.

周燕, 刘彩霞, 徐秋芳, 等, 2018. 毛竹入侵森林对固氮微生物群落结构和丰度的影响[J]. 植物营养与肥料学报, 24(4): 1047-1057.

周雨露, 2016. 外来入侵植物对本地物种生长及氮素获取策略的影响[D]. 北京: 北京林业大学硕士学位论文.

周玉荣, 于振良, 赵士洞, 2000. 我国主要森林生态系统碳贮量和碳平衡[J]. 植物生态学报, (5): 518-522.

朱金龙, 梁富忠, 邓松华, 2021. 硝化作用影响因素及含硝化抑制剂肥料的应用[J]. 现代农业科技, (17): 180-182.

朱金兆, 刘建军, 朱清科, 等, 2002. 森林凋落物层水文生态功能研究[J]. 北京林业大学学报, 24(5-6): 30-34.

朱锦愁, 江训强, 黄儒珠, 等, 1996. 毛竹林物种多样性的初步分析[J]. 福建林学院学报, 16(1): 5-8.

朱旭丹, 2016. 不同更新方式对皆伐杉木林土壤温室气体排放的短期影响[D]. 杭州: 浙江农林大学硕士学位论文.

邹贵武, 2017. 庐山日本柳杉林地下菌根真菌群落对毛竹扩张和林窗形成的响应[D]. 南昌: 江西农业大学硕士学位论文.

左巍, 贺康宁, 田赟, 等, 2016. 青海高寒区不同林分类型凋落物养分状况及化学计量特征[J]. 生态学杂志, 35(9): 2271-2278.

ABER J D, 1992. Nitrogen cycling and nitrogen saturation in temperate forest ecosystems[J]. Trends in Ecology & Evolution, 7(7): 220-224.

ABER J D, MELILLO J M, MCCLAUGHERTY C A, 1990. Predicting long-term patterns of mass loss, nitrogen dynamics, and soil organic matter formation from initial fine litter chemistry in temperate forest ecosystems[J]. Botany, 68(10): 2201-2208.

ABER J D, NADELHOFFER K J, STEUDLER P, et al., 1989. Nitrogen Saturation in Northern Forest Ecosystems[J]. Bioscience, 39(6): 378-386.

AERTS R, BERENDSE F, 1988. The effect of increased nutrient availability on vegetation dynamics in wet heathlands[J]. Vegetatio, 76(1): 63-69.

AL-KAISI M M, YIN X, 2005. Tillage and crop residue effects on soil carbon and carbon dioxide emission in corn-soybean rotations[J]. Journal of Environmental Quality, 34(2): 437-445.

ALEX F, 2021. Atmospheric carbon dioxide reaches: new high despite pandemic emissions reduction [EB/OL]. https://www.smithsonianmag.com/smart-news/atmospheric-carbon-dioxide-reaches-new-high-despite-pandemic-emissions-reduction-180977945/[2021-6-10].

ALLISON S D, VITOUSEK P M, 2004. Rapid nutrient cycling in leaf litter from invasive plants in Hawaii[J]. Oecologia, 141(4): 612-619.

ANDERSEN I, 2019. Emissions gap report 2019[M]. Nairobi: United Nations Environment Programme.

ARUNACHALAM A, PANDEY H N, TRIPATHI R S, et al., 1996. Fine root decomposition and nutrient mineralization patterns in a subtropical humid forest following tree cutting[J]. Forest Ecology and Management, 86(1): 141-150.

ASAYE Z, ZEWDIE S, 2013. Fine root dynamics and soil carbon accretion under thinned and un-thinned *Cupressus lusitanica* stands in, Southern Ethiopia[J]. Plant and Soil, 366(1-2): 261-271.

BÅÅTH E, ANDERSON T H, 2003. Comparison of soil fungal/bacterial ratios in a pH gradient using physiological and PLFA-based techniques[J]. Soil Biology and Biochemistry, 35(7): 955-963.

BADIANE N N Y, CHOTTE J L, PATE E, et al., 2001. Use of soil enzyme activities to monitor soil quality in natural and improved fallows in semi-arid tropical regions[J]. Applied Soil Ecology, 18(3): 229-238.

BADRE B, NOBELIS P, TRÉMOLIÈRES M, 1998. Quantitative study and modelling of the litter decomposition in a European alluvial forest. Is there an influence of overstorey tree species on the decomposition of ivy litter(*Hedera helix* L.)?[J]. Acta Oecologica, 19(6): 491-500.

BAGGS E M, BLUM H, 2004. CH_4 oxidation and emissions of CH_4 and N_2O from *Lolium perenne* swards under elevated atmospheric CO_2[J]. Soil Biology and Biochemistry, 36(4): 713-723.

BAGGS E M, RICHTER M, CADISCH G, et al., 2003. Denitrification in grass swards is increased under elevated atmospheric CO_2[J]. Soil Biology and Biochemistry, 35(5): 729-732.

BAI S, CONANT R T, ZHOU G, et al., 2016. Effects of moso bamboo encroachment into native, broad-leaved forests on soil carbon and nitrogen pools[J]. Scientific Reports, 6(1): 416-427.

BAISER B, OLDEN J D, RECORD S, et al., 2012. Pattern and process of biotic homogenization in the New Pangaea[J]. Proceedings of the Royal Society B: Biological Sciences, 279(1748): 4772-4777.

BALLANTYNE A P, ANDRES R, HOUGHTON R, et al., 2015. Audit of the global carbon budget: estimate errors and their impact on uptake uncertainty[J]. Biogeosciences, 12: 2565-2584.

BANERJEE S, HELGASON B, WANG L, et al., 2016. Legacy effects of soil moisture on microbial community structure and N_2O emissions[J]. Soil Biology and Biochemistry, 95: 40-50.

BAR-ON Y M, PHILLIPS R, MILO R, 2018. The biomass distribution on Earth[J]. Proceedings of the National Academy of Sciences, 115(25): 6506-6511.

BATTEN K M, SCOW K M, ESPELAND E K, 2008. Soil microbial community associated with an invasive grass differentially impacts native plant performance[J]. Microbial Ecology, 55(2): 220-228.

BAZZAZ F A, 1990. The Response of Natural Ecosystems to the Rising Global CO_2 Levels[J]. Annual Review of Ecology & Systematics, 21(1): 167-196.

BEAURY E M, Finn J T, CORBIN J D, et al., 2020. Biotic resistance to invasion is ubiquitous across ecosystems of the United States[J]. Ecology Letter, 23(3): 476-482.

BERG B, BERG M P, BOTTNER P, et al., 1993. Litter mass loss rates in pine forests of Europe and eastern United States: Some relationships with climate and litter quality[J]. Biogeochemistry, 20(3): 127-159.

BERG B, STAAF H, 1981. Leaching, accumulation and release of nitrogen in decomposing forest litter[J]. Ecological Bulletins, 33: 163-173.

BERG B R, MÜLLER M, WESSÉN B, 1987. Decomposition of red clover(*Trifolium pratense*)roots[J]. Soil Biology and Biochemistry, 19(5): 589-593.

BERG B S U O, EKBOHM G, SOEDERSTROEM B, et al., 1991. Reduction of decomposition rates of Scots pine needle litter due to heavy-metal pollution[J]. Water, Air, and Soil Pollution, 59(1): 165-177.

BERG G, SMALLA K, 2009. Plant species and soil type cooperatively shape the structure and function of microbial communities in the rhizosphere[J]. FEMS Microbiology Ecology, 1(68): 1-13.

BERNER R A, 1999. A new look at the long-term carbon cycle[J]. Gsa Today, 9(11): 1-6.

BERNSTEI N L, BOSCH P, CANI-IANI O, et al., 2008. IPCC, 2007: Climate change 2007: Synthesis report[M]. Geneva: IPCC.

BOBBINK R, HEIL G W, RAESSEN M B A G, 1992. Atmospheric deposition and canopy exchange processes in heathland ecosystems[J]. Environmental Pollution, 75(1): 29-37.

BOND-LAMBERTY B, THOMSON A, 2010. Temperature-associated increases in the global soil respiration record[J]. Nature, 464(7288): 579-582.

BORKEN W, BEESE F, 2005. Soil respiration in pure and mixed stands of European beech and Norway spruce following removal of organic horizons[J]. Canadian Journal of Forest Research, 35(11): 2756-2764.

BORKEN W, DAVIDSON E A, SAVAGE K, et al., 2006. Effect of summer throughfall exclusion, summer drought, and winter snow cover on methane fluxes in a temperate forest soil[J]. Soil Biology and Biochemistry, 38(6): 1388-1395.

BOWDEN R D, NADELHOFFER K J, BOONE R D, et al., 1993. Contributions of aboveground litter, belowground litter, and root respiration to total soil respiration in a temperate mixed hardwood forest[J]. Canadian Journal of Forest Research, 23(7): 1402-1407.

BOWEN J L, KEARNS P J, BYRNES J E K, et al., 2017. Lineage overwhelms environmental conditions in determining rhizosphere bacterial community structure in a cosmopolitan invasive plant[J]. Nature Communications, 8(1): 433-438.

BOZZOLO F H, LIPSON D A, 2013. Differential responses of native and exotic coastal sage scrub plant species to N additions and the soil microbial community[J]. Plant and Soil, 371(1-2): 37-51.

BRADLEY B A, Blumenthal, D M, WILCOVE D S, et al., 2010. Predicting plant invasions in an era of global change[J]. Trends in Ecology Evolution, 25(5): 310-318.

BRANTLEY S T, YOUNG D R, 2008. Shifts in litterfall and dominant nitrogen sources after expansion of shrub thickets[J]. Oecologia, 155(2): 337-345.

BUCKINGHAM K, JEPSON P, WU L, et al., 2011. The potential of bamboo is constrained by outmoded policy frames[J]. Ambio, 40: 544-548.

BURTON J, CHEN C, XU Z, et al., 2010. Soil microbial biomass, activity and community composition in adjacent native and plantation forests of subtropical Australia[J]. Journal of Soils and Sediments, 10(7): 1267-1277.

CACCIA F D, CHANETON E J, KITZBERGER T, 2009. Direct and indirect effects of understory bamboo shape tree regeneration niches in a mixed temperate forest[J]. Oecologia, 161(4): 771-780.

CALLAWAY R M, THELEN G C, RODRIGUEZ A, et al., 2004. Soil biota and exotic plant invasion[J]. Nature, 427(6976): 731-733.

CAMARGO J A, ALONSO Á, 2006. Ecological and toxicological effects of inorganic nitrogen pollution in aquatic ecosystems: A global assessment[J]. Environment International, 32(6): 831-849.

CAMIRÉ C, CÔTÉ B, BRULOTTE S, 1991. Decomposition of roots of black alder and hybrid poplar in short-rotation plantings: Nitrogen and lignin control[J]. Plant and Soil, 138(1): 123-132.

CANAVAN S, RICHARDSON D M, VISSER V, et al., 2017. The global distribution of bamboos: assessing correlates of introduction and invasion[J]. AoB Plants, 9(1): plw078.

CARDON Z G, CZAJA A D, FUNK J L, et al., 2002. Periodic carbon flushing to roots of *Quercus rubra* saplings affects soil respiration and rhizosphere microbial biomass[J]. Oecologia, 133(2): 215-223.

CARLSON C A, INGRAHAM J L, 1983. Comparison of denitrification by *Pseudomonas stutzeri*, *Pseudomonas aeruginosa*, and *Paracoccus denitrificans*[J]. Applied and Environmental Microbiology, 45(4): 1247-1253.

CASTELLANO-HINOJOSA A, GONZÁLEZ-LÓPEZ J, BEDMAR E J, 2018. Distinct effect of nitrogen fertilisation and soil depth on nitrous oxide emissions and nitrifiers and denitrifiers abundance[J]. Biology and Fertility of Soils, 54(7): 829-840.

CHANG E, CHEN T, TIAN G, et al., 2016. The effect of altitudinal gradient on soil microbial community activity and structure in moso bamboo plantations[J]. Applied Soil Ecology, 98: 213-220.

CHANG E, CHIU C, 2015. Changes in soil microbial community structure and activity in a cedar plantation invaded by moso bamboo[J]. Applied Soil Ecology, 91: 1-7.

CHANTIGNY M H, 2003. Dissolved and water-extractable organic matter in soils: a review on the influence of land use and management practices[J]. Geoderma, 113(3): 357-380.

CHEN H, HARMON M E, GRIFFITHS R P, et al., 2000. Effects of temperature and moisture on carbon respired from decomposing woody roots[J]. Forest Ecology and Management, 138(1): 51-64.

CHEN H, HARMON M E, SEXTON J, et al., 2002. Fine-root decomposition and N dynamics in coniferous forests of the Pacific Northwest, U.S.A. [J]. Canadian Journal of Forest Research, 32(2): 320-331.

CHEN H, MOTHAPO N V, SHI W, 2014. The significant contribution of fungi to soil N_2O production across diverse ecosystems[J]. Applied Soil Ecology, 73: 70-77.

CHEN J R, SHAFI M, WANG Y, et al., 2016. Organic acid compounds in root exudation of Moso Bamboo (*Phyllostachys pubescens*) and its bioactivity as affected by heavy metals[J]. Environmental Science and Pollution Research, 23: 20977-20984.

CHEN M M, YIN H B, CONNOR P O, et al., 2010. C: N: P stoichiometry and specific growth rate of clover colonized by arbuscular mycorrhizal fungi[J]. Plant and soil, 326(1/2): 21-29.

CHEN X, CHEN H Y H, 2018. Global effects of plant litter alterations on soil CO_2 to the atmosphere[J]. Global Change Biology, 24(8): 3462-3471.

CHEN X G, ZHANG Y P, ZHANG X Q, et al., 2008. Carbon stock changes in bamboo stands in China over the last 50 years[J]. Acta Ecologica Sinica, 28(11): 5218-5227.

CHEN ZH, LI YC, CHANG SX, et al., 2021. Linking enhanced soil nitrogen mineralization to increased fungal decomposition capacity with Moso bamboo invasion of broadleaf forests[J]. Science of The Total Environment, 771: 144779.

CHENG X, LUO Y, CHEN J, et al., 2006. Short-term C4 plant Spartina alterniflora invasions change the soil carbon in C3 plant-dominated tidal wetlands on a growing estuarine Island[J]. Soil Biology and Biochemistry, 38(12): 3380-3386.

CHIMNER R A, COOPER D J, 2003. Influence of water table levels on CO_2 emissions in a Colorado subalpine fen: an *in situ* microcosm study[J]. Soil Biology and Biochemistry, 35(3): 345-351.

CHRISTANTY L, MAILLY D, KIMMINS J P, 1996. "Without bamboo, the land dies": Biomass, litterfall, and soil organic matter dynamics of a Javanese bamboo talun-kebun system[J]. Forest Ecology and Management, 87(1): 75-88.

CLEVELAND C C, TOWNSEND A R, SCHIMEL D S, et al., 1999. Global patterns of terrestrial biological nitrogen (N_2) fixation in natural ecosystems[J]. Global Biogeochemical Cycles, 13(2): 623-645.

COLE D W, RAPP M, 1981. Elemental cycling in forest[J]. Dynamic Properties of Forest Ecosystems, 1981, 23: 341.

COLEMAN H M, LEVINE J M, 2006. Mechanisms underlying the impacts of exotic annual grasses in a coastal California meadow[J]. Biological Invasions, 9(1): 65-71.

COLLATZ G J, BALL J T, GRIVET C, et al., 1991. Physiological and environmental regulation of stomatal conductance, photosynthesis and transpiration: a model that includes a laminar boundary layer[J]. Agricultural and Forest Meteorology, 54(2-4): 107-136.

COSTA E, PÉREZ J, KREFT J, 2006. Why is metabolic labour divided in nitrification?[J]. Trends in Microbiology, 14(5): 213-219.

COTRUFO M F, RASCHI A, LANINI M, et al., 2010. Decomposition and nutrient dynamics of *Quercus pubescens* leaf litter in a naturally enriched CO_2 Mediterranean ecosystem[J]. Functional Ecology, 13(3): 343-351.

COURTY P, BRÉDA N, GARBAYE J, 2007. Relation between oak tree phenology and the secretion of organic matter degrading enzymes by *Lactarius quietus* ectomycorrhizas before and during bud break[J]. Soil Biology and Biochemistry, 39(7): 1655-1663.

CRAINE J M, MORROW C, FIERER N, 2007. Microbial nitrogen limitation increases decomposition[J]. Ecology, 88(8): 2105-2113.

CRAMER W, BONDEAU A, WOODWARD F I, et al., 2001. Global response of terrestrial ecosystem structure and function to CO_2 and climate change: results from six dynamic global vegetation models[J]. Global Change Biology, 7(4): 357-373.

CRUZ J L, MOSQUIM P R, PELACANI C R, et al., 2003. Photosynthesis impairment in cassava leaves in response to nitrogen deficiency[J]. Plant and Soil, 257(2): 417-423.

DAIMS H, LEBEDEVA E V, PJEVAC P, et al., 2015. Complete nitrification by *Nitrospira* bacteria[J]. Nature, 528(7583): 504-509.

DALAL R C, ALLEN D E, LIVESLEY S J, et al., 2008. Magnitude and biophysical regulators of methane emission and consumption in the Australian agricultural, forest, and submerged landscapes: a review[J]. Plant and Soil, 309(1/2): 43-76.

DASSONVILLE N, VANDERHOEVEN S, VANPARYS V, et al., 2008. Impacts of alien invasive plants on soil nutrients are correlated with initial site conditions in NW Europe[J]. Oecologia, 157(1): 131-140.

DAUBENMIRE R, PRUSSO D, 1963. Studies of the decomposition rates of tree litter[J]. Ecology, 44(3): 589-592.

DAVIDSON E A, MICHAEL K, ERICKSON H E, et al., 2000. Testing a conceptual model of soil emissions of nitrous and nitric oxides[J]. Bioscience, 8: 667-680.

DAVIDSON E A, SEITZINGER S, 2006. The enigma of progress in denitrification research[J]. Ecological Applications, 16(6): 2057-2063.

DAVIDSON E A, SWANK W T, 1986. Environmental parameters regulating gaseous nitrogen losses from two forested ecosystems via nitrification and denitrification[J]. Applied and Environmental Microbiology, 52(6): 1287-1292.

DAWSON J O, 2007. Ecology of actinorhizal plants[C]. *In*: Pawlowski K, Newton W E. Nitrogen-fixing actinorhizal symbioses. Dordrecht: Springer: 199-234.

DE DIEU N J, BOUILLET J P, LACLAU J P, et al., 2002. The effects of slash management on nutrient cycling and tree growth in *Eucalyptus* plantations in the Congo[J]. Forest Ecology and Management, 171(1-2): 209-221.

DE VRIES W, REINDS G J, GUNDERSEN P, et al., 2006. The impact of nitrogen deposition on carbon sequestration in European forests and forest soils[J]. Global Change Biology, 12(7): 1151-1173.

DENG B L, FANG H F, JIANG N F, et al., 2019a. Biochar is comparable to dicyandiamide in the mitigation of nitrous oxide emissions from *Camellia oleifera* Abel. Fields[J]. Forests, 10(12): 1076.

DENG B L, LI Z, ZHANG L, et al., 2016. Increases in soil CO_2 and N_2O emissions with warming depend on plant species in restored alpine meadows of Wugong Mountain, China[J]. Journal of Soils and Sediments, 16(3): 777-784.

DENG B L, LIU X S, ZHENG L Y, et al., 2019b. Effects of nitrogen deposition and UV-B radiation on seedling performance of Chinese tallow tree(*Triadica sebifera*): A photosynthesis perspective[J]. Forest Ecology and Management, 433: 453-458.

DENG B L, SHI Y Z, ZHANG L, et al., 2020. Effects of spent mushroom substrate-derived biochar on soil CO_2 and N_2O emissions depend on pyrolysis temperature[J]. Chemosphere, 246: 125608.

DENTENER F, DREVET J, LAMARQUE J F, et al., 2006. Nitrogen and sulfur deposition on regional and global scales: A multimodel evaluation[J]. Global Biogeochemical Cycles, 20(4): GB4003.

DEUTSCH C, SARMIENTO J L, SIGMAN D M, et al., 2007. Spatial coupling of nitrogen inputs and losses in the ocean[J]. Nature, 445(7124): 163-167.

DIEPEN L T A V, FREY S D, LANDIS E A, et al., 2017. Fungi exposed to chronic nitrogen enrichment are less able to decay leaf litter[J]. Ecology, 98(1): 5-11.

DIERICK D, HÖLSCHER D, SCHWENDENMANN L, 2010. Water use characteristics of a bamboo species (*Bambusa blumeana*) in the Philippines[J]. Agricultural and Forest Meteorology, 150(12): 1568-1578.

DISE N B, MATZNER E, FORSIUS M, 1998. Evaluation of organic horizon C∶N ratio as an indicator of nitrate leaching in conifer forests across Europe[J]. Environmental Pollution, 102(1): 453-456.

DIXON R K, SOLOMON A M, BROWN S, et al., 1994. Carbon pools and flux of global forest ecosystems[J]. Science, 263(5144): 185-190.

DONG Y, SCHARFFE D, LOBERT J M, et al., 1998. Fluxes of CO_2, CH_4 and N_2O from a temperate forest soil: the effects of leaves and humus layers[J]. Tellus B, 50(3): 243-252.

DOUTERELO I, GOULDER R, LILLIE M, 2010. Soil microbial community response to land-management and depth, related to the degradation of organic matter in English wetlands: Implications for the *in situ* preservation of archaeological remains[J]. Applied Soil Ecology, 44(3): 219-227.

DRENOVSKY R E, BATTEN K M, 2007. Invasion by *Aegilops triuncialis*(barb goat grass)slows carbon and nutrient cycling in a serpentine grassland[J]. Biological Invasions, 9(2): 107-116.

DUCE R A, LAROCHE J, ALTIERI K, et al., 2008. Impacts of atmospheric anthropogenic nitrogen on the open ocean[J]. Science, 320(5878): 893-897.

DUKES J S, MOONEY H A, 1999. Does global change increase the success of biological invaders?[J]. Trends in Ecology & Evolution, 14(4): 135-139.

DÜKING R, GIELIS J, LIESE W, 2011. Carbon flux and carbon stock in a bamboo stand and their relevance for mitigating climate change[J]. Bamboo Science & Culture, 24(1): 1-6.

EHRENFELD J G, KOURTEV P, HUANG W, 2001. Changes in soil functions following invasions of exotic understory plants in deciduous forests[J]. Ecological Applications, 11(5): 1287-1300.

ELLISON A M, BANK M S, CLINTON B D, et al., 2005. Loss of foundation species: consequences for the structure and dynamics of forested ecosystems[J]. Frontiers in Ecology and the Environment, 3(9): 479-486.

ELSER J J, 2010. Growth rate-stoichiometry couplings in diverse biota[J]. Ecology Letters, 6(10): 936-943.

ELSER J J, FAGAN W F, DENNO R F, et al., 2000. Nutritional constraints in terrestrial and freshwater food webs[J]. Nature, 408(6812): 578-580.

ELSER J J, FAGAN W F, KERKHOFF A J, et al., 2010. Biological stoichiometry of plant production: metabolism, scaling and ecological response to global change[J]. New Phytologist, 186(3): 593-608.

EPPINGA M B, KAPROTH M A, COLLINS A R, et al., 2011. Litter feedbacks, evolutionary change and exotic plant invasion[J]. Journal of Ecology, 99: 503-514.

FALKOWSKI P, 2000. The global carbon cycle: A test of our knowledge of Earth as a system[J]. Science, 290(5490): 291-296.

FALKOWSKI P G, FENCHEL T, DELONG E F, 2008. The microbial engines that drive earth's biogeo-chemical cycles[J]. Science, 320(5879): 1034-1039.

FANG H, GAO Y, ZHANG Q, et al., 2022a. Moso bamboo and Japanese cedar seedlings differently affected soil N_2O emissions[J]. Journal of Plant Ecology, 15(2): 277-285.

FANG H J, CHENG S L, YU G R, et al., 2014. Experimental nitrogen deposition alters the quantity and quality of soil dissolved organic carbon in an alpine meadow on the Qinghai-Tibetan Plateau[J].

Applied Soil Ecology, 81: 1-11.

FANG H, LIU Y, BAI J, et al., 2022b. Impact of moso bamboo(*Phyllostachys edulis*)expansion into Japanese cedar plantations on soil fungal and bacterial community compositions. Forests, 13(8): 1190.

FAO, 2021. HTTPS: //www.fao.org/national-forest-monitoring/news/detail/ zh/c/1430457/. 2021-8-19.

FELLERHOFF C, VOSS M, WANTZEN K M, 2003. Stable carbon and nitrogen isotope signatures of decomposing tropical macrophytes[J]. Aquatic Ecology, 37(4): 361-375.

FENG Y, LEI Y, WANG R, et al., 2009. Evolutionary tradeoffs for nitrogen allocation to photosynthesis versus cell walls in an invasive plant[J]. Proceedings of the National Academy of Sciences, 106(6): 1853-1856.

FERGUSON S D, NOWAK R S, 2011. Transitory effects of elevated atmospheric CO_2 on fine root dynamics in an arid ecosystem do not increase long-term soil carbon input from fine root litter[J]. New Phytologist, 190(4): 953-967.

FISHER R A, CORBET A S, WILLIAMS C B, 1943. The relation between the number of species and the number of individuals in a random sample of an animal population[J]. The Journal of Animal Ecology, 12(1): 42-58.

FOWLER D, COYLE M, SKIBA U, et al., 2013. The global nitrogen cycle in the twenty-first century[J]. Philosophical Transactions of the Royal Society B: Biological Sciences, 368(1621): 789-813.

FOX C A, MACDONALD K B, 2003. Challenges related to soil biodiversity research in agroecosystems-Issues within the context of scale of observation[J]. Canadian Journal of Soil Science, 83: 144-231.

FRINK C R, WAGGONER P E, AUSUBEL J H, 1999. Nitrogen fertilizer: Retrospect and prospect[J]. Proceedings of the National Academy of Sciences, 96(4): 1175-1180.

FUJIMAKI R, TAKEDA H, WIWATIWITAYA D, 2017. Fine root decomposition in tropical dry evergreen and dry deciduous forests in Thailand[J]. Journal of Forest Research, 13(6): 338-346.

FUKUSHIMA K, USUI N, OGAWA R, et al., 2015. Impacts of moso bamboo(*Phyllostachys pubescens*)invasion on dry matter and carbon and nitrogen stocks in a broad-leaved secondary forest located in Kyoto, western Japan[J]. Plant Species Biology, 30(2): 81-95.

GALLOWAY J N, ABER J D, ERISMAN J W, et al., 2003. The nitrogen cascade[J]. BioScience, 53(4): 341.

GALLOWAY J N, TOWNSEND A R, ERISMAN J W, et al., 2008. Transformation of the nitrogen cycle: recent trends, questions, and potential solutions[J]. Science, 320(5878): 889-892.

GARCIA-PAUSAS J, CASALS P, ROMANYÀ J, 2004. Litter decomposition and faunal activity in Mediterranean forest soils: effects of N content and the moss layer[J]. Soil Biology and Biochemistry, 36(6): 989-997.

GARLAND J L, MILLS A L, 1991. Classification and characterization of heterotrophic microbial communities on the basis of patterns of community-level sole-carbon-source utilization[J]. Applied Environmental Microbiology, 57(8): 2351-2359.

GERBER J S, CARLSON K M, MAKOWSKI D, et al., 2016. Title spatially explicit estimates of N_2O emissions from croplands suggest climate mitigation opportunities from improved fertilizer management[J]. Global Change Biology, 22(10): 3383-3394.

GHOLZ H L, WEDIN D A, SMITHERMAN S M, et al., 2000. Long-term dynamics of pine and hardwood litter decomposition in contrasting environments: toward a global model of decomposition[J]. Global Change Biology, 6(7): 751-765.

GOEBEL M, HOBBIE S E, BULAJ B, et al., 2011. Decomposition of the finest root branching orders: linking belowground dynamics to fine-root function and structure[J]. Ecological Monographs, 81(1): 89-102.

GRAYSTON S J, CAMPBELL C D, 1996. Functional biodiversity of microbial communities in the rhizospheres of hybrid larch(*Larix eurolepis*)and Sitka spruce(*Picea sitchensis*)[J]. Tree Physiology, 16(11-12): 1031-1038.

GRIFFITHS B S, SPILLES A, BONKOWSKI M, 2012. C ∶ N ∶ P stoichiometry and nutrient limitation of the soil microbial biomass in a grazed grassland site under experimental P limitation or excess[J]. Ecological Processes, 1(1): 6.

GRISCOM B W, ASHTON P M S, 2006. A self-perpetuating bamboo disturbance cycle in a neotropical forest[J]. Journal of Tropical Ecology, 22(5): 587-597.

GUAN C, ZHANG P, ZHAO C, et al., 2021. Effects of warming and rainfall pulses on soil respiration in a biological soil crust-dominated desert ecosystem[J]. Geoderma, 381: 114683.

GUAN F, TANG X, FAN S, et al., 2015. Changes in soil carbon and nitrogen stocks followed the conversion from secondary forest to Chinese fir and Moso bamboo plantations[J]. Catena, 133: 455-460.

GUAN F, XIA M, TANG X, et al., 2017. Spatial variability of soil nitrogen, phosphorus and potassium contents in Moso bamboo forests in Yong'an City, China[J]. Catena, 150: 161-172.

GUNDERSEN P, EMMETT B A, KJØNAAS O J, et al., 1998. Impact of nitrogen deposition on nitrogen cycling in forests: a synthesis of NITREX data[J]. Forest Ecology and Management, 101(1): 37-55.

GÜSEWELL S, 2004. N∶P ratios in terrestrial plants: variation and functional significance[J]. New Phytologist, 164(2): 243-266.

GUSTAFSON F G, 1943. Decomposition of the leaves of some forest trees under field conditions[J]. Plant Physiology, 18(4): 704-707.

HAGER H A, 2004. Competitive effect versus competitive response of invasive and native wetland plant species[J]. Oecologia, 139(1): 140-149.

HAINES B L, 1997. Nitrogen uptake[J]. Oecologia, 26(4): 295-303.

HALL S J, ASNER G P, 2007. Biological invasion alters regional nitrogen-oxide emissions from tropical rainforests[J]. Global Change Biology, 13(10): 2143-2160.

HAN M, JIN G, 2018. Seasonal variations of Q_{10} soil respiration and its components in the temperate forest ecosystems, northeastern China[J]. European Journal of Soil Biology, 85: 36-42.

HAN W, FANG J, GUO D, et al., 2005. Leaf nitrogen and phosphorus stoichiometry across 753 terrestrial plant species in China[J]. New Phytologist, 168(2): 377-385.

HANNAH R, MAX R, PABLO R, 2020. CO_2 and greenhouse gas emissions[EB/OL]. https://ourworldindata.org/co2-and-greenhouse-gas-emissions.[2021-10-8].

HANSON P J, EDWARDS N T, GARTEN C T, et al., 2000. Separating root and soil microbial contributions to soil respiration: A review of methods and observations[J]. Biogeochemistry, 48(1): 115-146.

HASTWELL G, 2005. Nutrient cycling and limitation: Hawaii as a model system[J]. Austral Ecology, 30(5): 609-610.

HAWKES C V, WREN I F, HERMAN D J, et al., 2005. Plant invasion alters nitrogen cycling by modifying the soil nitrifying community[J]. Ecology Letters, 8(9): 976-985.

HERNANZ J L, SÁNCHEZ-GIRÓN V, NAVARRETE L, 2009. Soil carbon sequestration and stratification in a cereal/leguminous crop rotation with three tillage systems in semiarid conditions[J]. Agriculture, Ecosystems & Environment, 133(1-2): 114-122.

HEROLD M B, BAGGS E M, DANIELL T J, 2012. Fungal and bacterial denitrification are differently affected by long-term pH amendment and cultivation of arable soil[J]. Soil Biology and Biochemistry, 54: 25-35.

HINK L, NICOL G W, PROSSER J I, 2017. Archaea produce lower yields of N_2O than bacteria during aerobic ammonia oxidation in soil[J]. Environmental Microbiology, 19(12): 4829-4837.

HOBBIE S E, 1992. Effects of plant species on nutrient cycling[J]. Trends in Ecology & Evolution, 7(10): 336-339.

HOBBIE S E, 2015. Plant species effects on nutrient cycling: revisiting litter feedbacks[J]. Trends in Ecology & Evolution, 30(6): 357-363.

HOBBIE S E, OLEKSYN J, EISSENSTAT D M, et al., 2010. Fine root decomposition rates do not mirror those of leaf litter among temperate tree species[J]. Oecologia, 162(2): 505-513.

HOEGH-GULDBERG O, JACOB D, TAYLOR M, et al., 2018. Chapter 3: Impacts of 1.5℃ global warming on natural and human systems[C]. *In*: IPCC. Global Warming of 1.5℃. An IPCC special report on the impacts of global warming of 1.5℃ above preindustrial levels and related global greenhouse gas emission pathways. Cambridge: Cambridge University Press.

HOFMANN D J, BUTLER J H, DLUGOKENCKY E J, et al., 2017. The role of carbon dioxide in climate forcing from 1979 to 2004: introduction of the Annual Greenhouse Gas Index[J]. Tellus B: Chemical and Physical Meteorology, 58(5): 614-619.

HOLUB S M, LAJTHA K, SPEARS J D H, et al., 2005. Organic matter manipulations have little effect on gross and net nitrogen transformations in two temperate forest mineral soils in the USA and central

Europe[J]. Forest Ecology and Management, 214(1-3): 320-330.

HOOGMOED M, CUNNINGHAM S C, BAKER P J, et al., 2014. Is there more soil carbon under nitrogen-fixing trees than under non-nitrogen-fixing trees in mixed-species restoration plantings?[J]. Agriculture, Ecosystems & Environment, 188: 80-84.

HOOPER A B, TERRY K R, 1979. Hydroxylamine oxidoreductase of Nitrosomonas. Production of nitric oxide from hydroxylamine[J]. BBA-Enzymology, 571(1): 12-20.

HOU E, CHEN C, MCGRODDY M E, et al., 2012. Nutrient limitation on ecosystem productivity and processes of mature and old-growth subtropical forests in China[J]. PLoS ONE, 7(12): e52071.

HOUGHTON J T, DING Y, GRIGGS D J, et al., 2001. Climate change 2001: The scientific basis: Contribution of working group I in the third assessment report of Intergovernmental Panel on Climate Change[M]. Cambridge and New York: Cambridge University Press.

HOUGHTON R A, HALL F, GOETZ S J. 2015. Importance of biomass in the global carbon cycle[J]. Journal of Geophysical Research Biogeosciences, 114(2): 935-939.

HU C C, LEI Y B, TAN Y H, et al., 2018. Plant nitrogen and phosphorus utilization under invasive pressure in a montane ecosystem of tropical China[J]. Journal of Ecology, 107(1): 372-386.

HU H, MACDONALD C A, TRIVEDI P, et al., 2015. Water addition regulates the metabolic activity of ammonia oxidizers responding to environmental perturbations in dry subhumid ecosystems[J]. Environmental Microbiology, 17(2): 444-461.

HU Y W, ZHANG L, DENG B L, et al., 2017. The non-additive effects of temperature and nitrogen deposition on CO_2 emissions, nitrification, and nitrogen mineralization in soils mixed with termite nests[J]. Catena, 154: 12-20.

HUENNEKE L F, HAMBURG S P, KOIDE R, et al., 1990. Effects of soil resources on plant invasion and community structure in Californian serpentine grassland[J]. Ecology, 71(2): 478-491.

HYVÖNEN R, PERSSON T, ANDERSSON S, et al., 2008. Impact of long-term nitrogen addition on carbon stocks in trees and soils in northern Europe[J]. Biogeochemistry, 89(1): 121-137.

ICHIHASHI R, KOMATSU H, KUME T, et al., 2015. Stand-scale transpiration of two Moso bamboo stands with different culm densities[J]. Ecohydrology, 8(3): 450-459.

IPCC, 2014. Climate change 2014: Synthesis report[C]. In: Core Writing Team, PACHAURI R K, MEYER L A. Contribution of working groups I, II and III to the fifth assessment report of the Intergovernmental Panel on Climate Change. Geneva: IPCC.

ISAGI Y, 1994. Carbon stock and cycling in a bamboo Phyllostachys bambusoides stand[J]. Ecological Research, 9: 47-55.

ISAGI Y, KAWAHARA T, KAMO K, et al., 1997. Net production and carbon cycling in a bamboo Phyllostachys pubescens stand[J]. Plant Ecology, 130: 41-52.

JACKSON R B U O, MOONEY H A, SCHULZE E D, 1997. A global budget for fine root biomass, surface area, and nutrient contents[J]. Proceedings of the National Academy of Sciences, 94(14): 7362-7366.

JAFFRAIN J, GÉRARD F, MEYER M, et al., 2007. Assessing the quality of dissolved organic matter in forest soils using ultraviolet absorption spectrophotometry[J]. Soil Science Society of America Journal, 71(6): 1851-1858.

JAMES J J, DRENOVSKY R E, 2007. A basis for relative growth rate differences between native and invasive forb seedlings[J]. Rangeland Ecology & Management, 60(4): 395-400.

JANDOVÁ K, KLINEROVÁ T, MÜLLEROVÁ J, et al., 2014. Long-term impact of Heracleum mante-gazzianum invasion on soil chemical and biological characteristics[J]. Soil Biology and Biochemistry, 68: 270-278.

JEAN D D N, JEAN-PIERRE B, JEAN-PAUL L, et al., 2002. The effects of slash management on nutrient cycling and tree growth in Eucalyptus plantations in the Congo[J]. Forest Ecology and Management, 171(1): 209-221.

JI B, YANG K, ZHU L, et al., 2015. Aerobic denitrification: A review of important advances of the last 30 years[J]. Biotechnology and Bioprocess Engineering, 20(4): 643-651.

JI Z, YANG X, SONG Z, et al., 2018. Silicon distribution in meadow steppe and typical steppe of northern China and its implications for phytolith carbon sequestration[J]. Grass and Forage Science, 73(2): 482-492.

JIANG Y M, CHEN C R, LIU Y Q, et al., 2010. Soil soluble organic carbon and nitrogen pools under mono- and mixed species forest ecosystems in subtropical China[J]. Journal of Soils Sediments, 10(6): 1071-1081.

JIANG Z, 2007. Bamboo and rattan in the world[M]. Beijing: China Forestry Publishing House.

JIEN S, CHEN T, CHIU C, 2011. Effects of afforestation on soil organic matter characteristics under subtropical forests with low elevation[J]. Journal of Forest Research, 16(4): 275-283.

JOHN B, PANDEY H N, TRIPATHI R S, 2002. Decomposition of fine roots of *Pinus kesiya* and turnover of organic matter, N and P of coarse and fine pine roots and herbaceous roots and rhizomes in subtropical pine forest stands of different ages[J]. Biology and Fertility of Soils, 35(4): 238-246.

KENNEDY A C, GEWIN V L, 1997. Soil microbial diversity: Present and future considerations[J]. Soil Science, 162(9): 607-617.

KEVIN A B, TIMOTHY H, JONATHAN P, 2005. Navigating the numbers: Greenhouse gas data and international climate policy[M]. Washington DC: World Resources Institute.

KLAUS B, ELIZABETH B M, MICHAEL D, et al., 2013. Nitrous oxide emissions from soils: how well do we understand the processes and their controls?[J]. Philosophical Transactions of The Royal Society B: Biological Sciences, 368(1621): 20130122.

KÖGEL-KNABNER I, 2002. The macromolecular organic composition of plant and microbial residues as inputs to soil organic matter[J]. Soil Biology and Biochemistry, 34(2): 139-162.

KOMATSU H, ONOZAWA Y, KUME T, et al., 2010. Stand-scale transpiration estimates in a Moso bamboo forest: II. Comparison with coniferous forests[J]. Forest Ecology and Management, 260(8): 1295-1302.

KOURTEV P S, EHRENFELD J G, HÄGGBLOM M, 2002. Exotic plant species alter the microbial community structure and function in the soil[J]. Ecology, 83: 3152-3166.

KOURTEV P S, HUANG W Z, EHRENFELD J G, 1999. Differences in earthworm densities and nitrogen dynamics in soils under exotic and native plant species[J]. Biological Invasions, 1(2/3): 237-245.

KOUTIKA L, VANDERHOEVEN S, CHAPUIS-LARDY L, et al., 2007. Assessment of changes in soil organic matter after invasion by exotic plant species[J]. Biology and Fertility of Soils, 44(2): 331-341.

KUME T, ONOZAWA Y, KOMATSU H, et al., 2010. Stand-scale transpiration estimates in a Moso bamboo forest: (I)Applicability of sap flux measurements[J]. Forest Ecology and Management, 260(8): 1287-1294.

LADANAI S, ÅGREN G I, OLSSON B A, 2010. Relationships between tree and soil properties in *Picea abies* and *Pinus sylvestris* forests in Sweden[J]. Ecosystems, 13(2): 302-316.

LAM P, KUYPERS M M M, 2011. Microbial nitrogen cycling processes in oxygen minimum zones[J]. Annual Review of Marine Science, 3(1): 317-345.

LAMARQUE J F, 2005. Assessing future nitrogen deposition and carbon cycle feedback using a multi-model approach: Analysis of nitrogen deposition[J]. Journal of Geophysical Research, 110: D19303.

LAMBERS H, MOUGE C, JAILLARD B, et al., 2009. Plant-microbe-soil interactions in the rhizosphere: an evolutionary perspective[J]. Plant and Soil, 321(1-2): 83-115.

LANGDON C, TAKAHASHI T, SWEENEY C, et al., 2000. Effect of calcium carbonate saturation state on the calcification rate of an experimental coral reef[J]. Global Biogeochemical Cycles, 14(2): 639-654.

LANGLEY J A, HUNGATE B A, 2003. Mycorrhizal controls on belowground litter quality[J]. Ecology, 84(9): 2302-2312.

LAPLACE S, KOMATSU H, TSENG H, et al., 2017. Difference between the transpiration rates of Moso bamboo(*Phyllostachys pubescens*)and Japanese cedar(*Cryptomeria japonica*)forests in a subtropical climate in Taiwan[J]. Ecological Research, 32(6): 835-843.

LAUGHLIN R J, STEVENS R J, 2002. Evidence for fungal dominance of denitrification and co-denitrification in a grassland soil[J]. Soil Science Society of America Journal, 66(5): 1540-1548.

LAVOREL S, GARNIER E, 2002. Predicting changes in community composition and ecosystem function-ning from plant traits: revisiting the Holy Grail[J]. Functional Ecology, 16(5): 545-556.

LEAVITT S, 1998. Biogeochemistry, an analysis of global change[J]. Eos, Transactions American Geophysical Union, 79(2): 20.

LEE M, MO W H, KOIZUMI H, 2006. Soil respiration of forest ecosystems in Japan and global implications[J]. Ecological Research, 21(6): 828-839.

LEJON D P H, CHAUSSOD R, RANGER J, et al., 2005. Microbial community structure and density under different tree species in an acid forest soil(Morvan, France) [J]. Microbial Ecology, 50(4): 614-625.

LEMMA B, NILSSON I, KLEJA D B, et al., 2007. Decomposition and substrate quality of leaf litters and fine roots from three exotic plantations and a native forest in the southwestern highlands of Ethiopia[J]. Soil Biology and Biochemistry, 39(9): 2317-2328.

LEVINE J M, ADLER P B, YELENIK S G, 2010. A meta‐analysis of biotic resistance to exotic plant invasions[J]. Ecology Letters, 7(10): 975-989.

LI L, ZHENG Z, WANG W, et al., 2020a. Terrestrial N_2O emissions and related functional genes under climate change: A global meta-analysis[J]. Global Change Biology, 26(2): 931-943.

LI M, PENG C, WANG M, et al., 2017c. The carbon flux of global rivers: A re-evaluation of amount and spatial patterns[J]. Ecological Indicators, 80: 40-51.

LI P, SHEN C, JIANG L, et al., 2019. Difference in soil bacterial community composition depends on forest type rather than nitrogen and phosphorus additions in tropical montane rainforests[J]. Biology and Fertility of Soils, 55(3): 313-323.

LI P, ZHOU G, DU H, et al., 2015. Current and potential carbon stocks in Moso bamboo forests in China[J]. Journal of Environmental Management, 156: 89-96.

LI Y, LI Y, CHANG S X, et al., 2017a. Bamboo invasion of broadleaf forests altered soil fungal community closely linked to changes in soil organic C chemical composition and mineral N production[J]. Plant and Soil, 418(1-2): 507-521.

LI Y, ZHANG J, CHANG S X, et al., 2013. Long-term intensive management effects on soil organic carbon pools and chemical composition in Moso bamboo(*Phyllostachys pubescens*)forests in subtropical China[J]. Forest Ecology and Management, 303: 121-130.

LI Z, SIEMANN E, DENG B L, et al., 2020b. Soil microbial community responses to soil chemistry modifications in alpine meadows following human trampling[J]. Catena, 194: 104717.

LI Z Z, ZHANG L, DENG B L, et al., 2017b. Effects of moso bamboo(*Phyllostachys edulis*)invasions on soil nitrogen cycles depend on invasion stage and warming[J]. Environmental Science and Pollution Research, 24(32): 24989-24999.

LIAO C, PENG R, LUO Y, et al., 2008. Altered ecosystem carbon and nitrogen cycles by plant invasion: A meta-analysis[J]. New Phytologist, 177(3): 706-714.

LIESE W, 2009. Bamboo as carbon-sink-fact or fiction?[J]. Journal of Bamboo and Rattan, 8: 103-114.

LIMA R A F, ROTHER D C, MULER A E, et al., 2012. Bamboo overabundance alters forest structure and dynamics in the Atlantic Forest hotspot[J]. Biological Conservation, 147(1): 32-39.

LIN Y, TANG S, PAI C, et al., 2014. Changes in the Soil Bacterial Communities in a Cedar Plantation Invaded by Moso Bamboo[J]. Microbial Ecology, 67(2): 421-429.

LIN Y M, ZOU X H, LIU J B, et al., 2005. Nutrient, chlorophyll and caloric dynamics of *Phyllostachys pubescens* leaves in Yongchun County, Fujian, China[J]. Journal of Bamboo and Rattan, 4(4): 369-385.

LIU C G, WANG Y J, JIN Y Q, et al., 2017. Photoprotection regulated by phosphorus application can improve photosynthetic performance and alleviate oxidative damage in dwarf bamboo subjected to water stress[J]. Plant Physiology & Biochemistry, 118: 88-97.

LIU L, GREAVER T L, 2009. A review of nitrogen enrichment effects on three biogenic GHGs: the CO_2 sink may be largely offset by stimulated N_2O and CH_4 emission[J]. Ecology Letters, 12(10): 1103-1117.

LIU L, GREAVER T L, 2010. A global perspective on belowground carbon dynamics under nitrogen enrichment[J]. Ecology Letters, 13(7): 819-828.

LIU X, CHEN C R, WANG W J, et al., 2013. Soil environmental factors rather than denitrification gene abundance control N_2O fluxes in a wet sclerophyll forest with different burning frequency[J]. Soil Biology and Biochemistry, 57: 292-300.

LIU X, DUAN L, MO J, et al., 2011. Nitrogen deposition and its ecological impact in China: An overview[J]. Environmental Pollution, 159(10): 2251-2264.

LIU X, JU X, ZHANG Y, et al., 2006. Nitrogen deposition in agroecosystems in the Beijing area[J]. Agriculture, Ecosystems & Environment, 113(1-4): 370-377.

LIU X S, SIEMANN E, CUI C, et al., 2019. Moso bamboo(*Phyllostachys edulis*)invasion effects on litter, soil and microbial PLFA characteristics depend on sites and invaded forests[J]. Plant and Soil, 438(1): 85-99.

LOBOVIKOV M, SCHOENE D, LOU Y, 2012. Bamboo in climate change and rural livelihoods[J]. Mitigation & Adaptation Strategies for Global Change, 17: 261-276.

LOPES DE GERENYU V O, KURBATOVA Y A, KURGANOVA I N, et al., 2011. Daily and seasonal dynamics of CO_2 fluxes from soils under different stands of monsoon tropical forest[J]. Eurasian Soil Science, 44(9): 984-990.

LORANGER G, PONGE J F, IMBERT D, et al., 2002. Leaf decomposition in two semi-evergreen tropical forests: influence of litter quality[J]. Biology and Fertility of Soils, 35(4): 247-252.

LU J, TURKINGTON R, ZHOU Z, 2016. The effects of litter quantity and quality on soil nutrients and litter invertebrates in the understory of two forests in southern China[J]. Plant Ecology, 217(11): 1415-1428.

LUO Y, ZHAO X, LI Y, et al., 2016. Root decomposition of *Artemisia halodendron* and its effect on soil nitrogen and soil organic carbon in the Horqin Sandy Land, northeastern China[J]. Ecological Research, 31(4): 535-545.

MACK R N, SIMBERLOFF D, LONSDALE W M, et al., 2000. Biotic invasions: causes, epidemiology, global consequences, and control[J]. Ecological Applications, 10(3): 689-710.

MAGEL E, KRUSE S, LUTJE G, et al., 2005. Soluble carbohydrates and acid invertases involved in the rapid growth of developing culms in *Sasa palmate* (Bean) Camus[J]. Bamboo Science and Culture, 19: 23-29.

MAGNANI F, MENCUCCINI M, BORGHETTI M, et al., 2007. The human footprint in the carbon cycle of temperate and boreal forests[J]. Nature, 447(7146): 849-851.

MANGLA S, CALLAWAY R M, 2008. Exotic invasive plant accumulates native soil pathogens which inhibit native plants[J]. Journal of Ecology, 96(1): 58-67.

MARCHANT H K, AHMERKAMP S, LAVIK G, et al., 2017. Denitrifying community in coastal sediments performs aerobic and anaerobic respiration simultaneously[J]. The ISME Journal, 11(8): 1799-1812.

MARCHANT H K, LAVIK G, HOLTAPPELS M, et al., 2014. The fate of nitrate in intertidal permeable sediments[J]. PLoS ONE, 9(8): e104517.

MARKESTEIJN L, POORTER L, 2009. Seedling root morphology and biomass allocation of 62 tropical tree species in relation to drought- and shade-tolerance[J]. Journal of Ecology, 97(2): 311-325.

MARUSENKO Y, HUBER D P, HALL S J, 2013. Fungi mediate nitrous oxide production but not ammonia oxidation in arid land soils of the southwestern US[J]. Soil Biology and Biochemistry, 63: 24-36.

MASSON-DELMOTTE V, ZHAI P, PÖRTNER H, et al., 2018. Global warming of 1.5℃[C]. *In*: IPCC. Special report on impacts of global warming of 1.5℃ above pre-industrial levels in context of strengthening response to climate change, sustainable development, and efforts to eradicate poverty. Cambridge: Cambridge University Press.

MATAMALA R, GONZÁLEZ-MELER M A, JASTROW J D, et al., 2003. Impacts of fine root turnover on forest NPP and soil C sequestration potential[J]. Science, 302(5649): 1385-1387.

MATSON P, LOHSE K A, HALL S J, 2002. The globalization of nitrogen deposition: consequences for terrestrial ecosystems[J]. AMBIO: A Journal of the Human Environment, 31(2): 113.

MATSON P A, NAYLOR R, ORTIZ-MONASTERIO I, 1998. Integration of environmental, agronomic, and economic aspects of fertilizer management[J]. Science, 280(5360): 112-115.

MCCORMACK M L, DICKIE I A, EISSENSTAT D M, et al., 2015. Redefining fine roots improves understanding of belowground contributions to terrestrial biosphere processes[J]. New Phytologist, 207(3): 505-518.

MCLEAN M, PARKINSON D, 1997. Changes in structure, organic matter and microbial activity in pine forest soil following the introduction of *Dendrobaena octaedra*(Oligochaeta, Lumbricidae)[J]. Soil Biology and Biochemistry, 29(3-4): 540.

MEGHANN E J, BRADLEY J C, 2009. Allelopathy as a mechanism for the invasion of *Typha angustifolia*[J]. Plant Ecology, 204(1): 113-124.

MELIN E, 1930. Biological decomposition of some types of litter from north American forests[J]. Ecology, 11(1): 72-101.

MENGEL K J L U, 1996. Turnover of organic nitrogen in soils and its availability to crops[J]. Plant and Soil, 181(1): 83-93.

MERILÄ P, MALMIVAARA-LÄMSÄ M, SPETZ P, et al., 2010. Soil organic matter quality as a link between microbial community structure and vegetation composition along a successional gradient in a boreal forest[J]. Applied Soil Ecology, 46(2): 259-267.

MICHALZIK B, KALBITZ K, PARK J, et al., 2001. Fluxes and concentrations of dissolved organic carbon and nitrogen: a synthesis for temperate forests[J]. Biogeochemistry, 52(2): 173-205.

MIKI T, DOI H, 2016. Leaf phenological shifts and plant-microbe-soil interactions can determine forest productivity and nutrient cycling under climate change in an ecosystem model[J]. Ecological Research, 31(2): 263-274.

MOIR J, 2011. Nitrogen cycling in bacteria: Molecular analysis[M]. Poole: Caister Academic Press.

MONTZKA S A, DLUGOKENCKY E J, BUTLER J H, 2011. Non-CO_2 greenhouse gases and climate change[J]. Nature, 476(7358): 43-50.

MOORHEAD D L, SINSABAUGH R L, LINKINS A E, et al., 1996. Decomposition processes: Modelling approaches and applications[J]. Science of The Total Environment, 183(1): 137-149.

MORLEY N, BAGGS E M, DÖRSCH P, et al., 2008. Production of NO, N_2O and N_2 by extracted soil bacteria, regulation by NO_2^- and O_2 concentrations[J]. FEMS Microbiology Ecology, 65(1): 102-112.

MOSCA E, MONTECCHIO L, SCATTOLIN L, et al., 2007. Enzymatic activities of three ectomycorrhizal types of *Quercus robur* L. in relation to tree decline and thinning[J]. Soil Biology and Biochemistry, 39(11): 2897-2904.

NADELHOFFER K J, 2000. The potential effects of nitrogen deposition on fine-root production in forest ecosystems[J]. New Phytologist, 147(1): 131-139.

NATH A J, LAL R, DAS A K, 2015. Managing woody bamboos for carbon farming and carbon trading[J]. Global Ecology and Conservation, 3(C): 654-663.

NI H, SU W, FAN SH, et al., 2021. Effects of intensive management practices on rhizosphere soil properties, root growth, and nutrient uptake in Moso bamboo plantations in subtropical China[J]. Forest Ecology and Management, 493, 19083.

NICOL G W, LEININGER S, SCHLEPER C, et al., 2008. The influence of soil pH on the diversity, abundance and transcriptional activity of ammonia oxidizing archaea and bacteria[J]. Environmental Microbiology, 10(11): 2966-2978.

NIJJER S, ROGERS W E, LEE C A, et al., 2008. The effects of soil biota and fertilization on the success of *Sapium sebiferum*[J]. Applied Soil Ecology, 38(1): 1-11.

NOAA, 2021. What is ocean acidification?[EB/OL]. https: //oceanservice.noaa.gov/facts/acidification.html [2021-10-11].

O'BRIEN P A, MORROW K M, WILLIS B L, et al., 2016. Implications of ocean acidification for marine microorganisms from the free-living to the host-associated[J]. Frontiers in Marine Science, 3: 47.

OGER P, MANSOURI H, DESSAUX Y, 2000. Effect of crop rotation and soil cover on alteration of the soil microflora generated by the culture of transgenic plants producing opines[J]. Molecular Ecology, 9(7): 881-890.

OKUTOMI K, SHINODA S, FUKUDA H, 1996. Causal analysis of the invasion of broad-leaved forest by bamboo in Japan[J]. Journal of Vegetation Science, 7(5): 723-728.

OLIVERIO A M, BRADFORD M A, FIERER N, 2017. Identifying the microbial taxa that consistently respond to soil warming across time and space[J]. Global Change Biology, 23(5): 2117-2129.

OLIVIER J G J, SCHURE K M, PETERS J A H W, 2017. Trends in global CO_2 and total greenhouse gas emissions. PBL Netherlands Environmental Assessment Agency, 5: 1-11.

OLSON J S, 1963. Energy storage and the balance of producers and decomposers in ecological systems[J]. Ecology, 44(2): 322-331.

OUYANG M, TIAN D, PAN J, et al., 2022. Moso bamboo (*Phyllostachys edulis*) invasion increases forest soil pH in subtropical China[J]. Catena, 215: 106339.

OUYANG X, LEE S Y, CONNOLLY R M, 2017. The role of root decomposition in global mangrove and saltmarsh carbon budgets[J]. Earth-Science Reviews, 166: 53-63.

PAN J, LIU Y Q, NIU J H, et al., 2022. Moso bamboo expansion reduced soil N_2O emissions while accelerated fine root litter decomposition: contrasting non-additive effects[J]. Plant and Soil, https://

doi.org/10.1007/s11104-022-05785-8.

PAN J, LIU Y Q, YUAN X Y, et al., 2020. Root litter mixing with that of japanese cedar altered CO_2 emissions from Moso bamboo forest soil[J]. Forests, 11(3): 356.

PAN Y D, BIRDSEY R A, FANG J Y, et al., 2011. A large and persistent carbon sink in the world's forests[J]. Science, 333, 6045: 988-993.

PARKER S S, SCHIMEL J P, 2010. Invasive grasses increase nitrogen availability in California grassland soils[J]. Invasive Plant Science and Management, 3(1): 40-47.

PARTON W, SILVER W L, BURKE I C, et al., 2007. Global-scale similarities in nitrogen release patterns during long-term decomposition[J]. Science, 315(5810): 361-364.

PATTISON R R, GOLDSTEIN G, ARES A, 1998. Growth, biomass allocation and photosynthesis of invasive and native Hawaiian rainforest species[J]. Oecologia, 117(4): 449-459.

PBL, 2020. Trends in Global CO_2 and Total Greenhouse Gas Emissions; 2020 Report[R].

PERAKIS S S, HEDIN L O, 2002. Nitrogen loss from unpolluted South American forests mainly via dissolved organic compounds[J]. Nature, 415(24): 416-419.

PÉREZ C A, CARMONA M R, FARIÑA J M, et al., 2009. Selective logging of lowland evergreen rainforests in Chiloé Island, Chile: Effects of changing tree species composition on soil nitrogen transformations[J]. Forest Ecology and Management, 258(7): 1660-1668.

PETERSEN D G, BLAZEWICZ S J, FIRESTONE M, et al., 2012. Abundance of microbial genes associated with nitrogen cycling as indices of biogeochemical process rates across a vegetation gradient in Alaska[J]. Environmental Microbiology, 14(4): 993-1008.

PHILIP L J, POSLUSZNY U, KLIRONOMOS J N, 2001. The influence of mycorrhizal colonization on the vegetative growth and sexual reproductive potential of *Lythrum salicaria* L[J]. Canadian Journal of Botany, 79(4): 381-388.

PHILIPPOT L, PIUTTI S, MARTIN-LAURENT F, et al., 2002. Molecular analysis of the nitrate-reducing community from unplanted and maize-planted soils[J]. Applied and Environmental Microbiology, 68(12): 6121-6128.

PILEGAARD K, 2013. Processes regulating nitric oxide emissions from soils[J]. Philosophical Transactions of the Royal Society B: Biological Sciences, 368(1621): 20130126.

PIPER C L, LAMB E G, SICILIANO S D, 2015. Smooth brome changes gross soil nitrogen cycling processes during invasion of a rough fescue grassland[J]. Plant Ecology, 216(2): 235-246.

PORAZINSKA D L, BARDGETT R D, POSTMA-BLAAUW M B, et al., 2003. Relationships at the aboveground-belowground interface: plants, soil biota, and soil processes[J]. Ecological Monographs, 73(3): 377-395.

POSTGATE J, 1998. Nitrogen fixation[M] Cambridge: Cambridge University Press: 1-109.

POSTGATE R J, 1970. Biological nitrogen fixation[J]. Nature, 226(4): 25-27.

POTH M, 1986. Dinitrogen production from nitrite by a nitrosomonas isolate[J]. Applied and Environmental Microbiology, 52(4): 957-959.

PRENTICE I C, FARQUHAR G D, FASHAM M J R, et al., 2001. The carbon cycle and atmospheric carbon dioxide[C]. *In*: Houghton J T. Climate change 2001: the scientific basis: contribution of working group I to the third assessment report of the Intergovernmental Panel on Climate Change. New York: Cambridge University.

RABALAIS N N, 2002. Nitrogen in aquatic ecosystems[J]. AMBIO: A Journal of the Human Environment, 31(2): 102.

RAICH J W, POTTER C S, 1995. Global patterns of carbon dioxide emissions from soils[J]. Global Biogeochemical Cycles, 9(1): 23-36.

RAMULA S, PIHLAJA K, 2012. Plant communities and the reproductive success of native plants after the invasion of an ornamental herb[J]. Biological Invasions, 14(10): 2079-2090.

RAVEN J, 2005. Ocean acidification due to increasing atmospheric carbon dioxide[M]. London: The Royal Society.

RAVEN J A, FALKOWSKI P G, 1999. Oceanic sinks for atmospheric CO_2[J]. Plant, Cell and Environment, 22(6): 741-755.

RAVEN J A, HANDLEY L L, ANDREWS M, 2004. Global aspects of C/N interactions determining plant-environment interactions[J]. Journal of Experimental Botany, 55(394): 11-25.

REVELLE R, SUESS H E, 1957. Carbon dioxide exchange between atmosphere and ocean and the question of an increase of atmospheric CO_2 during the past decades[J]. Tellus, 9(1): 18-27.

RICHARDSON D J, WEHRFRITZ J M, KEECH A, et al., 1998. The diversity of redox proteins involved in bacterial heterotrophic nitrification and aerobic denitrification[J]. Biochemical Society Transactions, 26(3): 401.

ROGELJ J, MEINSHAUSEN M, SCHAEFFER M, et al., 2015. Impact of short-lived non-CO_2 mitigation on carbon budgets for stabilizing global warming[J]. Environmental Research Letters, 10(7): 75001.

ROSSITER-RACHOR N A, SETTERFIELD S A, DOUGLAS M M, et al., 2009. Invasive *Andropogon gayanus* (gamba grass) is an ecosystem transformer of nitrogen relations in Australian savanna[J]. Ecological Applications, 19(6): 1546-1560.

ROTHSTEIN D E, VITOUSEK P M, SIMMONS B L, 2004. An exotic tree alters decomposition and nutrient cycling in a Hawaiian Montane Forest[J]. Ecosystems, 7(8): 805-814.

ROUMET C, BIROUSTE M, PICON COCHARD C, et al., 2016. Root structure–function relationships in 74 species: evidence of a root economics spectrum related to carbon economy[J]. New Phytologist, 210(3): 815-826.

ROUSK J, BROOKES P C, BAATH E, 2009. Contrasting soil pH effects on fungal and bacterial growth suggest functional redundancy in carbon mineralization[J]. Applied and Environmental Microbiology, 75(6): 1589-1596.

RUDAZ A O, WÄLTI E, KYBURZ G, et al., 1999. Temporal variation in N_2O and N_2 fluxes from a permanent pasture in Switzerland in relation to management, soil water content and soil temperature[J]. Agriculture, Ecosystems & Environment, 73(1): 83-91.

RUESS R W, HENDRICK R L, BURTON A J, et al., 2003. Coupling fine root dynamics with ecosystem carbon cycling in black spruce forests of interior alaska[J]. Ecological Monographs, 73(4): 643-662.

RUNNING S W, COUGHLAN J C, 1988. A general model of forest ecosystem processes for regional applications I. Hydrologic balance, canopy gas exchange and primary production processes[J]. Ecological Modelling, 42: 125-154.

RÜTTING T, HUYGENS D, BOECKX P, et al., 2013. Increased fungal dominance in N_2O emission hotspots along a natural pH gradient in organic forest soil[J]. Biology and Fertility of Soils, 49(6): 715-721.

SATTI P, MAZZARINO M J, GOBBI M, et al., 2003. Soil N dynamics in relation to leaf litter quality and soil fertility in north-western Patagonian forests[J]. Journal of Ecology, 91(2): 173-181.

SCHAUFLER G, KITZLER B, SCHINDLBACHER A, et al., 2010. Greenhouse gas emissions from European soils under different land use: effects of soil moisture and temperature[J]. European Journal of Soil Science, 61(5): 683-696.

SCHLESINGER W H, 1997. Biogeochemistry: An analysis of global change[M]. CA: San Diego.

SCHNEIDER M K, LÜSCHER A, RICHTER M, et al., 2004. Ten years of free-air CO_2 enrichment altered the mobilization of N from soil in *Lolium perenne* L. swards[J]. Global Change Biology, 10: 1377-1388.

SCHWARZ M, LEHMANN P, OR D, 2010. Quantifying lateral root reinforcement in steep slopes - from a bundle of roots to tree stands[J]. Earth Surface Processes and Landforms, 35(3): 354-367.

SCURLOCK J M, DAYTON D C, HAMES B, 2000. Bamboo: an overlooked biomass resource?[J]. Biomass and Bioenergy, 19(4): 229-244.

SEDJO R A, 1993. The carbon cycle and global forest ecosystem[J]. Water, Air, and Soil Pollution, 70: 295-307.

SHAD N, LIU Q, FANG H F, et al., 2022. Soil sterilization and fertility impacts on urease and belowground mass specific phosphatase activity vary among Chinese tallow tree (*Triadica sebifera*) populations. Plant Ecology, 223: 397-406.

SHAW L J, NICOL G W, SMITH Z, et al., 2006. *Nitrosospira* spp. can produce nitrous oxide via a nitrifier denitrification pathway[J]. Environmental Microbiology, 8(2): 214-222.

SHINOHARA Y, OTSUKI K, 2015. Comparisons of soil-water content between a Moso bamboo (*Phyllostachys pubescens*) forest and an evergreen broadleaved forest in western Japan[J]. Plant Species Biology, 30(2): 96-103.

SILES J A, CAJTHAML T, FILIPOVÁ A, et al., 2017. Altitudinal, seasonal and interannual shifts in microbial communities and chemical composition of soil organic matter in alpine forest soils[J]. Soil Biology and Biochemistry, 112: 1-13.

SILVER W L, NEFF J, MCGRODDY M, et al., 2000. Effects of soil texture on belowground carbon and nutrient storage in a lowland amazonian forest ecosystem[J]. Ecosystems, 3(2): 193-209.

SIMON J, KLOTZ M G, 2013. Diversity and evolution of bioenergetic systems involved in microbial nitrogen compound transformations[J]. Biochimica et Biophysica Acta-Bioenergetics, 1827(2): 114-135.

SINGH B K, MILLARD P, WHITELEY A S, et al., 2004. Unravelling rhizosphere–microbial interactions: opportunities and limitations[J]. Trends in Microbiology, 12(8): 386-393.

SINSABAUGH R L, ANTIBUS R K, LINKINS A E, 1991. An enzymic approach to the analysis of microbial activity during plant litter decomposition[J]. Agriculture, Ecosystems & Environment, 34(1): 43-54.

SINSABAUGH R L, MOORHEAD D L, 1994. Resource allocation to extracellular enzyme production: A model for nitrogen and phosphorus control of litter decomposition[J]. Soil Biology and Biochemistry, 26(10): 1305-1311.

SMALLA K, WIELAND G, BUCHNER A, et al., 2001. Bulk and rhizosphere soil bacterial communities studied by denaturing gradient gel electrophoresis: plant-dependent enrichment and seasonal shifts revealed[J]. Applied and Environmental Microbiology, 67(10): 4742-4751.

SMITH M D, KNAPP A K, 1999. Exotic plant species in a C_4-dominated grassland: invisibility, disturbance, and community structure[J]. Oecologia, 120(4): 605-612.

SMITH P, MARTINO D, CAI Z, et al., 2008. Greenhouse gas mitigation in agriculture. Philosophical transactions[J]. Biological Sciences, 363(1492): 789-813.

SONG Q, OUYANG M, YANG Q, et al., 2016. Degradation of litter quality and decline of soil nitrogen mineralization after moso bamboo(*Phyllostachys pubscens*)expansion to neighboring broadleaved forest in subtropical China[J]. Plant and Soil, 404(1-2): 113-124.

SONG X, ZHOU G, JIANG H, et al., 2011. Carbon sequestration by Chinese bamboo forests and their ecological benefits: assessment of potential, problems, and future challenges[J]. Environmental Reviews, 19: 418-428.

SPARACINO-WATKINS C, STOLZ J F, BASU P, 2014. Nitrate and periplasmic nitrate reductases[J]. Chemical Society Reviews, 43(2): 676-706.

SPIECK E, SPOHN M, WENDT K, et al., 2020. Extremophilic nitrite-oxidizing Chloroflexi from Yellowstone hot springs[J]. The ISME Journal, 14(2): 364-379.

STADDON W J, TREVORS J T, DUCHESNE L C, et al., 1998. Soil microbial diversity and community structure across a climatic gradient in western Canada[J]. Biodiversity and Conservation, 7(8): 1081-1092.

STEHFEST E, BOUWMAN L, 2006. N_2O and NO emission from agricultural fields and soils under natural vegetation: summarizing available measurement data and modeling of global annual emissions[J]. Nutrient Cycling in Agroecosystems, 74(3): 207-228.

STERNGREN A E, HALLIN S, BENGTSON P, 2015. Archaeal ammonia oxidizers dominate in numbers, but bacteria drive gross nitrification in N-amended grassland soil[J]. Frontiers in Microbiology, 6: 1350.

STOCKMANN U, ADAMS M A, CRAWFORD J W, et al., 2013. The knowns, known unknowns and unknowns of sequestration of soil organic carbon[J]. Agriculture, Ecosystems & Environment, 164: 80-99.

STOVER D B, DAY F P, DRAKE B G, et al., 2010. The long-term effects of CO_2 enrichment on fine root productivity, mortality, and survivorship in a scrub-oak ecosystem at Kennedy Space Center, Florida, USA[J]. Environmental and Experimental Botany, 69(2): 214-222.

SUBKE J A, REICHSTEIN M, TENHUNEN J D, 2003. Explaining temporal variation in soil CO_2 efflux in a mature spruce forest in Southern Germany[J]. Soil Biology and Biochemistry, 35(11): 1467-1483.

SUTTON M A, REIS S, RIDDICK S N, et al., 2013. Towards a climate-dependent paradigm of ammonia emission and deposition[J]. Philosophical Transactions of the Royal Society B: Biological Sciences, 368(1621): 20130166.

SUZAKI T, NAKATSUBO T, 2001. Impact of the bamboo *Phyllostachys bambusoides* on the light environment and plant communities on riverbanks[J]. Journal of Forest Research, 6(2): 81-86.

SYAKILA A, KROEZE C, 2011. The global nitrous oxide budget revisited[J]. Greenhouse Gas Measurement and Management, 1(1): 17-26.

TAKAHASHI T, SUTHERLAND S C, WANNINKHOF R, et al., 2009. Climatological mean and decadal change in surface ocean pCO_2, and net sea–air CO_2 flux over the global oceans[J]. Deep Sea Research Part II: Topical Studies in Oceanography, 56(8-10): 554-577.

TAN X, SHAO D, GU W, 2018. Effects of temperature and soil moisture on gross nitrification and denitrification rates of a Chinese lowland paddy field soil[J]. Paddy and Water Environment, 16(4): 687-698.

TANS P, KEELING R, 2021. Trends in carbon dioxide[EB/OL]. https: //gml.noaa.gov/ccgg/trends/ [2021-10-11].

TELLES E D C C, C AMARGO P B, MARTINELLI L A, et al., 2003. Influence of soil texture on carbon dynamics and storage potential in tropical forest soils of Amazonia[J]. Global Biogeochemical Cycles, 17(1): 1-9.

TESSIER J T, RAYNAL D J, 2003. Use of nitrogen to phosphorus ratios in plant tissue as an indicator of nutrient limitation and nitrogen saturation[J]. Journal of Applied Ecology, 40(3): 523-534.

THEOHARIDES K A, DUKES J S, 2007. Plant invasion across space and time: factors affecting nonindigenous species success during four stages of invasion[J]. New Phytologist, 176(2): 256-273.

THOMAS R Q, CANHAM C D, WEATHERS K C, et al., 2010. Increased tree carbon storage in response to nitrogen deposition in the US[J]. Nature Geoscience, 3(1): 13-17.

TILMAN D, 1997. Community invasibility, recruitment limitation, and grassland biodiversity[J]. Ecology, 78(1): 81-92.

TILMAN D, KNOPS J, WEDIN D, et al., 1997. The influence of functional diversity and composition on ecosystem processes[J]. Science, 277(5330): 1300-1302.

TIMMA L, DACE E, TRYDEMAN KNUDSEN M, 2020. Temporal aspects in emission accounting—case study of agriculture sector[J]. Energies, 13(4): 800.

TOLLI J, KING G M, 2005. Diversity and structure of bacterial chemolithotrophic communities in pine forest and agroecosystem soils[J]. Applied and Environmental Microbiology, 71(12): 8411-8418.

TONG C, WANG W, HUANG J, et al., 2012. Invasive alien plants increase CH_4 emissions from a subtropical tidal estuarine wetland[J]. Biogeochemistry, 111(1/3): 677-693.

TORGNY N, EKBLAD A, NORDIN A, et al., 1988. Boreal forest plants take up organic nitrogen[J]. Nature, 392(30): 914-916.

TU L H, PENG Y, CHEN G, et al., 2015. Direct and indirect effects of nitrogen additions on fine root decomposition in a subtropical bamboo forest[J]. Plant and Soil, 389(1/2): 273-288.

UMEMURA M, TAKENAKA C, 2015. Changes in chemical characteristics of surface soils in hinoki cypress (*Chamaecyparis obtusa*) forests induced by the invasion of exotic Moso bamboo (*Phyllostachys pubescens*) in central Japan[J]. Plant Species Biology, 30(1): 72-79.

URAKAWA R, OHTE N, SHIBATA H, et al., 2016. Factors contributing to soil nitrogen mineralization and nitrification rates of forest soils in the Japanese archipelago[J]. Forest Ecology and Management, 361: 382-396.

VALÉRY L, BOUCHARD V, LEFEUVRE J, 2004. Impact of the invasive native species *Elymus athericus* on carbon pools in a salt marsh[J]. Wetlands, 24(2): 268-276.

VAN DEN HEUVEL R N, BAKKER S E, JETTEN M S M, et al., 2011. Decreased N_2O reduction by low soil pH causes high N_2O emissions in a riparian ecosystem[J]. Geobiology, 9(3): 294-300.

VAN DER PUTTEN W H, KLIRONOMOS J N, WARDLE D A, 2007. Microbial ecology of biological invasions[J]. The ISME Journal, 1(1): 28-37.

VAN DO T, SATO T, SAITO S, et al., 2015. Fine-root production and litterfall: main contributions to net primary production in an old-growth evergreen broad-leaved forest in southwestern Japan[J]. Ecological Research, 30(5): 921-930.

van KESSEL M A H J, SPETH D R, ALBERTSEN M, et al., 2015. Complete nitrification by a single microorganism[J]. Nature, 528(7583): 555-559.

VARNEY R M, CHADBURN S E, FRIEDLINGSTEIN P, et al., 2020. A spatial emergent constraint on the sensitivity of soil carbon turnover to global warming[J]. Nature Communications, 11: 5544.

VILA M, ESPINAR J L, HEJDA M, et al., 2011. Ecological impacts of invasive alien plants: a meta-analysis of their effects on species, communities and ecosystems[J]. Ecology Letters, 14(7): 702-708.

VINTON M A, BURKE I C, 1995. Interactions between individual plant species and soil nutrient status in shortgrass steppe[J]. Ecology, 76(4): 1116-1133.

VITOUSEK P M, HOWARTH R W, 1991. Nitrogen limitation on land and in the sea: how can it occur?[J]. Biogeochemistry, 13(2): 87-115.

VITOUSEK P M, MENGE D N L, REED S C, et al., 2013. Biological nitrogen fixation: rates, patterns and ecological controls in terrestrial ecosystems[J]. Philosophical Transactions of the Royal Society B: Biological Sciences, 368(1621): 20130119.

VOGT K A, GRIER C C, VOGT D J, 1986. Production, turnover, and nutrient dynamics of above- and belowground detritus of world forests[J]. Advances in Ecological Research, 15: 303-377.

VOSE J M, BOLSTAD P V, 2007. Biotic and abiotic factors regulating forest floor CO_2 flux across a range of forest age classes in the southern Appalachians[J]. Pedobiologia, 50(6): 577-587.

VOSS M, BANGE H W, DIPPNER J W, et al., 2013. The marine nitrogen cycle: recent discoveries, uncertainties and the potential relevance of climate change[J]. Philosophical Transactions of the Royal Society B: Biological Sciences, 368(1621): 20130121.

VOSSBRINCK C R, COLEMAN D C, WOOLLEY T A, 1979. Abiotic and biotic factors in litter decomposition in a semiarid grassland[J]. Ecology, 60(2): 265.

VUUREN D P V, BOUWMAN L F, SMITH S J, et al., 2011. Global projections for anthropogenic reactive nitrogen emissions to the atmosphere: an assessment of scenarios in the scientific literature[J]. Current Opinion in Environmental Sustainability, 3(5): 359-369.

WAMELINK G W W, van DOBBEN H F, MOL-DIJKSTRA J P, et al., 2009. Effect of nitrogen deposition reduction on biodiversity and carbon sequestration[J]. Forest Ecology and Management, 258(8): 1774-1779.

WANG H, TIAN G, CHIU C, 2016a. Invasion of moso bamboo into a Japanese cedar plantation affects the chemical composition and humification of soil organic matter[J]. Scientific Reports, 6: 32211.

WANG Q, WANG S, YU X, 2011. Decline of soil fertility during forest conversion of secondary forest to Chinese fir plantations in subtropical China[J]. Land Degradation & Development, 22(4): 444-452.

WANG S, TIAN H, LIU J, et al., 2016b. Pattern and change of soil organic carbon storage in China: 1960s–1980s[J]. Tellus B: Chemical and Physical Meteorology, 55(2): 416-427.

WANG X, SASAKI A, TODA M, et al., 2017. Changes in soil microbial community and activity in warm temperate forests invaded by moso bamboo(*Phyllostachys pubescens*) [J]. Journal of Forest Research, 21(5): 235-243.

WANG Z P, DELAUNE R D, PATRICK W H, et al., 1993. Soil Redox and ph effects on methane production in a flooded rice soil[J]. Soil Science Society of America Journal, 57(2): 382-385.

WARD C P, ARMSTRONG C J, WALSH A N, et al., 2019. Sunlight converts polystyrene to carbon dioxide and dissolved organic carbon[J]. Environmental Science & Technology Letters, 6(11): 669-674.

WARDLE D A, 1998. Controls of temporal variability of the soil microbial biomass: a global-scale synthesis[J]. Soil Biology and Biochemistry, 30(13): 1627-1637.

WARDLE D A, BARDGETT R D, KLIRONOMOS J N, et al., 2004. Ecological linkages between aboveground and belowground biota[J]. Science, 304(5677): 1629-1633.

WARGE N, VELTHOF G L, BEUSICHEM M L V, et al., 2001. Role of nitrifier denitrification in the production of nitrous oxide[J]. Soil Biology and Biochemistry, 33(12): 1723-1732.

WHEELER K A, HURDMAN B F, PITT J I, 1991. Influence of pH on the growth of some toxigenic species of *aspergillus, penicillium and fusarium*[J]. International Journal of Food Microbiology, 12(2-3): 141-149.

WIEGERT R G, 1974. Litterbag studies of microarthropod populations in three south Carolina old fields[J]. Ecology, 55(1): 94-102.

WILSON C A, MITCHELL R J, BORING L R, et al., 2002. Soil nitrogen dynamics in a fire-maintained forest ecosystem: results over a 3-year burn interval[J]. Soil Biology and Biochemistry, 34: 679-689.

WILSON G W T, HICKMAN K R, WILLIAMSON M M, 2012. Invasive warm-season grasses reduce mycorrhizal root colonization and biomass production of native prairie grasses[J]. Mycorrhiza, 22(5): 327-336.

WILSON J D, ROBERT L J, 1996. Nitrogen mineralization, plant growth and goose herbivory in an arctic coastal ecosystem[J]. Journal of Ecology, 84(6): 841-851.

WILSON S D, TILMAN D, 2002. Quadratic variation in old-field species richness along gradients of disturbance and nitrogen[J]. Ecology, 83(2): 492-504.

WINDHAM L, EHRENFELD J G, 2003. Net impact of a plant invasion on nitrogen-cycling processes within a brackish tidal marsh[J]. Ecological Applications, 13(4): 883-896.

WOLF J J, BEATTY S W, SEASTEDT T R, 2004. Soil characteristics of Rocky Mountain National Park grasslands invaded by *Melilotus officinalis* and *M. alba*[J]. Journal of Biogeography, 31(3): 415-424.

WOLFE B E, KLIRONOMOS J N, 2005. Breaking new ground: soil communities and exotic plant invasion[J]. Bioscience, 55(6): 477-487.

WOLKOVICH M E, LIPSON A D, VIRGINIA A R, et al., 2010. Grass invasion causes rapid increases in ecosystem carbon and nitrogen storage in a semiarid shrubland[J]. Global Change Biology, 16(4): 1351-1365.

WU C, MO Q, WANG H, ZHANG Z, et al., 2018. Moso bamboo (*Phyllostachys edulis* (Carriere) J. Houzeau) invasion affects soil phosphorus dynamics in adjacent coniferous forests in subtropical China[J]. Annals of Forest Science, 75(1): 24.

WU D, LI T, WAN S, 2013. Time and litter species composition affect litter-mixing effects on decomposition rates[J]. Plant and Soil, 371(1-2): 355-366.

WUEBBLES D J, EASTERLING D R, HAYHOE K, et al., 2017. Our globally changing climate[C]. *In*: WUEBBLES D J, FAHEY D W, HIBBARD K A, et al. Climate science special report: A sustained assessment activity of the U.S. Global Change Research Program. U.S. Global Change Research Program, Washington DC: 38-97.

WWF, 2016. Deforestation and forest degradation[EB/OL]. https://www.worldwildlife.org/threats/deforestation-and-forest-degradation[2021-10-11].

XIAO S, CALLAWAY R M, GRAEBNER R, et al., 2016. Modeling the relative importance of ecological factors in exotic invasion: The origin of competitors matters, but disturbance in the non-native range tips the balance[J]. Ecological Modelling, 335: 39-47.

XU Q F, JIANG P K, WU J S, et al., 2015. Bamboo invasion of native broadleaf forest modified soil microbial communities and diversity[J]. Biology Invasions, 17(1): 433-444.

XU X F, HE C, YUAN X, et al., 2020. Rice straw biochar mitigated more N_2O emissions from fertilized paddy soil with higher water content than that derived from ex situ biowaste[J]. Environment Pollution, 263: 114477.

YAHDJIAN L, GHERARDI L, SALA O E, 2011. Nitrogen limitation in arid-subhumid ecosystems: A meta-analysis of fertilization studies[J]. Journal of Arid Environments, 75(8): 675-680.

YAN E, WANG X, GUO M, et al., 2009. Temporal patterns of net soil N mineralization and nitrification through secondary succession in the subtropical forests of eastern China[J]. Plant and Soil, 320(1-2): 181-194.

YANG C, ZHONG Z, ZHANG X, et al., 2018. Responses of soil organic carbon sequestration potential and bacterial community structure in Moso bamboo plantations to different management strategies in subtropical China[J]. Forests, 9(10): 657.

YANG Q, CARRILLO J, JIN H Y, et al., 2013. Plant–soil biota interactions of an invasive species in its native and introduced ranges: Implications for invasion success[J]. Soil Biology and Biochemistry, 65: 78-85.

YANG Q, LI B, SIEMANN E, 2015. The effects of fertilization on plant-soil interactions and salinity tolerance of invasive *Triadica sebifera*[J]. Plant and Soil 394(1-2): 99-107.

YANG Y, YAO J, HU S, et al., 2000. Effects of agricultural chemicals on DNA sequence diversity of soil microbial community: a study with RAPD marker[J]. Microbial Ecology, 39(1): 72-79.

YOKOYAMA K, OHAMA T, 2005. Effect of inorganic N composition of fertilizers on nitrous oxide[J]. Soil Science and Plant Nutrition, 51(7): 967-972.

YUE J, SHI Y, LIANG W, et al., 2005. Methane and nitrous oxide emissions from rice field and related microorganism in black soil, northeastern China[J]. Nutrient Cycling in Agroecosystems, 73: 293-301.

YVON-DUROCHER G, ALLEN A P, BASTVIKEN D, et al., 2014. Methane fluxes show consistent temperature dependence across microbial to ecosystem scales[J]. Nature, 507(7493): 488-491.

ZAK D R, HOLMES W E, WHITE D C, et al., 2003. Plant diversity, soil microbial communities, and ecosystem function: Are there any links?[J]. Ecology, 84(8): 2042-2050.

ZAMAN M, NGUYEN M L, SAGGAR S, 2008. N_2O and N_2 emissions from pasture and wetland soils with and without amendments of nitrate, lime and zeolite under laboratory condition[J]. Soil Research, 46(7): 526.

ZELLES L, 1999. Fatty acid patterns of phospholipids and lipopolysaccharides in the characterization of microbial communities in soil: a review[J]. Biology and Fertility of Soils, 29(2): 111-129.

ZERVA A, MENCUCCINI M, 2005. Short-term effects of clear felling on soil CO_2, CH_4, and N_2O fluxes in a Sitka spruce plantation[J]. Soil Biology and Biochemistry, 37(11): 2025-2036.

ZHANG K, CHENG X, DANG H, et al., 2013a. Linking litter production, quality and decomposition to vegetation succession following agricultural abandonment[J]. Soil Biology and Biochemistry, 57: 803-813.

ZHANG L, MA X C, WANG H, et al., 2016. Soil respiration and litter decomposition increased following perennial forb invasion into an annual grassland. Pedosphere, 26: 567-576.

ZHANG L, WANG H, ZOU J W, et al., 2014a. Non-native plant litter enhances soil carbon dioxide emissions in invaded annual grassland[J]. PLoS ONE, 9(3): e92301.

ZHANG L, WANG S L, LIU S W, et al., 2018. Perennial forb invasions alter greenhouse gas balance between ecosystem and atmosphere in an annual grassland in China[J]. Science of The Total Environment, 642: 781-788.

ZHANG L, ZHANG Y J, WANG H, et al., 2013b. Chinese tallow trees(*Triadica sebifera*)from the invasive range outperform those from the native range with an active soil community or phosphorus fertilization[J]. PLoS One, 8(9): e74233.

ZHANG L, ZHANG Y J, ZOU J W, et al., 2014b. Decomposition of litter from native *Phragmites australis* retarded by invasive *Solidago canadensis* in mixture: an antagonistic non-additive effect[J]. Scientific Reports, 4: 5488.

ZHANG L, ZOU J W, SIEMANN E, 2017. Interactive effects of elevated CO_2 and nitrogen deposition accelerate litter decomposition cycles of invasive tree (*Triadica sebifera*) [J]. Forest Ecology and Management, 385: 189-197.

ZHANG M Y, ZHANG W Y, BAI S H, et al., 2019. Minor increases in *Phyllostachys edulis*(Moso bamboo)biomass despite evident alterations of soil bacterial community structure after phosphorus fertilization alone: Based on field studies at different altitudes[J]. Forest Ecology and Management, 451: 117561.

ZHANG T, LI Y, CHANG S X, et al., 2013d. Converting paddy fields to Lei bamboo (*Phyllostachys praecox*) stands affected soil nutrient concentrations, labile organic carbon pools, and organic carbon chemical compositions[J]. Plant and Soil, 367(1-2): 249-261.

ZHANG X, LIU W, SCHLOTER M, et al., 2013c. Response of the abundance of key soil microbial nitrogen-cycling genes to multi-factorial global changes[J]. PLoS One, 8(10): e76500.

ZHANG X, WANG Q, LI L, et al., 2008. Seasonal variations in nitrogen mineralization under three land use types in a grassland landscape[J]. Acta Oecologica, 34(3): 322-330.

ZHOU C Y, 2005. Diurnal variations of greenhouse gas fluxes from mixed broad-leaved and coniferous forest soil in Dinghushan[J]. China Forestry Science and Technology, 4(2): 1-7.

ZHOU Z, TAKAYA N, SAKAIRI M A C, et al., 2001. Oxygen requirement for denitrification by the fungus *Fusarium oxysporum*[J]. Archives of Microbiology, 175(1): 19-25.

ZHU X, BURGER M, DOANE T A, et al., 2013. Ammonia oxidation pathways and nitrifier denitrification are significant sources of N_2O and NO under low oxygen availability[J]. Proceedings of the National Academy of Sciences, 110(16): 6328-6333.

ZOU J, ROGERS W E, DEWALT S J, et al., 2006. The effect of Chinese tallow tree (*Sapium sebiferum*) ecotype on soil–plant system carbon and nitrogen processes[J]. Oecologia, 150(2): 272-281.

ZOU J W, ROGERS W E, SIEMANN E, 2007. Differences in morphological and physiological traits between native and invasive populations of *Sapium sebiferum*[J]. Functional Ecology, 21(4): 721-730.

ZOU N, SHI W M, HOU L H, et al., 2020. Superior growth, N uptake and NH_4^+ tolerance in the giant bamboo *Phyllostachys edulis* over the broad-leaved tree *Castanopsis fargesii* at elevated NH_4^+ may underlie community succession and favor the expansion of bamboo[J]. Tree Physiology, 44: 1606- 1622.

ZUO Y, QU H, XIA C, et al., 2022. Moso bamboo invasion reshapes community structure of denitrifying bacteria in rhizosphere of *Alsophila spinulosa*[J]. Microorganisms, 10(1): 180.